高等职业教育计算机类课程
新形态一体化教材

Python
数据分析
与挖掘

主　编　吴杏　梁毅娟　李倩

副主编　李光荣　周会国　周利发　曾康铭

主　审　赵林

中国教育出版传媒集团

高等教育出版社·北京

内容简介

本书为高等职业教育计算机类课程新形态一体化教材，是人工智能与大数据技术系列教材之一。本书分为基础篇、实战篇和提高篇。基础篇设置两个学习项目，通过基于数据分析与挖掘岗位工作的模拟操作，帮助学生掌握基础知识与技能；实战篇通过5个数据挖掘项目分别讲授分类、预测、聚类、关联规则、时间序列5类数据挖掘算法，培养学生应用数据分析与挖掘技术解决实际问题的能力；提高篇采用深度学习技术路线，围绕两个综合性数据挖掘项目案例展开，培养学生运用深度学习技术完成较为复杂的数据分析与挖掘的能力。

本书配有微课视频、PPT 课件、源代码等丰富的数字化学习资源，与本书配套的数字课程"Python 数据分析与挖掘"在"智慧职教"平台（www.icve.com.cn）上线，学习者可登录平台在线学习，授课教师可调用本课程构建符合自身教学特色的 SPOC 课程，详见"智慧职教"服务指南。教师也可发邮件至编辑邮箱1548103297@qq.com 获取相关教学资源。

本书可作为高等职业院校人工智能技术应用、大数据技术等专业 Python 数据分析类课程的教材，也可作为 Python 数据分析与挖掘技术学习者的自学参考书。

图书在版编目（CIP）数据

Python 数据分析与挖掘 / 吴杏，梁毅娟，李倩主编. -- 北京：高等教育出版社，2023.11

ISBN 978-7-04-061025-3

Ⅰ. ① P… Ⅱ. ①吴… ②梁… ③李… Ⅲ. ①软件工具 - 程序设计 - 高等职业教育 - 教材 Ⅳ. ① TP311.561

中国国家版本馆 CIP 数据核字（2023）第 149700 号

Python Shuju Fenxi yu Wajue

策划编辑	傅　波	责任编辑	傅　波	封面设计	张雨微	版式设计	杜微言
责任绘图	邓　超	责任校对	刁丽丽	责任印制	存　怡		

出版发行	高等教育出版社	网　址	http://www.hep.edu.cn
社　址	北京市西城区德外大街 4 号		http://www.hep.com.cn
邮政编码	100120	网上订购	http://www.hepmall.com.cn
印　刷	北京市密东印刷有限公司		http://www.hepmall.com
开　本	787mm×1092mm　1/16		http://www.hepmall.cn
印　张	19.25		
字　数	440 千字	版　次	2023 年 11 月第 1 版
购书热线	010-58581118	印　次	2023 年 11 月第 1 次印刷
咨询电话	400-810-0598	定　价	52.50 元

本书如有缺页、倒页、脱页等质量问题，请到所购图书销售部门联系调换

"智慧职教" 服务指南

"智慧职教"（www.icve.com.cn）是由高等教育出版社建设和运营的职业教育数字教学资源共建共享平台和在线课程教学服务平台，与教材配套课程相关的部分包括资源库平台、职教云平台和App等。用户通过平台注册，登录即可使用该平台。

- **资源库平台：为学习者提供本教材配套课程及资源的浏览服务。**

登录"智慧职教"平台，在首页搜索框中搜索"Python数据分析与挖掘"，找到对应作者主持的课程，加入课程参加学习，即可浏览课程资源。

- **职教云平台：帮助任课教师对本教材配套课程进行引用、修改，再发布为个性化课程（SPOC）。**

1. 登录职教云平台，在首页单击"新增课程"按钮，根据提示设置要构建的个性化课程的基本信息。

2. 进入课程编辑页面设置教学班级后，在"教学管理"的"教学设计"中"导入"教材配套课程，可根据教学需要进行修改，再发布为个性化课程。

- **App：帮助任课教师和学生基于新构建的个性化课程开展线上线下混合式、智能化教与学。**

1. 在应用市场搜索"智慧职教icve"App，下载安装。

2. 登录App，任课教师指导学生加入个性化课程，并利用App提供的各类功能，开展课前、课中、课后的教学互动，构建智慧课堂。

"智慧职教"使用帮助及常见问题解答请访问help.icve.com.cn。

前　言

数据分析和数据挖掘是综合了机器学习、统计学和数据库的现代计算机技术，目的是发现海量数据中的模型与规律，具有极大的应用前景。

本书按照最新颁布的"高等职业学校专业教学标准"要求，围绕国家人工智能发展战略和产业数字化、智能化转型升级对高素质复合型技术技能人才的培养需求，基于"岗课赛证"综合育人理念编写，将社会主义核心价值观、人工智能伦理、职业精神、团队协作意识与数据分析员岗位标准、数据分析课程标准、"大数据技术与应用"全国职业院校技能大赛标准、"大数据分析与应用"1+X职业技能等级证书标准有机融入，构建授课内容及教学案例。本书根据数据分析相关岗位典型工作任务设计实战项目，将数据探索、数据预处理等数据分析与挖掘相关知识、技能、素养融为实践任务。以项目为引领，由易到难，层层递进，适合职业院校项目化教学改革要求，充分体现工作过程的完整性和创新理念。

本书分为基础篇、实战篇和提高篇。基础篇设置两个学习项目，通过基于数据分析与挖掘岗位工作的模拟操作，帮助学生掌握基础知识与技能；实战篇通过5个数据挖掘项目分别讲授分类、预测、聚类、关联规则、时间序列5类数据挖掘算法，培养学生应用数据分析与挖掘技术解决实际问题的能力；提高篇采用深度学习技术路线，围绕两个综合性数据挖掘项目案例展开，培养学生运用深度学习技术完成较为复杂的数据分析与挖掘的能力。

为推动党的二十大精神进教材、进课堂、进头脑，全面落实立德树人根本任务，本书以"技术自信、技能报国、创新传承"为主线，将素质培养与知识讲授相结合，并通过每个项目的简介、背景、实现的过程，引导学生树立正确的人生观和价值观，聚焦岗位群核心素养培育，重点培养学生大数据工作岗位所需的民族自信、社会责任、工匠精神、创新意识等素质和能力，为学生就业和可持续发展打下坚实基础，落实以人才为第一资源的科教兴国和人才强国战略。

本书配有课程标准、授课计划、微课视频、授课用PPT、案例素材等丰富的数字化教学资源。与本书配套的数字课程"Python数据分析与挖掘"在"智慧职教"平台（www.icve.com.cn）上线，学习者可登录平台在线学习，授课教师可调用本课程构建符合自身教学特色的SPOC课程，详见"智慧职教"服务指南。教师也可发邮件至编辑邮箱1548103297@qq.com获取相关资源。

　　本书由高职院校教师团队与北京中关村智酷双创人才服务股份有限公司合作编写，吴杏、梁毅娟、李倩担任主编，李光荣、周会国、周利发、曾康铭担任副主编，赵林担任主审。参加编写的还有梁英杰、庞继成、蔡文瑞、储蓄蓄、卢秀荣、张晨阳、孙靖钺、蒋越、樊兵兵、孙伟、王伟、韦景灿。

　　由于编者水平有限，书中难免有疏漏和不妥之处，恳请广大读者提出宝贵意见，以期不断改进。

编　者

2023 年 9 月

目 录

基 础 篇

实 战 篇

提　高　篇

基础篇

项目1

数据分析与挖掘基础知识

数据分析和数据挖掘都是从大量的数据中通过算法搜索隐藏于其中信息的过程，是综合了机器学习、统计学和数据库的现代计算机技术，目的是发现海量数据中的模型与规律，具有极大的应用前景，只要有分析价值与需求的数据，都可以进行挖掘分析。目前，数据挖掘应用集中的行业包括物流、电商、零售、金融、信息技术、能源电力、医疗、电信和交通等。

随着数字中国智慧应用新场景的不断落地应用，数字中国建设已经进入创新发展新时代。未来，智能数据挖掘将不断深入人民生产与生活的各个重点领域和环节，全面助力数字中国建设。数据分析与数据挖掘作为大数据时代的重要技术，其重要性和价值越来越被人们重视，可以通过分析数据获得洞察力，将海量数据转化为实际应用的重要工具，并为整个社会带来全新的创业方向、商业模式和投资机会。

本项目通过介绍数据分析与挖掘的起源与发展、基本概念、应用产业与行业、常用工具，带领读者认知数据分析与挖掘基础知识，为实战操作打好基础。

学习目标

知识目标
◆ 能描述数据分析与挖掘技术的产生及发展过程。
◆ 能总结归纳及说出数据分析与挖掘的基础理论。
◆ 能列举数据分析与挖掘常用工具。

技能目标
◆ 能熟练安装Python数据分析与挖掘平台。
◆ 能在Python数据分析与挖掘平台上进行第三方库的安装操作。

素养目标
◆ 增强拓宽视野、批判思维、开拓进取的意识。
◆ 养成主动学习、独立思考、主动探究的意识。
◆ 加强对国家行业政策理解，增强技术自信。

1-1　数据挖掘技术的产生与发展

【任务要求】

了解数据分析与挖掘技术的产生及发展过程。

【任务实施】

1. 数据挖掘技术的产生

任何技术的产生总是有其背景的。数据挖掘技术的提出和被普遍接受是由于计算机及其相关技术的发展为其提供了研究和应用的技术基础。归纳数据挖掘产生的技术背景，以下一些相关技术的发展起到了决定性的作用。

- 数据库、数据仓库和Internet等信息技术的发展。
- 计算机性能的提高和先进的体系结构的发展。
- 统计学和人工智能等在数据分析中的应用。

数据库技术在20世纪80年代已经得到广泛普及和应用。在关系数据库的研究和产品提升过程中，人们一直在探索组织大型数据和快速访问的相关技术。高性能关系数据库引擎以及相关的分布式查询、并发控制等技术的使用，已经提升了数据库的应用能力，在数据的快速访问、集成与抽取等问题的解决方面积累了经验。数据仓库作为一种新型的数据存储和处理手段，被数据库厂商普遍接受并且相关辅助建模和管理工具快速推向市场，成为多数据源集成的一种有效的技术支撑环境。另外，Internet的普及也为人们提供了丰富的数据源。Internet技术本身的发展已经不只是简单的信息浏览，以Web计算为核心的信息处理技术可以处理Internet环境下的多种信息源。因此，人们已经具备利用多种方式存储海量数据的能力。只有这样，数据挖掘技术才能有它的用武之地。这些丰富多彩的数据存储、管理以及访问技术的发展，使计算机的处理和存储能力日益提高。根据摩尔定律，计算机硬件的关键指标大约以每18个月翻一番的速度在增长，而且现在看来仍有日益加速增长的趋势。随之而来的是硬盘、CPU等关键部件的价格大幅度下降，使得人们收集、存储和处理数据的能力和需求不断提高。经过几十年的发展，计算机的体系结构，特别是并行处理技术已经逐渐成熟并获得普遍应用，而且成为支持大型数据处理应用的基础。计算机性能的提高和先进的体系结构的发展使数据挖掘技术的研究和应用成为可能。

历经多年的发展，包括基于数理统计、人工智能等在内的理论与技术成果已经被成功地应用到商业数据处理和分析中。这些应用从某种程度上为数据挖掘技术的提出和发展起到了极大的推动作用。数据挖掘系统的核心模块技术和算法都离不开这些理论和技术的支持。从某种意义上讲，这些理论本身的发展和应用为数据挖掘提供了有价值的理论和应用积累。数理统计是一个有几百年发展历史的应用数学学科，至今仍然是应用数学中最重要、最活跃的学科之一。如今相当强大有效的数理统计方法和工具已成为信息咨询业的基础，然而它和数据库技术的结合性研究近十几年才被重视。以前基于数理统计方法的应用大多通过专用程序来实现，大多数的统计分析技术基于严格的数学理论和高超的应用技巧，这使一般用户很难从容地驾驭它。一旦人们有了从数据查询到知识发现、从数据演绎到数据归纳的需求，数理统计就获得了新的生命力。从这个意义上说，数据挖掘技术是数理统计分析应用的延伸和发展。假如人们利用数据库的方式从被动查询变成了主动发现知识，那么数理统计这一古老的学科可以为人们从数据归纳到知识发现提供理论基础。

人工智能是计算机科学研究中争议最多而又始终保持强大生命力的研究领域。专家系统曾经是人工智能研究工作者的骄傲，其实质是一个问题求解系统。领域专家长期以来面向一个特定领域的经验世界，通过人脑的思维活动积累了大量有用信息。在研制一个专家系统时，首先，知识工程师要从领域专家那里获取知识，这一过程是非常复杂的个人与个人之间的交流过程，有很强的个性和随机性。因此，知识获取成为专家系统研究中公认的瓶颈。其次，知识工程师在整理表达从领域专家获得的知识时，一般用if-then等规则表达，这种表达局限性太大，勉强抽象出来的规则有很强的工艺色彩，知识表示又成为一大难题。此外，即使某个领域的知识通过一定手段获取并表达了，但这样的专家系统对常识和百科知识出奇地贫乏，而人类专家的知识是以大量常识和百科知识为基础的。曾有人工智能学家估计，一般人拥有的常识存入计算机大约有100万条事实和抽象经验法则，离开常识的专家系统有时会比智力障碍者还傻。另外，由于专家系统是主观整理知识，因此这种机制不可避免地带有偏见和错误。以上诸多难题大大限制了专家系统的应用。数据挖掘继承了专家系统的高度实用性的特点，并且以数据为基本出发点，客观地挖掘知识。机器学习应该说是得到了充分的研究和发展，从事机器学习的科学家们不再满足于自己构造的小样本学习模式的象牙塔，开始正视现实生活中大量的、不完全的、有噪声的、模糊的、随机的大数据样本，进而也走上了数据挖掘的道路。因此可以说，数据挖掘研究在继承已有的人工智能相关领域的研究成果的基础上，摆脱了以前象牙塔式的研究模式，真正客观地开始从数据集中发现蕴藏的知识。

在数据挖掘出现之前，数据库中的知识发现（Knowledge Discovery in Databases，KDD）这个名词就出现了，可以将其理解为数据挖掘的一种广义的说法，就是从各种信息中，根据不同的需求获得有效的、有规律的知识的过程。对于知识发现和数据挖掘，有以下不同的看法。

● 把KDD看成数据挖掘的一个特例：这是早期比较流行的观点，这种描述强调了数据挖掘在源数据形式上的多样性。

● 数据挖掘是KDD的一个关键步骤：这种观点得到大多数学者认同，有它的合理性。

● KDD与数据挖掘含义相同：事实上，在现今的许多场合，如技术综述等，这两个术语仍然不加区分地使用着。也有其他的说法，如KDD在人工智能界更流行，而数据挖掘在数据库界使用更多；在研究领域被称作KDD，在工程领域则称之为数据挖掘。

2. 数据挖掘技术的发展
数据挖掘的发展历程是一个逐渐演变的过程。

电子数据处理的初期，人们就试图通过某些方法来实现自动决策支持，当时机器学习成为人们关心的焦点。机器学习的过程就是将一些已知的并已被成功解决的问题作为范例输入计算机，机器通过学习这些范例总结并生成相应的规则，这些规则具有通用性，使用它们可以解决某一类的问题。随后，随着神经网络技术的形成和发展，人们的注意力转向知识工程，知识工程不同于机器学习那样给计算机输入范例，让它生成出规则，而是直接给计算机输入已被代码化的规则，计算机通过使用这些规则来解决某些问题。专家系统就是这种方法所得到的成果，但也有投资大、效果不甚理想等不足。20 世纪 80 年代人们又在新的神经网络理论的指导下重新回到机器学习的方法上，并将其成果应用于大型商业数据库的处理上。此时出现了一个新的术语，就是 KDD。它泛指所有从源数据中发掘模式或联系的方法，人们接受了这个术语，并用 KDD 来描述整个数据挖掘的过程，包括从最开始的制定业务目标到最终的结果分析，而用数据挖掘来描述使用挖掘算法进行数据挖掘的子过程。直到近期，人们逐渐发现数据挖掘中有许多工作可以用统计方法来完成，并认为最好的策略是将统计方法与数据挖掘有机结合起来。

数据挖掘所要处理的问题就是在庞大的数据中找出有价值的隐藏事件并加以分析，获取有意义的信息和模式，为决策提供依据。数据挖掘应用的产业和行业非常广泛，只要有分析价值与需求的数据，都可以利用挖掘工具进行发掘分析。目前，数据挖掘应用集中的行业包括物流、电商、零售、金融、信息技术、能源电力、医疗、电信和交通等，并且每个行业都有特定的应用背景，也都有相应的成功案例。

若将数据仓库（Data Warehouse，DW）比作"矿坑"，数据挖掘就是深入矿坑采矿的工作。毕竟数据挖掘不是一种无中生有的魔术，也不是点石成金的炼金术。若没有足够丰富、完整的数据，是很难期待数据挖掘能挖掘出什么有意义的信息的。

要从庞大的数据仓库中挖掘出有用的信息，必须先有效率地收集信息。随着科技的进步，功能完善的数据库系统就成了最好的收集数据的工具。数据仓库，简单地说就是收集来自其他系统的有用数据，存放在一个整合的存储区内，其实就是一个经过处理整合，且容量特别大的关系数据库，用于存储决策支持系统（Decision-making Support System，DSS）所需的数据，供决策支持或数据分析使用。从信息技术的角度来看，数据仓库的目标是"在正确的时间，将正确的数据交给正确的人"。

综上所述，数据仓库应该具有这些数据：整合性数据（Integrated Data）、详细和汇总性的数据（Detailed and Summarized Data）、历史数据、解释数据的数据。从数据仓库挖掘出对决策有用的信息与知识，是建立数据仓库与使用数据挖掘的最大目的，两者的本质与过程是两回事。换句话说，数据仓库应先行建立完成，数据发掘才能有效率地进行，因为数据仓库本身所含的数据是干净（不会有错误的数据掺杂其中）、完备且经过整合的。因此，两者之间的关系或许可解读为数据挖掘是从巨大的数据仓库中找出有用信息的一种过程与技术。

联机分析处理（Online Analytical Processing，OLAP）意指由数据库所连接出来的在线分析处理程序。有些人会说：已经有 OLAP 的工具了，所以不需要数据挖掘。事实上两者是截然不同的，主要差异在于数据挖掘用于产生假设，OLAP 则用于查证假设。简单来说，OLAP

是由使用者所主导，使用者先有一些假设，然后利用OLAP来查证假设是否成立；而数据挖掘则是用来帮助使用者产生假设。所以，在使用OLAP或其他查询工具时，使用者是自己在做探索，但数据挖掘是用工具在帮助做探索。

　　例如，市场分析师在为超市规划货品架柜摆设时，可能会先假设婴儿尿布和婴儿奶粉会是常被一起购买的产品，接着便可利用OLAP的工具去验证此假设是否为真，成立的证据有多明显。但数据挖掘则不然，执行数据挖掘的人将庞大的结账数据整理后，并不需要假设或期待可能的结果。透过数据挖掘技术可找出存在于数据中的潜在规则，于是可能得到意料之外的发现，这是OLAP所做不到的。

　　数据挖掘常能挖掘出超越归纳范围外的关系，但OLAP仅能利用人工查询及可视化的报表来确认某些关系，数据挖掘此种自动找出令人难以想象的数据模型与关系的特性，事实上已超越了经验、教育、想象力的限制。OLAP可以和数据挖掘互补，但数据挖掘的这项特性是无法被OLAP取代的。

　　大数据时代的来临使得数据的规模和复杂性都出现了爆炸式的增长，促使不同应用领域的数据分析人员利用数据挖掘技术对数据进行分析。在实际应用中，一个典型的数据挖掘任务往往需要复杂的子任务配置，整合多种不同类型的挖掘算法，以及在分布式计算环境中高效运行中完成。而应用、算法、数据和平台相结合的思想，体现了大数据的本质和核心。

任务清单 1-1-1

序号	类别	操作内容	操作过程记录
1.1.1	分组任务	分组讨论并制作 PPT 展示讨论结果： 1. 数据挖掘技术是如何产生与发展的？ 2. 数据挖掘技术将来的发展趋势如何？	

【任务小结】

　　了解数据挖掘技术的产生与发展历史，有助于下一步更好地了解数据挖掘研究的理论基础。

1-2　数据挖掘研究的理论基础

【任务要求】

　　了解数据挖掘的理论基础。

【任务实施】

　　谈到知识发现和数据挖掘，必须进一步阐述数据挖掘研究的理论基础问题。虽然关于数据挖掘的基础理论仍然没有完全成熟，但是分析它的发展可以使人们对数据挖掘的概念更清楚。坚实的理论基础是研究、开发、评价数据挖掘方法的基石。

1. 数据挖掘的基本定义

数据挖掘的概念包含丰富的内涵，涉及多学科交叉研究领域。以从事研究和开发的人员为例，其涉及的范围之广是其他领域所不能比拟的，既有大学里的专门研究人员，也有商业公司的专家和技术人员，他们会从不同的角度来看待数据挖掘。因此，理解数据挖掘的概念不是简单地下个定义就能解决的问题。对于到底什么是数据挖掘，许多学者和专家给出了不同的定义，列举如下。

微课 1-1：
数据挖掘定
义

① 数据挖掘是通过仔细分析大量数据来揭示有意义的新的关系、模式和趋势的过程。它使用模式认知技术、统计技术和数学技术。

② 数据挖掘是一个从大型数据库中提取未经发现的可操作性信息的知识挖掘过程。

③ 数据挖掘是从大量数据中提取或"挖掘"知识。

④ 数据挖掘就是对观测到的数据集（经常是很庞大的）进行分析，目的是发现未知的关系和以数据拥有者可以理解并对其有价值的新颖方式来总结数据。

⑤ 运用基于计算机的方法，包括新技术，从而在数据中获得有用知识的整个过程，就叫作数据挖掘。

综上所述，数据挖掘又译为资料探勘、数据采矿，就是从大量数据（包括文本）中挖掘出隐含的、未知的、对决策有潜在价值的关系、模式和趋势，并用这些知识和规则建立用于决策支持的模型，提供预测性决策支持的方法、工具和过程；是利用各种分析工具在海量数据中发现模型和数据之间关系的过程。这些模型和关系可以被企业用来分析风险、预测趋势。

2. 数据挖掘的特性

区分数据挖掘和统计的差异其实是没有太大意义的。一般将数据挖掘定义为数据挖掘技术的分类回归树（Classification and Regression Tree，CART）、（CHi-square Automatic Interaction Detector，CHAID）或模糊计算等理论方法，也都是由统计学者根据统计学理论所发展衍生而来。换一个角度看，数据挖掘有相当大的比重是由高等统计学中的多变量分析所支撑的。但是，为什么数据挖掘的出现会引发各领域的广泛关注呢？主要原因在于相对于传统统计分析而言，数据挖掘有下列3个特性。

① 处理大量实际数据更强势，且使用数据挖掘的工具无须专业的统计背景。

② 数据分析趋势为从大型数据库获取所需数据并使用专属计算机分析软件，数据挖掘的工具更符合企业需求。

③ 数据挖掘和统计分析有应用上的差别，毕竟数据挖掘目的是方便企业终端用户使用而并非给统计学家检测用。

3. 数据挖掘与机器学习

机器学习指的是计算机系统无须遵照显示的程序指令，而只是依靠暴露在数据中来提升自身性能的能力。机器学习关注的是"如何构建能够根据经验自动改

微课 1-2：
数据挖掘与
机器学习

进的计算机程序"。比如，给予机器学习系统一个关于交易时间、商家、地点、价格及交易是否正当等信用卡交易信息数据库，系统就会学习到可用来预测的信用卡欺诈的模式。机器学习本质上是跨学科的，它采用了计算机科学、统计学和人工智能等领域的技术。机器学习的应用范围非常广泛，针对那些产生庞大数据的活动，它几乎拥有改进一切性能的潜力。现如今，机器学习已经成为认知技术中最炙手可热的研究领域之一。

深度学习是实现机器学习的一种方法，可以被看作机器学习的一个子集。深度学习是模拟人脑进行分析学习的神经网络，模仿人脑的机制来解释数据。神经网络模拟生物神经系统的结构和功能，是一种通过训练来学习的非线性预测模型，它将每一个连接看作一个处理单元，试图模拟人脑神经元的功能，可完成分类、聚类、特征挖掘等多种数据挖掘任务。神经网络的学习方法主要表现在权值的修改上。具有抗干扰、非线性学习、联想记忆功能，对复杂情况能得到精确的预测结果。

深度学习的概念源于人工神经网络的研究，通过组合低层特征形成更加抽象的高层表示属性类别或特征，以发现数据的分布式特征表示。

机器学习为数据挖掘提供了理论方法，而数据挖掘技术是机器学习技术的一个实际应用。这两个领域彼此之间交叉渗透，彼此都会利用对方发展起来的技术方法来实现业务目标。数据挖掘的概念更广，机器学习只是数据挖掘领域中的一个新兴分支与细分领域，只不过基于大数据技术让其逐渐成了当下的主流。

任务清单 1-2-1

序号	类别	操作内容	操作过程记录
1.2.1	分组任务	分组讨论以下问题并制作 PPT 展示讨论结果： 1. 什么是数据挖掘？为什么要进行数据挖掘？ 2. 数据、信息和知识是人们认识和利用数据的 3 个不同阶段，数据挖掘技术是如何把它们有机地结合在一起的？ 3. 机器学习和数据挖掘之间的关系是什么？ 4. 从数据挖掘研究角度看，如何理解数据、信息和知识的不同和联系？	

【任务小结】

了解数据挖掘研究的基础知识，有助于下一步更好地了解数据分析与挖掘应用行业。

1-3　数据分析与挖掘应用行业

【任务要求】

了解数据分析与挖掘应用行业。

【任务实施】

数据挖掘应用的行业非常广泛，而且每个行业都有其特定的应用背景，也都有自己的成功案例。

1. 从商业角度看数据挖掘技术

从商业角度看数据挖掘技术，从本质上说是一种新的商业信息处理技术。数据挖掘技术把人们对数据的应用，从低层次的联机查询操作，提高到更高级层次的决策支持、分析预测等应用。通过对数据的统计、分析、综合和推理，发现数据间的关联性、未来趋势以及一般性的概括知识等，这些知识性的信息可以用来指导高级商务活动。

从决策、分析和预测等高级商业目的来看，原始数据如同还没有被开采的矿山，里面包含了非常多的具有规律性的知识，需要挖掘和提炼才可以变成对商业有用的规律性知识。数据挖掘技术能够按照企业的既定业务目标，对大量的企业数据进行深层次分析以揭示出隐藏的、未知的规律并将其模型化，从而支持商业决策活动。

2. 电力行业的数据挖掘应用

电力设备现在有两种更新方式：一种是电力设备意外损坏，需要及时更新，这种更新通过电力设备监控系统即可发现，然后予以维修更换；另一种是对老化设备的更新，现在是通过经验来判断，如通过使用年限等。通过经验判断是否更新老化设备存在很多问题。例如，有的设备虽然已经达到了使用年限，但因其保养得好，仍然可用，如要更换会造成浪费；有的设备虽然没有达到使用年限，但因各种使用参数已经达不到使用要求了，如不进行更换，将导致电力的较大损耗或生产事故。通过数据挖掘技术可解决以上问题。可通过挖掘由故障报修、电力损耗、各种电力参数等数据组成的主题仓库来分析电力设备的故障和老化情况，最终决定设备是否更新。

由于电力行业关系国计民生，而且不同地区发展程度不同，因此电力企业中集团公司对分公司的业绩的评价不能只用利润来分析，还要加上安全性、满意度等指标。数据挖掘技术能够最大限度地综合考虑各方面因素，通过分析由利润、利润增长率、同行对比、投诉举报、生产成本等数据组成的主题仓库来分析某一地区或分公司的经营情况，同时用图表等最直观的方式显示出来，以方便相关部门做出最终的评价。

电力行业日常工作中经常会遇到电力供应紧张的情况，主要原因是未能准确把握电力需求市场发展的趋势，无论是电厂建设，还是电网建设都没有跟上时代的发展。而这方面更是数据挖掘的用武之地——可以通过分析由新增用户（报装）、现有用户、用户位置、用户用电量、国家的建设计划等数据组成的主题仓库来指导未来电力企业的建设计划，如在何时、何处建设多大功率的电厂和设置多大容量的电力设备等。

厂网分离是电力企业改革的重要方向，但在改革中也遇到了许多新的问题。例如，电力的购买，以前电厂、电网同属一个集团公司，电网要多少电，电厂就发多少电；或是电厂发多少电，电网就要多少电。可是现在不同了，电网需要电，必须预先购买，而由于电力的特殊性（必须买多少电用多少电），对于什么时候买，买多少，将会是一件让人头疼的事。对此，数据挖掘技术也能给人们提供极大的帮助。电网可以通过挖掘相应的主题仓库来决定如何购买以及做好电力的调度，同时亦可以指导发电企业的生产计划。

电力企业改革的最终方向是将输电网与配电网相互分开，各发电企业成为独立的发电企业，通过公平竞争的规则竞价上网，而且允许大的电力用户直接从发电企业购买低价的电力，统一电网或互联电网只负责转运输送。以前电力企业中不合理的垄断现象将消失，用户尤其是大用户将能够自主决定最终使用哪家发电企业的电。电力企业失去了用户也就等于失去了一切。这两年各电力企业在客户关系管理（Customer Relationship Management，CRM）系统上投入巨大，也是这个原因。而从某种意义上来说，数据挖掘最强的就是这个方面。通过挖掘相关的主题仓库（可以由用户信息、用电信息等数据组成），电力企业可以对客户有更加深入的了解，并根据不同用户的特点采取不同的经营策略。例如，通过价格或其他优惠政策吸引客户甚至引导客户使用电力，从而在未来的竞争中居于更加有利的位置。

对于电网企业来说，最大的损失来自两个方面，一方面是线损，另外一方面就是偷电。可以在最短的时间内通过分析用户数据的奇点，来发现异常数据，最后准确地找出偷电、窃电者，从而将企业的损失减少到最小。

电力是一种特殊的商品，这种商品的特殊性在于它无法保存，有多少要用多少。然而，发电和用电基本上是两个脱节的环，为了保证电力的质量，同时保证电力设备的安全，必须对其进行调节。现在采用的方法是修建蓄能电厂，当有剩余电力时将电力储存起来，电力不足时将储存的电力释放出来，这是一种比较被动的方法，有一定的局限性。若通过数据挖掘发现用户用电行为规律，通过综合运用安排发电计划、电力调度，电力存储技术将能够积极主动地对电力进行调节，达到减少电力损耗、改善电力质量、减少设备损耗的目的。

数据挖掘在电力企业的其他方面也有很多的用处，如指导项目管理、安全管理、资源管理、投资组合管理、活动分析、销售预测、收入预测、需求预测、理赔分析等。而且当使用数据挖掘系统时，用户会对模型进行调优和定制，这将会逐步积累符合企业自身需要的模型库，成为企业知识库的重要组成部分。

任务清单 1-3-1

序号	类别	操作内容	操作过程记录
1.3.1	分组任务	分组讨论以下问题并制作 PPT 展示讨论结果： 1. 从商业角度看数据挖掘的意义是什么？ 2. 除了电力行业以外，其他行业的数据挖掘应用有哪些？	

【任务小结】

了解数据分析与挖掘应用的行业知识，有助于更好地了解数据分析与挖掘工具。

1-4　数据分析与挖掘工具

【任务要求】

了解数据分析与挖掘常用工具，安装Python和PyCharm，掌握第三方库的安装方法。

【任务实施】

数据挖掘是一个反复探索的过程，只有将数据挖掘工具提供的技术和实施经验与企业的业务逻辑和需求紧密结合，并在实施过程中不断磨合，才能取得好的效果。

1. 常用的数据挖掘建模工具

（1）SAS Enterprise Miner

Enterprise Miner（EM）是SAS推出的一个集成数据挖掘系统，允许使用和比较不同的技术，同时还集成了复杂的数据库管理软件。它通过在一个工作空间（Workspace）中按照一定的顺序添加各种可以实现不同功能的节点，然后对不同节点进行相应的设置，最后运行整个工作流程（Workflow），便可以得到相应的结果。

（2）IBM SPSS Modeler

IBM SPSS Modeler原名Clementine，它封装了先进的统计学和数据挖掘技术来获得预测知识，并将相应的决策方案部署到现有的业务系统和业务过程中，从而提高企业的效益。IBM SPSS Modeler拥有直观的操作界面、自动化的数据准备和成熟的预测分析模型，结合商业技术可以快速建立预测性模型。

（3）SQL Server

Microsoft 的SQL Server集成了数据挖掘组件——Analysis Servers，借助SQL Server的数据库管理功能，可以无缝集成在SQL Server数据库中。SQL Server 2008提供了决策树算法、聚类分析算法、Naive Bayes算法、关联规则算法、时序算法、神经网络算法、线性回归算法等9种常用的数据挖掘算法，但其预测建模的实现是基于SQL Server平台的，平台移植性相对较差。

（4）Python

Python是一种面向对象的解释型计算机程序设计语言，它拥有高效的高级数据结构，并且能够用简单而又高效的方式进行面向对象编程。但是Python并不提供专门的数据挖掘环境，它提供众多的扩展库，如科学计算扩展库NumPy、Scipy和Matplotlib，它们分别为Python提供了快速数组处理、数值运算以及绘图功能，scikit-learn库中包含很多分类器的实现以及聚类相关算法。正因为有了这些扩展库，Python才成为了数据挖掘常用的语言，也是比较适合数据挖掘的语言。

（5）WEKA

WEKA（Waikato Environment for Knowledge Analysis）是一款知名度较高的开源机器学习和数据挖掘软件。高级用户可以通过Java编程和命令行来调用其分析组件。同时，WEKA也为普通用户提供了图形化界面，称为WEKA Knowledge Flow Environment和 WEKA Explorer，可以实现预处理、分类、聚类、关联规则、文本挖掘、可视化等功能。

（6）RapidMiner

RapidMiner也叫YALE（Yet Another Learning Environment），提供图形化界面，采用类似 Windows资源管理器中的树结构来组织分析组件，树上每个节点表示不同的运算符（Operator）。YALE提供了大量的运算符，包括数据处理、变换、探索、建模、评估等各个环节。YALE是用Java开发的，基于WEKA来构建，可以调用WEKA中的各种分析组件。RapidMiner有拓展的套件Radoop，可以和Hadoop集成起来，在 Hadoop集群上运行任务。

（7）TipDM开源数据挖掘建模平台

TipDM 数据挖掘建模平台是基于Python引擎、用于数据挖掘建模的开源平台。它采用B/S结构，用户不需要下载客户端，可通过浏览器进行访问。平台支持数据挖掘流程所需的主要过程：数据探索（相关性分析、主成分分析、周期性分析等）—数据预处理（特征构造、记录选择、缺失值处理等）—构建模型（聚类模型、分类模型、回归模型等）—模型评价（R-Squared、混淆矩阵、ROC曲线等）。用户可在没有Python编程基础的情况下，通过拖曳的方式进行操作，将数据输入输出、数据预处理、挖掘建模、模型评估等环节通过流程化的方式进行连接，以达到数据分析挖掘的目的。

2. 数据分析开发环境介绍

（1）操作系统

本书采用Python语言作为数据分析的开发语言。Python是一种跨平台的语言，可以在Windows、Linux和macOS下运行。Windows具有简单易操作的图形界面，主流的 Python语言开发工具都有Windows 版本，对于扩展包的管理也越来越成熟，本书中的开发案例都是基于Windows 操作系统进行开发的。

（2）Python开发语言的选择

Python是一种高级编程语言，由 Guido van Rossum 于1989年创造。其主要特点是语法简洁、易于学习、易于阅读、运行速度较快。Python已广泛应用于人工智能、数据科学、Web开发、网络编程、自动化、图形图像处理等领域。Python拥有丰富的库和工具集，如NumPy、pandas、matplotlib、scikit-learn、Flask等，在各个领域都有广泛的应用。Python还拥有许多优秀的IDE（集成开发环境），如PyCharm、Atom、VS Code等，使得Python的开发效率更高，开发人员可以更轻松地实现自己的想法。总的来说，Python是一种非常适合初学者和专业程序员的编程语言，也是科技领域不可或缺的工具。

Python的版本发展主要包括两个系列：Python 2.x 和Python 3.x。Python 2.x系列是最早发布的版本系列，Python 3.x系列是2008年发布的版本，它在语法和库方面做了大量的改进，越来越多的开发者已经转向3.x，因为Python 2.x已于2020年1月1日停止官方支持。在未来，

Python的发展将主要集中在3.x系列上，本书使用Python 3.9.10版本。

（3）开发平台的选择

Python有许多开发平台，以下简介一些常见平台：

① PyCharm：由JetBrains开发的Python IDE，是最为流行和最广泛使用的Python IDE之一，提供了多种功能，包括代码补全、调试、代码管理、版本控制等。

② VS Code：一个轻量级代码编辑器，也可用作Python IDE。它灵活、易于操控，为编写Python代码提供了丰富的插件支持。

③ Spyder：一个专门为科学计算而开发的Python IDE，包括控制台、变量浏览器、文件浏览器、帮助浏览器等功能，适合于数据科学和数学计算开发者。

④ Jupyter Notebook：一个交互式Python开发平台，可用于数据可视化和数据分析，是进行数据挖掘和机器学习必不可少的工具之一。

最适合的Python开发平台应该取决于开发者的需求和偏好。PyCharm支持Jupyter Notebook，内置科学计算和数据分析插件，可以方便地进行数据可视化和数据分析，而且PyCharm还支持Scipy、NumPy、pandas、matplotlib等常用Python程序包，极大地提高了Python对于数据科学和机器学习方面的支持。本书采用PyCharm作为开发平台。

3. 数据分析开发环境搭建

（1）Python安装

Python安装步骤如下。

① 打开Python网站主页，在浏览器地址栏输入相应网址，打开 Python网站主页，如图1-1所示。

图 1-1　Python 网站主页

② 下载程序安装包。

单击"Python 3.11.3"按钮，下载最新版本的Python 安装文件，如图 1-2所示。单击超链接"Windows"跳转到所有Windows 系统的可用版本，筛选出目标版本，如图1-3所示；根据计算机的位数来选择Python的位数（32位或64位）。"Windows embeddable package"表示嵌入式包，也就是一个zip压缩包，下载下来之后进行解压缩得到一个文件夹。使用该方法无须手动安装，下载解压即可使用。"Windows installer"表示安装程序，下载后需要进行自定义安装，如图1-4所示，推荐下载installer进行安装。

图 1-2　选择 Windows 版本

图 1-3　Windows 版本 Pyhon 文件

③ 安装 Python 3.9.10。下载后的安装文件图标如图 1-5 所示，双击该图标开始安装。

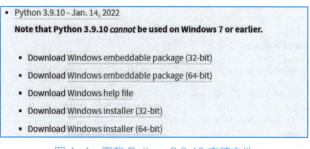

图 1-4　下载 Python 3.9.10 安装文件　　　　图 1-5　Python 3.9.10 安装文件图标

④ 选择默认设置或自定义安装选项。这里一定要注意，在选择安装方式之前，要选中下面的"Add Python 3.9 to PATH"复选框，表示在安装结束后，它会自动加入 Python 的环境变量，如图 1-6 所示。

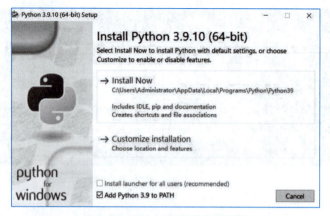

图 1-6　选中加入环境变量选项

对于 Python 的安装，可以选择默认设置，也可以由用户配置相关选项，如图 1-7 所示。通过单击 "Install Now" 进行默认设置安装。在该模式下，安装程序默认安装常用的工具，如 IDLE、pip 及帮助文档等，在安装完成后默认创建快捷方式，并进行相关的文件关联。用户也可以根据个人需要，选择自定义安装，单击 "Customize installation" 即可。

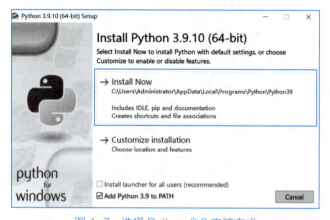

图 1-7　选择 Python 3.9 安装方式

选中相应复选框，单击 "Next" 按钮，如图 1-8 所示。

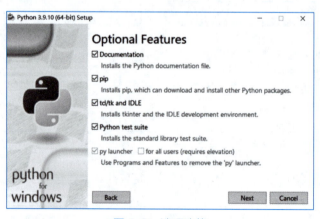

图 1-8　选项功能

注意选中"Install for all users"复选框，其余默认选择即可，单击"Browse"按钮可以选择安装路径，如图1-9所示。

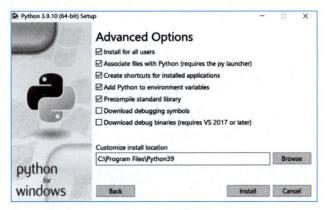

图 1-9 相关工具

⑤ 完成Python 3.9.10的安装。

安装过程将持续一段时间，如图1-10所示。安装成功后，单击"Close"按钮完成安装，如图1-11所示。

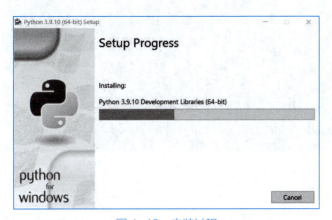

图 1-10 安装过程

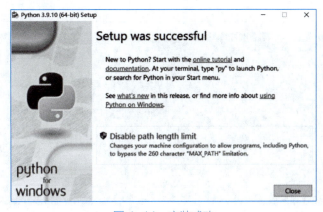

图 1-11 安装成功

⑥ 验证安装。

按Windows+R组合键，打开命令提示符界面进行验证，弹出"运行"对话框；在"打开"组合框中输入"cmd"，单击"确定"按钮，如图1-12所示。

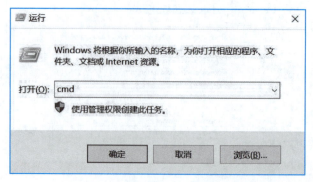

图 1-12 "运行"对话框

启动 cmd 命令窗口，如图1-13所示。

图 1-13　cmd 命令窗口

在 cmd 命令窗口中输入并运行如下命令：python-V，如果安装成功，该命令将输出所安装的 Python 版本，如图1-14所示。如果输出结果与图1-14不一致，需要检查是否正确设置了环境变量。

图 1-14　验证

（2）环境变量设置

在上一步进行 Python 自定义安装时，已经了解到选中了"Add Python 3.9 to PATH"复选框就可以自动配置环境变量。在某些时候，如果忘记选择这个选项，或者操作系统中已经安装了一个或多个 Python 集成开发环境，这时在系统中安装一个新的 Python 开发环境，可能导致新环境可执行程序的路径无法正确添加到系统的环境变量中。此时，有必要手动编辑环境变量 Path 的值，操作步骤如下。

① 查看 Path 环境变量。

启动 cmd 命令窗口，输入并运行命令 echo %path%，该命令输出显示环境变量 Path 的值，如图 1-15 所示，这里已经成功加入了环境变量。

图 1-15　在 cmd 中显示环境变量 Path 的值

检查如下两个可执行程序的路径是否在该变量中：

- $PYTHON\Python310
- $PYTHON\Python310\Scripts

这里"$PYTHON"是 Python 的安装路径。

② 配置环境变量。

通过路径此电脑→属性→高级系统设置→环境变量→系统变量→Path，找到 Path 变量并单击"编辑"按钮，如图 1-16 所示。

单击"新建"按钮，加入路径 G:\python3.9.10，继续新建，加入路径 G:\python3.9.10\Scripts，实际上就是 Python 的安装文件夹的路径以及 Python 文件中的 Scripys 文件夹的路径，如图 1-17 所示。这里读者一定要加入自己的安装路径，不可照搬。

③ 再次查看 Path 环境变量。

退出并再次启动 cmd 命令窗口，查看环境变量 Path 的值，此时，如下两个路径应该包含在该环境变量中：

- G:\python3.9.10\
- G:\python3.9.10\Scripts\

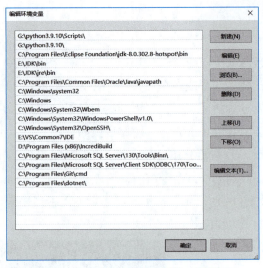

图 1-16 "环境变量"对话框   图 1-17 "编辑环境变量"对话框

（3）PyCharm 安装

PyCharm 的安装步骤如下。

① 下载 PyCharm 安装程序。

在 PyCharm 官方网站下载最新版本的安装程序。有两个版本供读者进行下载，分别是专业版和社区版，两者的主要区别在于功能和价格。

专业版具有更强大的功能和支持，包括单元测试工具、集成开发工具、SQL 支持、Python Web 框架支持等。此外，专业版还具有高级的代码解析能力和自动重构功能，以及其他一些高级功能。相比之下，社区版的功能较少，但是可以免费使用。它支持基本的 Python 开发功能，包括语法高亮、代码自动完成、调试等。社区版可以用于学习 Python 和轻量级项目开发，如果需要更高级的功能和支持，可以考虑升级到专业版。

总的来说，根据个人需求和预算进行选择。如果需要高级的功能和支持，可以购买 PyCharm 专业版；如果只是进行基本的 Python 开发和学习，可以使用 PyCharm 社区版。本书选择 Windows 系统社区版即可满足需求，单击 "Download" 按钮，如图 1-18 所示。

图 1-18 PyCharm 官网主页

② 显示PyCharm安装文件图标。

下载后的安装文件图标如图1-19所示，双击该图标开始安装。

图 1-19　PyCharm 社区版安装文件图标

③ 进入安装。双击图标进行安装，单击"Next"按钮，如图1-20所示。

④ 选择安装路径。

PyCharm安装路径可以根据用户喜好进行选择。通常情况下，PyCharm可以安装在计算机的系统盘上，例如Windows操作系统的C盘。但如果用户希望将PyCharm安装在其他盘上，也可以根据操作提示进行选择。

在安装过程中，用户应该注意选择合适的安装路径，并确保路径中不包含中文或者空格等特殊字符，以免出现安装错误。选择合适的安装路径可以为用户后续使用PyCharm带来更好的体验，如图1-21所示。

图 1-20　安装第 1 步

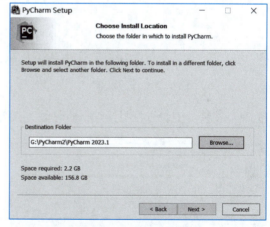

图 1-21　选择安装路径

⑤ 选项选择。

Installation Options是PyCharm安装程序中的一个选项，提供了一些可定制的选项来帮助用户在安装PyCharm时进行一些进一步的设置。以下是Installation Options中的几个选项的介绍：

Create Desktop Shortcut：这个选项允许用户在桌面上创建PyCharm的快捷方式。在该选项下选中PyCharm复选框后，在桌面上就会出现PyCharm的快捷方式，方便用户快速启动应用程序。

Add "Open Folder as Project"：这个选项允许在 Windows 资源管理器中添加一个菜单选项，使用户能够轻松地在文件夹中打开项目。

Create Associations：这个选项允许将某些文件类型与 PyCharm 关联起来，这样当用户双击这些文件类型时，就会自动打开 PyCharm。

这里建议读者全部选中，单击"Next"按钮，如图1-22所示。

⑥ 创建文件夹。

"Choose Start Menu Folder"是 PyCharm 安装程序中一个选项，用于选择要在启动菜单中创建 PyCharm 快捷方式的文件夹。当安装程序将 PyCharm 快捷方式添加到 Windows 启动菜单时，会创建一个名为"JetBrains"的文件夹，并将 PyCharm 快捷方式放到这个文件夹中。然而，在 Choose Start Menu Folder 选项中，用户可以选择将快捷方式放置在其他名称的文件夹中，或者在"JetBrains"文件夹中创建一个新的子文件夹。这里选择默认值即可，单击"Install"按钮，如图1-23所示。

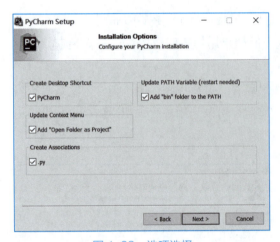

图 1-22　选项选择

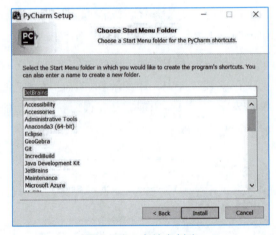

图 1-23　文件夹创建

⑦ 安装。安装过程将持续一段时间，如图1-24所示。安装完毕的窗口如图1-25所示。

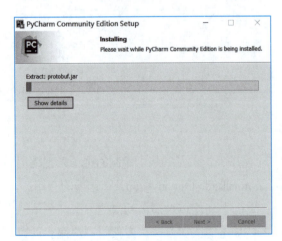

图 1-24　PyCharm 安装中

图 1-25　成功安装 PyCharm

（4）PyCharm使用配置

① 配置解释器。

在PyCharm中配置Python解释器是使用该应用程序的必要一步，具体操作如下。

打开PyCharm，并在欢迎界面中选择"Configure"菜单，然后选择"Settings"选项。在"Settings"对话框中，展开"Project Interpreter"选项卡，单击右侧的下拉按钮，然后选择"Add"选项。

在"Add Python Interpreter"对话框中，指定一个Python解释器。如果运行Windows，则可以选择在系统中安装的某个Python版本。否则，可以按照自己的需求下载或安装Python解释器，这里直接使用上面已经安装过的Python 3.9.10版本，如图1-26所示。

图 1-26　解释器配置

如果选择自定义安装Python解释器，则单击"New environment"按钮，并指定该解释器的安装路径。在这里，可以选择使用虚拟环境或全局Python解释器，最好使用虚拟环境以隔离项目的所有依赖关系。单击"OK"按钮，保存并应用设置。此时，可以看到新创建的解释器，以及它所在的路径。

如果存在多个Python解释器，则可以选择将其应用于特定项目。在"Settings"对话框中，选择"Project Interpreter"选项卡，并单击右侧的下拉按钮以选择所需的解释器。

成功配置好PyCharm解释器后，将使得PyCharm可以访问Python解释器，并提供所有必要的功能和工具来开发Python应用程序。

② 库的安装。

方法一：选择设置（Settings）进行安装。

在设置窗口中，选择项目和解释器（Project Interpreter）选项，进入项目解释器设置界面。在项目解释器设置界面中，可以看到已经安装的库列表，如图1-27所示。单击"+"按钮也可以在搜索框中输入要安装的库的名字进行搜索，如图1-28所示。在要安装的库的名字上右击，在弹出的快捷菜单中选择"Install"命令即可开始安装该库。

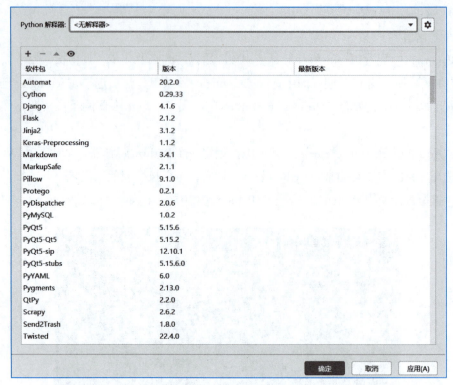

图 1-27 已安装的库列表

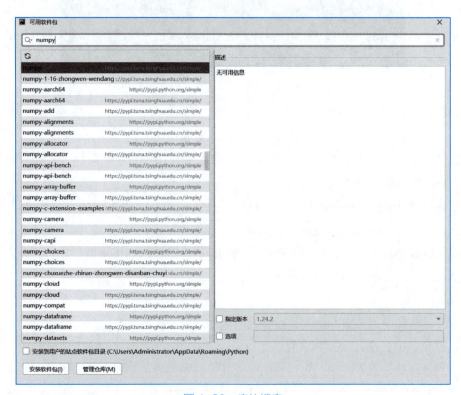

图 1-28 库的搜索

安装完成后，可以在已安装的库列表中看到该库，并将其添加到项目中。

如果要卸载库，可以在已安装的库列表中找到要卸载的库，右击，在弹出的快捷菜单中选中"Uninstall"命令即可。

方法二：使用管理工具pip进行安装

pip是一个Python包管理工具，可以安装来自PyPI、VCS或本地的扩展包，可以替代easy_install工具。pip采取先下载后安装的方式，保证了包的完整性。另外，使用pip安装的包可以方便地卸载。

- 在线安装

在线安装使用的命令格式为：

```
pip  install  packagename
```

如上命令将从PyPI安装名为packagename的扩展包。默认安装最新版本。

```
pip  install  packagename==x.y.z
```

指定版本号，如上命令将从 PyPI 安装名为 packagename 的扩展包。安装的版本号为 x.y.z。

- 离线安装第三方库

通过多种方式预先下载安装库，可以使用离线安装的方式，离线安装的命令格式为：

```
pip  install  packagename.whl
```

例如，需要安装 1.13.3 版本的 NumPy，从网上下载文件"numpy-1.13.3-cp36-none-win_amd64.whl"，保存至文件夹，使用pip install numpy-1.13.3-cp36-none-win_amd64.whl命令进行安装。

③ 常用 pip 命令。

- pip uninstall package：卸载名为 package 的包。
- pip install --upgrade package：升级名为 package 的包。
- pip --help：列出帮助信息。
- pip install package：安装名为 package 的包。
- pip show --files package：查看 package 包安装的文件列表。
- pip list --outdated：查看需要更新的包。
- pip list：列出所有已经安装的包。

任务清单 1-4-1

序号	类别	操作内容	操作过程记录
1.4.1	个人任务	1. 安装 Python 和 PyCharm 2. 安装第三方库 NumPy，并使用 pip list 命令查看已安装的库	

【任务小结】

在项目开发中，Python 内置的库往往不够用，为了更好地进行项目开发，常常需要用到第三方库。

学习评价

任务	客观评价 （40%）	主观评价（60%）			
		组内互评 （20%）	学生自评 （10%）	教师评价 （15%）	企业专家评价 （15%）
1-1					
1-2					
1-3					
1-4					
合计					

根据4个任务的完成度进行学习评价，评价依据为：

● 客观评价（40%）：完成软件安装并运行成功可获得此项分数。

● 主观评价——组内互评（20%）：由同组组员依据分组任务完成情况及个人在小组中的贡献进行评分。

● 主观评价——学生自评（10%）：个人对自己的学习情况进行主观评价。

● 主观评价——教师评价（15%）：教师根据学生的学习情况及课堂表现进行评价。

● 主观评价——企业专家评价（15%）：企业专家从职业素养角度针对学生的学习表现进行评价。

项目2
数据分析与挖掘技术

  通过数字产业化与产业数字化，促进数字经济新动能的释放。中国的数字经济已经驶入了快车道，数字经济生产总值从2012年的12万亿元增长到2022年的50万亿元。未来的中国数字经济必将引领全球数字经济的发展，成为全球经济恢复和发展的最大支撑。

  大数据人才需求岗位从企业提供的工作内容划分为：初级分析类，包括业务数据分析师、商务数据分析师等；挖掘算法类，包括数据挖掘工程师、机器学习工程师、深度学习工程师、算法工程师、AI工程师等；开发运维类，包括大数据开发工程师、大数据架构工程师、大数据运维工程师、数据可视化工程师、数据采集工程师等；产品运营类，包括数据产品经理、数据项目经理、大数据销售等。

  数据分析及数据挖掘是综合了机器学习、统计学和数据库的现代计算机技术工作，是数字经济发展的重要支撑。这项工作的综合性很强，涉及的技术知识较广。本项目以数据挖掘工作流程为主线，以工业蒸汽量数据挖掘项目的工作过程为实践案例介绍每一项流程中所涉及的相关技术，为后继项目构建认识体系架构，深挖数据价值，在实战中夯实技术基础。

学习目标

知识目标

◆ 能说出数据分析与挖掘的基本流程。
◆ 能阐明数据分析与机器学习流程的区别和联系。
◆ 能列举数据采样相关技术。
◆ 能列举数据探索及分析相关技术。
◆ 能列举数据预处理相关技术。
◆ 能概括处理不同问题的各类模型。
◆ 能概括模型评估及参数调优相关技术。
◆ 能说出模型应用常用场景。

技能目标

◆ 能够针对具体的项目，设计数据挖掘工作流程，确定各流程技术选型。
◆ 能够通过仿写代码完成一项简单数据挖掘工作。

素养目标

◆ 学会学习，建立"知行合一"的实践理念，加强学习的使命感和责任感。
◆ 加强对数据挖掘行业发展的认识和理解，提高文化素养和底蕴，为未来的职业发展奠定基础。

2-1 数据挖掘工作流程

【任务要求】

了解数据挖掘工作的流程，有利于规划、设计和开展数据挖掘项目。本任务主要目标是了解数据分析与挖掘的基本流程，并对数据挖掘目标有清晰明确的认识。

【任务实施】

1. 定义挖掘目标

对于一个项目，首先要清楚需求是什么，然后针对需求明确需要的数据是什么，从而知道挖掘目标是什么，需要达到一个什么样的效果。因此需要分析应用领域，包括应用领域相关的知识和应用目标，熟悉项目的背景知识，弄清楚用户的需求。想要充分发挥数据挖掘的价值，必须对数据挖掘目标有清晰明确的认识，也就是弄清楚到底想要做什么。

微课 2-1：
数据挖掘流
程

2. 数据挖掘流程

数据挖掘的流程，如图 2-1 所示。

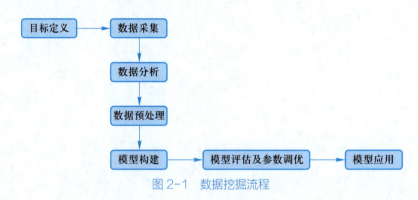

图 2-1　数据挖掘流程

- 目标定义：是指在理解任务的基础上，明确完成任务要达成的目的，以及该目的包含的指标及其阈值。
- 数据采集：就是指采集数据，包括人工采集、直接从传感器读取、通过相应的数据库获取以及其他获取方式采集，并根据需要对采集到的数据进行取样。
- 数据分析：是指对数据的质量、分布、特征等进行分析，包括分析数据的分布特征和分布类型以及缺失值、异常值等情况，为后续的数据预处理做准备。
- 数据预处理：包括数据清洗、数据变换。数据清洗即对海量的原始数据中可能存在的脏数据进行处理，包括对缺失值、异常值及重复值等的剔除或填充。数据变换主要是进行规范化处理，将数据转换成"适当的"形式，以适应模型的构建。
- 模型构建：即通过一定的算法的实现和训练，得到一个可以用于分类或预测的模型。

对分类问题构造一个分类模型，实现对输入样本的属性值，输出对应的类别，将每个样本映射到预先定义好的类别。对回归问题来说，则是通过对训练样本的拟合得到回归模型，实现对未知样本的预测。

- 模型评估及参数调优：就是对训练好的模型进行评价，评估其有效性和准确性，并根据实际需要对模型的参数进行调整。
- 模型应用：在模型构建完成且评估有效后，投入实际应用。

3. 数据挖掘与机器学习对比

数据挖掘和机器学习有着大概类似的流程，但也有着根本的区别。数据挖掘的目的是通过对数据的采集和处理从中提取有价值的数据，并找出一定的规律以及在数据中隐藏的各种宏观信息；而机器学习更侧重于对模型的训练，通过用大量样本对基于各种算法的机器学习模型进行训练使模型具有一定的分类、判断、预测等能力，从而能够帮人们做一定的智力劳动。

机器学习流程首先也需要进行数据的获取，这些数据可以通过数据挖掘得到，然后进行特征提取，根据需要做一定的数据转换，再选择适当的算法模型进行训练，用训练好的模型进行相应的预测和评估，从而完成学习过程。机器学习流程如图2-2所示。

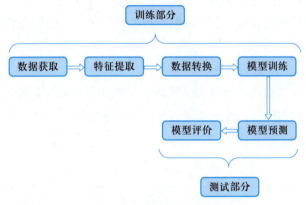

图 2-2 机器学习流程

4. 实践案例

以工业蒸汽量数据挖掘项目的工作流程分析为例，了解实际项目中的操作。

（1）项目背景及目标分析

在工业生产中火力发电的基本原理是：燃料在燃烧时加热水生成蒸汽，蒸汽压力推动汽轮机旋转，然后汽轮机带动发电机旋转，产生电能。在这一系列的能量转换中，影响发电效率的核心是锅炉的燃烧效率，即燃料燃烧加热水产生高温高压蒸汽的效率。影响蒸汽生产量的因素很多，包括锅炉的可调参数，如燃烧给量、一次风、二次风、引风、返料风、给水水量；以及锅炉的工况，如锅炉床温、床压、炉膛温度、压力、过热器的温度等。通过数据挖掘可以根据发电数据创建模型为不同组合的参数预测产生的蒸汽量，根据预测结果，可以对各项参数进行调整，以找到最好的锅炉参数，从而最终提高发电效率。

（2）数据挖掘过程

针对以上提出的蒸汽量数据挖掘的目标，本书使用的数据是阿里云天池大赛赛题蒸汽工业量预测里的数据，可在官方平台下载。数据集包括两个文本数据集（训练集和测试集）、利用训练数据训练出模型、用模型预测测试数据的目标变量。数据分成训练数据集和测试数据集，训练数据集包括38个数据特征变量和一个目标变量target，测试数据集包括38个特征变量。

得到数据后，对数据集进行数据分析和数据预处理。数据分析可以从数据分布、数据质量、数据统计、时间序列、相关性等方面进行分析；数据预处理包括数据清洗、数据变换、数值归约、属性变换、文本数据预处理、数据划分等。

拿到处理好的可用数据后，接着进行下一步模型构建。针对工业蒸汽量数据集具体的数据挖掘的应用，要先知道任务是分类任务还是预测任务，可以判断出预测的结果是连续性数值变量，属于回归预测求解；然后可以通过机器学习中的各种算法为基础，如线性回归预测、回归决策树预测等，利用收集到的同一台锅炉的相关数据集对模型进行训练，利用训练好的模型做蒸汽量预测任务。这样就可以根据锅炉的工作情况，预测产生的蒸汽量，从而掌握发电情况。

训练好模型后，对模型进行评估工作，利用模型进行预测，然后将预测结果和真实值做对比，得到模型的评估指标。也可以对模型进行参数优化，从而提高模型性能，最后将模型应用到实际生产生活中。

（3）挖掘过程与机器学习相关性

在整个任务流程中，模型构建这部分的内容更侧重于机器学习中的内容，而数据分析、数据预处理更侧重于数据挖掘，首先构建各种回归预测模型，并基于数据挖掘的结果进行模型训练。

任务清单 2-1-1

序号	类别	操作内容	操作过程记录
2.1.1	分组任务	分组讨论： 1. 数据挖掘过程中有哪些应用和技术是之前学习过的？ 2. 数据挖掘与机器学习的过程有什么区别和联系？	

【任务小结】

本任务总结了数据挖掘的基本流程，但其在实际应用中根据不同项目的特点会有所调整。

2-2　数据采样

【任务要求】

数据采样是大部分数据挖掘工程必经的操作，选择合适的采样方法有利于提高模型的准确性。通过完成本任务，了解数据采样相关技术，能够掌握常用的采样方法。

【任务实施】

1. 数据采集

数据采集，顾名思义，就是采集数据。在采集数据之前一定要明确的问题就是，要采集的是什么数据，不能没搞清楚目的就乱采集；还有就是是否能够采集得到，例如有些保密数据就无法采集到。

数据采集的方式有很多种，例如运用调查问卷等方式开展人工采集，通过传感器采集各种环境参数的检测数据，直接从系统数据库后台获取系统数据。除了进行采集以外，为了进行数据挖掘研究，网络上还有很多开源的数据集可供学习和研究使用。

2. 数据取样

在明确了数据挖掘的目标后，接下来就需要从业务系统中抽取一个与挖掘目标相关的样本数据子集。抽取数据的标准：一是相关性，二是可靠性，三是有效性，而不是动用全部企业数据。通过数据样本的抽取，不仅能减少数据处理量，节省系统资源，而且使想要寻找的规律能更好地凸显出来。

进行数据取样，一定要严把质量关。在任何时候都不能忽视数据的质量，即使是从一个数据仓库中进行数据取样，也不要忘记检查数据质量如何。因为数据挖掘是要探索企业运作的内在规律性，如果原始数据有误，就很难从中发掘出规律。若真的从错误数据中探索出什么"规律性"，再依此去指导工作，则很可能会对相关决策造成误导。若从正在运行的系统中进行数据取样，更要注意数据的完整性和有效性。

衡量取样数据质量的标准包括：资料完整无缺、各类指标项齐全、数据准确无误，反映的都是正常而不是异常状态下的水平。

常用的抽样方式有以下几种。

① 随机抽样：在采用随机抽样方式时，数据集中的每一组观测值都有相同的被抽取的概率。

② 等距抽样：将容量为 N 的总体按某一顺序编号（或按研究对象已有的顺序，如学生证号等）并平均分成 n 个部分，每部分包含 K 个个体（$K=N/n$）。首先从第一部分中随机抽取一个个体，依次用相等的间隔，机械地从每一部分中各抽取一个个体，共抽得 n 个个体组成样本。

③ 分层抽样：在这种抽样操作中，首先将样本总体分成若干层次（或者说分成若干个子集）。每个层次中的观测值都具有相同的被选用的概率，但对不同的层次可设定不同的概率。这样的抽样结果通常具有更好的代表性，进而使模型具有更好的拟合精度。

④ 按起始顺序抽样：这种抽样方式是从输入数据集的起始处开始抽样。可以对抽样的数量给定一个百分比，或者直接给定选取观测值的组数。

⑤ 分类抽样：在前述几种抽样方式中，并不考虑抽取样本的具体取值。分类抽样则依据某种属性的取值来选择数据子集，如按客户名称分类、按地址区域分类等。分类抽样的选取方式就是前面所述的几种方式，只是抽样以类为单位。

3. 实践案例

以工业蒸汽量数据挖掘项目的数据采样为例，了解实际项目中的操作。工业蒸汽量数据挖掘项目的数据是阿里云天池大赛赛题蒸汽工业量预测里的数据，属于开源数据。如果需要实时的数据，需要在实际环境中安装传感器，然后设置采集频率进行采集。

假设现在采集到了 10 000 条锅炉工作数据，每条数据又包括 50 个数据属性作为生成数据仓库，对这个数据仓库进行数据采样生成样本集。然后对数据进行随机取样，也就是每条数据被抽中的概率都是一样的，都有相同的概率作为子数据集里面的一条数据；也可以进行等距采样，假设先将数据平均分成 100 组，然后每组按照抽取一条数据组成最终的数据集。

任务清单 2-2-1

序号	类别	操作内容	操作过程记录
2.2.1	个人任务	分组讨论： 常用的抽样方式有哪些？这些方式分别适合用于什么情况？	

【任务小结】

数据采样工作在数据挖掘工作中至关重要，属于比较费时的基本工作，但技术相关的内容较少，所以在后面的实战项目中这个环节并未提及。

2-3　数据探索及分析

【任务要求】

数据探索及分析是数据挖掘工程必经的操作，只有充分了解数据，才能选择更好的方案来处理数据和模型构建。本任务主要完成数据探索及分析工作的基本认知，主要包括数据特征、数据统计、数据分布、数据质量、相关性、时间序列、文本数据等分析。

【任务实施】

1. 数据特征分析

拿到一个样本数据集后，需要首先了解它的基本特征，包括数据量大小、属性基本情况、数据基本情况等。pandas 库自带了常用的数据特征分析工具，如可以使用 shape 属性查行数据的行列数，可以使用 info() 函数查看数据的基本信息等。

2. 数据统计分析

（1）对比分析

对比分析是指把两个相互联系的指标进行比较，从数量上展示和说明研究对象规模的大小、水平的高低、速度的快慢以及各种关系是否协调。特别适用于指标间的横纵向比较、时间序列的比较分析。在对比分析中，选择合适的对比标准是十分关键的，选得合适，才能做出客观评价；选得不合适，评价后可能得出错误的结论。对比分析主要有绝对数比较和相对数比较两种形式。

（2）统计量分析

用统计指标对定量数据进行统计描述，常从平均水平、变异程度两个方面进行分析。平均水平指标是对个体集中趋势的度量，使用最广泛的是均值和中位数；反映变异程度的指标则是对个体离开平均水平的度量，使用较广泛的是标准差（方差）、四分位间距。

3. 数据分布分析

数据分布分析能揭示数据的分布特征和分布类型。对于定量数据，要想了解其分布形式是对称的还是非对称的，发现某些特大或特小的可疑值，可做出频率分布表、绘制频率分布直方图、绘制茎叶图进行直观分析。

（1）定量数据的分布分析

直方图或频率直方图至少已经出现了一个世纪，并且被广泛使用。直方图是一种概括给定属性 x 的分布的图形方法。如果 x 是标称的，如汽车型号或商品类型，则对于 x 的每个已知值，画一个柱或者竖直条，条的高度标示该 x 值出现的频率。

（2）定性数据的分布分析

对于定性数据，可用饼图和条形图直观地显示其分布情况，描述定性变量的分布。饼图的每一个扇形部分代表每一类型的所占百分比或频数，根据定性变量的类型数目将饼图分成几个部分，每一部分的大小与每一类型的频数成正比；条形图的高度代表每一类型的百分比或频数，条形图的宽度没有意义。在关联规则挖掘的章节中，将用饼图来分析数据。

4. 数据质量分析

数据质量分析是数据挖掘中数据准备过程的重要一环，是数据预处理的前提，也是数据挖掘分析结论有效性和准确性的基础。没有可信的数据，数据挖掘构建的模型将是空中楼阁。

数据质量分析的主要任务是检查原始数据中是否存在脏数据。脏数据一般是指不符合要求以及不能直接用于相应分析的数据。在常见的数据挖掘工作中，脏数据包括缺失值、异常值、不一致的值、重复数据及含有特殊符号的数据。

本任务中需要了解缺失值、异常值和重复值的分析。

（1）缺失值的分析

数据的缺失主要包括记录的缺失和记录中某个字段信息的缺失，两者都会造成分析结果不准确。对缺失值的分析主要从两方面进行：一是使用简单的统计分析，可以得到含有缺失值的属性的个数以及每个属性的未缺失数、缺失数与缺失率等；二是使用pandas库自带的isnull()、isna()、notnull()和notna()4个函数来检测缺失值。

（2）异常值分析

异常值分析是检验数据是否有录入错误，是否含有不合常理的数据。忽视异常值的存在是十分危险的，不加剔除地将异常值放入数据的计算分析过程中，会对结果造成不良影响。重视异常值的出现，分析其产生的原因，常常成为发现问题进而改进决策的契机。常用的分析方法包括使用简单的统计分析，如统计最大、最小值再找到异常；使用3σ原则从正态分布的角度查找异常值；通过绘制并观察箱形图查找异常值等。

（3）重复值分析

数据集中的重复值包括以下两种情况：一是数据值完全相同的多条数据记录，这是最常见的数据重复情况；二是数据主体相同但匹配到的唯一属性值不同，这种情况多见于数据仓库中的变化维度表，同一个事实表的主体会匹配同一个属性的多个值。通常使用pandas库中自带的重复值检测函数duplicated()进行重复值检测。

5. 相关性分析

分析连续变量之间的线性相关程度的强弱，并用适当的统计指标表示出来的过程称为相关性分析。

进行相关性分析的方法总体上可以分为两种：一种是直接绘制散点图来判断段两个变量之间是否具有线性相关关系；另一种是通过计算Pearson相关系数和Spearman秩相关系数分析出两个连续性变量之间的关系。

两种方法相比，直接绘制散点图的方法能更直观地看到是否有相关性，但没有确定的数据，无法精确比较，因此在数据分析中更多地使用相关系数计算的方法来进行相关性分析。但相关系数计算的结果都是相关性系数，又不够直观，因此通常将相关系数转换成热力图进行展示。常见的相关系数热力图示例如图2-3所示。

6. 时间序列分析

时间序列是按照一定的时间间隔排列的一组数据，其时间间隔可以是任意的时间单位，如小时、日、周、月等。比如，每天某产品的用户数量，每个月的销售额，这些数据形成了以一定时间间隔的数据。通过对这些时间序列的分析，从中发现和揭示现象发展变化的规律，并将这些知识和信息用于预测。

常见的时间序列分析有周期性分析、平稳性检验、白噪声检验等。

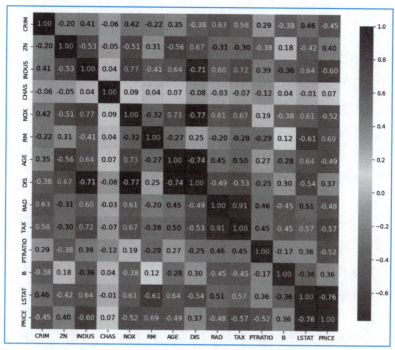

图 2-3　常见的相关系数热力图示例

（1）周期性分析

周期性分析是探索某个变量是否随着时间的变化而呈现出某种周期变化趋势。时间尺度相对较长的周期性趋势有年度周期性趋势、季度周期性趋势；时间尺度相对较短的有月度周期性趋势、周度周期性趋势，甚至更短的天、小时周期性趋势。

（2）平稳性检验

平稳性是用来描述时间序列数据统计性态的特有术语。一个平稳的序列意味着它的均值、方差和协方差不随时间变化。大多数的时间序列模型都假设时间序列（TS）是平稳的，所以在探讨时间序列问题时，要进行平稳性检验。平稳性检验是必需的一个步骤，时序图、自相关图、偏相关图都可以用来判断时间序列数据是否平稳。时间序列平稳，拟合曲线可在未来一段时间内沿着曲线形态"惯性"延续下去，具体来说就是均值和方差不发生很明显的变化，这样预测结果也会更加准确。在时间序列算法章节，会对数据进行平稳性检验，让模型预测更加准确。

（3）白噪声检验

白噪声检验也称为纯随机性检验，对经过平稳化处理后的数据序列的随机性做假设检验。对于纯随机序列，序列的各项之间没有任何相关关系，序列在进行完全无序的随机波动，白噪声序列是没有信息可提取的平稳序列，无法从中获取可用的规律，可以终止对该序列的分析，因为这样的分析没有意义。原假设是随机的，也就是原假设为白噪声序列。白噪声满足均值为 0、方差为 σ^2、协方差为 0 的条件，也就是满足这 3 种条件的序列称为白噪声序列。

7. 文本数据分析

（1）词频分析

词频是指文件中词汇出现的频率或是次数，是衡量一个词语重要性的一种指标。一个词语在某一文件中出现的次数越高，即词频越高，则其在该文件中越重要。词频分析是一种用于情报检索与文本挖掘的常用加权技术，用以评估一个词对于一个文件或者一个语料库中的一个领域文件集的重要程度。

在自然语言处理或者文本数据处理中，会对词频进行处理，比如在进行垃圾邮件分类的任务中，就用到了词频。词频统计为学术研究提供了新的方法和视野。

（2）词云分析

词云，又称文字云，是文本数据的视觉表示，是由词汇组成类似云的彩色图形，用于展示大量文本数据，通常用于描述网站上的关键字元数据（标签），或可视化自由格式文本。每个词的重要性以字体大小或颜色区分。利用词云并基于分词结果，可以对邮件的数据进行可视化分析，直观地显示邮件中出现频率较高的一些关键词。

8. 实践案例

以工业蒸汽量数据挖掘项目的数据探索及分析为例了解实际项目中的操作。

（1）数据特征分析

针对蒸汽量数据集，在做任何数据分析之前都要先加载读入数据集，前面已介绍，收集到的是文本格式的数据集，如图 2-4 所示，利用 pandas 库中 read_csv() 函数来读取数据，将数据转换为 DataFrame 格式数据，如图 2-5 所示。然后通过 info() 函数进行缺失值的检测。通过 info() 函数查看数据的基本信息，包括行数、列数、列索引、列非空值个数、列类型、内存占用。其中 count() 函数是探索非空值数的，分析结果可知数据集包括 2 888 条样本，39 个变量，每个变量都不存在空值，并且数据类型为 float64，数据大小为 880.1 KB，如图 2-6 所示。

具体实现代码如代码块 2-1 所示。

```python
#代码块 2-1
#读取数据集
def load_data（self, path="zhengqi_train.txt"）:
    """加载数据"""
    self.data = pd.read_csv(path)
def  explore_data(self):
    print(self.data.info())
```

（2）统计分析

统计分析主要是对数据的标准差、均值等统计量方面进行，可以通过 describe() 函数实现。

图 2-4　文本数据集

```
<class 'pandas.core.frame.DataFrame'>
RangeIndex: 2888 entries, 0 to 2887
Data columns (total 39 columns):
 #   Column  Non-Null Count  Dtype
---  ------  --------------  -----
 0   V0      2888 non-null   float64
 1   V1      2888 non-null   float64
 2   V2      2888 non-null   float64
 3   V3      2888 non-null   float64
 4   V4      2888 non-null   float64
 5   V5      2888 non-null   float64
 6   V6      2888 non-null   float64
 7   V7      2888 non-null   float64
 8   V8      2888 non-null   float64
 9   V9      2888 non-null   float64
 10  V10     2888 non-null   float64
 11  V11     2888 non-null   float64
 12  V12     2888 non-null   float64
 13  V13     2888 non-null   float64
 14  V14     2888 non-null   float64
 15  V15     2888 non-null   float64
 16  V16     2888 non-null   float64
 17  V17     2888 non-null   float64
 18  V18     2888 non-null   float64
 19  V19     2888 non-null   float64
 20  V20     2888 non-null   float64
 21  V21     2888 non-null   float64
 22  V22     2888 non-null   float64
 23  V23     2888 non-null   float64
 24  V24     2888 non-null   float64
 25  V25     2888 non-null   float64
 26  V26     2888 non-null   float64
 27  V27     2888 non-null   float64
 28  V28     2888 non-null   float64
 29  V29     2888 non-null   float64
 30  V30     2888 non-null   float64
 31  V31     2888 non-null   float64
 32  V32     2888 non-null   float64
 33  V33     2888 non-null   float64
 34  V34     2888 non-null   float64
 35  V35     2888 non-null   float64
 36  V36     2888 non-null   float64
 37  V37     2888 non-null   float64
 38  target  2888 non-null   float64
dtypes: float64(39)
memory usage: 880.1 KB
None
<class 'pandas.core.frame.DataFrame'>
RangeIndex: 1925 entries, 0 to 1924
Data columns (total 38 columns):
 #   Column  Non-Null Count  Dtype
```

```
          V0     V1     V2     V3     V4  ...    V34    V35    V36    V37  target
0      0.566  0.016 -0.143  0.407  0.452  ... -4.789 -5.101 -2.608 -3.508   0.175
1      0.968  0.437  0.066  0.566  0.194  ...  0.160  0.364 -0.335 -0.730   0.676
2      1.013  0.568  0.235  0.370  0.112  ...  0.160  0.364  0.765 -0.589   0.633
3      0.733  0.368  0.283  0.165  0.599  ... -0.065  0.364  0.333 -0.112   0.206
4      0.684  0.638  0.260  0.209  0.337  ... -0.215  0.364 -0.280 -0.028   0.384
...      ...    ...    ...    ...    ...  ...    ...    ...    ...    ...     ...
2883   0.190 -0.025 -0.138  0.161  0.600  ... -0.027 -0.349  0.576  0.686   0.235
2884   0.507  0.557  0.296  0.183  0.530  ...  0.498 -0.349 -0.615 -0.380   1.042
2885  -0.394 -0.721 -0.485  0.084  0.136  ...  0.498 -0.349  0.951  0.748   0.005
2886  -0.219 -0.282 -0.344 -0.049  0.449  ...  0.610 -0.230 -0.301  0.555   0.350
2887   0.368  0.380 -0.225 -0.049  0.379  ... -0.009 -0.190 -0.567  0.388   0.417
```

图 2-5　DataFrame 格式数据　　　　　　　　　图 2-6　基本信息

具体实现代码如代码块 2-2 所示，运行结果如图 2-7 所示。

```
#代码块 2-2
print(train_data.describe())
```

```
                V0           V1  ...          V37       target
count  2888.000000  2888.000000  ...  2888.000000  2888.000000
mean      0.123048     0.056068  ...    -0.130330     0.126353
std       0.928031     0.941515  ...     1.017196     0.983966
min      -4.335000    -5.122000  ...    -3.630000    -3.044000
25%      -0.297000    -0.226250  ...    -0.798250    -0.350250
50%       0.359000     0.272500  ...    -0.185500     0.313000
75%       0.726000     0.599000  ...     0.495250     0.793250
max       2.121000     1.918000  ...     3.000000     2.538000

[8 rows x 39 columns]
```

图 2-7　代码块 2-2 的运行结果

（3）数据质量分析

在数据分布分析部分已经知道数据不存在缺失值，在这里利用pandas库自带的isnull()函数对缺失值进行检测，可以统计每个特征的缺失值的数量，从分析结果可知缺失值为0。

具体实现代码如代码块2-3所示，运行结果如图2-8所示。

```
#代码块2-3
print(train_data.isnull().sum())
```

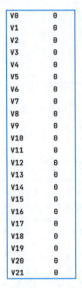

图 2-8　代码块 2-3 的运行结果

利用箱形图对蒸汽量数据集进行异常值分析，利用boxplot()函数即可实现箱形图的绘制，结果如图2-9所示。可以看出，有的特征变量中存在一些明显的异常值，在数据预处理部分，会对异常值进行处理。

具体实现代码如代码块2-4所示，运行结果如图2-9所示。

```
#代码块2-4
#绘制箱形图
import seaborn as sns
plt.figure(figsize=(80, 60), dpi=75)
column = self.data.columns.tolist()
# print(column)
for i in range(38):
    plt.subplot(5, 8, i + 1)          # 绘制子图
    sns.boxplot(self.data[column[i]], orient='h', width=0.5)
                                      # 绘制箱形图
```

```
    plt.ylabel(column[i], fontsize=18)
plt.show()
```

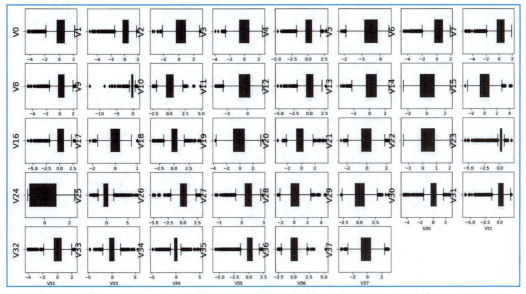

图 2-9　数据箱形图

（4）相关分析

针对蒸汽量数据集来计算特征变量之间的相关性，利用 corr() 函数进行计算，直接用数据集调用 corr() 函数即可。结果如图 2-10 所示，得到了各个特征变量之间的相关系数。

	V0	V1	V2	...	V36	V37	target
V0	1.000000	0.908607	0.463643	...	0.231417	-0.494076	0.873212
V1	0.908607	1.000000	0.506514	...	0.235299	-0.494043	0.871846
V2	0.463643	0.506514	1.000000	...	0.316462	-0.734956	0.638878
V3	0.409576	0.383924	0.410148	...	0.324475	-0.229613	0.512074
V4	0.781212	0.657790	0.057697	...	0.113609	-0.031054	0.603984
V5	-0.327028	-0.227289	-0.322417	...	0.026596	0.404799	-0.314676
V6	0.189267	0.276805	0.615938	...	0.433804	-0.404817	0.370037
V7	0.141294	0.205023	0.477114	...	0.340479	-0.292285	0.287815
V8	0.794013	0.874650	0.703431	...	0.326586	-0.553121	0.831904
V9	0.077888	0.138849	0.047874	...	0.129542	-0.112503	0.139704
V10	0.298443	0.310120	0.346006	...	0.922190	-0.045851	0.394767
V11	-0.295420	-0.197317	-0.256407	...	0.003413	0.459867	-0.263988
V12	0.751830	0.656186	0.059941	...	0.112150	-0.054827	0.594189
V13	0.185144	0.157518	0.204762	...	-0.024751	-0.379714	0.203373
V14	-0.004144	-0.006268	-0.106282	...	-0.086217	0.010553	0.008424
V15	0.314520	0.164702	-0.224573	...	-0.051861	0.245635	0.154020
V16	0.347357	0.435606	0.782474	...	0.551880	-0.420053	0.536748
V17	0.044722	0.072619	-0.019008	...	0.312751	0.045842	0.104605
V18	0.148622	0.123862	0.132105	...	0.019603	-0.181937	0.170721
V19	-0.100294	-0.092673	-0.161802	...	0.087605	0.012115	-0.114976
V20	0.462493	0.459795	0.298385	...	0.161315	-0.322006	0.444965
V21	-0.029285	-0.012911	-0.030932	...	0.047340	0.315470	-0.010063
V22	-0.105643	-0.102421	-0.212023	...	-0.130607	0.099282	-0.107813

图 2-10　相关系数

具体实现代码如代码块 2-5 所示，运行结果如图 2-10 所示。

```
#代码块2-5
train_corr = self.data.corr()        # 调用corr()函数进行相关性系数计算
print(train_corr)                    # 输出
```

任务清单 2-3-1

序号	类别	操作内容	操作过程记录
2.3.1	分组任务	分组讨论： 数据分布分析、数据质量分析、数据统计分析、时间序列分析、相关性分析之间的区别与联系是什么？	
2.3.2	个人任务	按照代码块 2-1~2-5 复原工业蒸汽量数据挖掘项目的数据探索及分析工作	

【任务小结】

通过数据探索及分析可以了解数据是否达到原来设想的要求，其中有没有什么明显的规律和趋势，有没有出现从未设想过的数据状态，属性之间有什么相关性，它们可分成怎样的类别等，是数据挖掘中非常重要的一步。

2-4 数据预处理

【任务要求】

在实际生产中获取的数据往往是不能直接用于挖掘的，需要进行数据预处理才能使用。本任务主要完成数据预处理工作的基本认知。主要包括数据清洗、数据变换、数值归约、属性变换、文本数据预处理、数据划分等。

【任务实施】

1. 数据清洗

在数据挖掘中，海量的原始数据中存在着大量不完整（有缺失值）、不一致、有异常的数据，严重影响数据挖掘建模的执行效率，甚至可能导致挖掘结果的偏差，所以进行数据清洗就显得尤为重要。

数据清洗最常见的就是处理数据集中的缺失值、异常值及重复值。

（1）缺失值处理

根据数据集情况及缺失情况不同，处理缺失值的方法常见以下3类：

- 删除含有缺失值的记录或字段属性。
- 使用平均值、固定值、临近值，用插值等方法进行插补。
- 保留缺失值，作为正常数据开展挖掘和分析。

（2）异常值处理

根据数据集情况及异常情况不同，处理异常值的方法如下：

- 删除含有异常值的记录。
- 采用计算进行数据转换。
- 使用平均值、固定值、临近值，用插值等方法进行插补替换。
- 将异常值视为缺失值，利用缺失值处理的方法进行处理。
- 不处理，直接在具有异常值的数据集上进行挖掘建模。

（3）重复值处理

对于重复值的处理，去重是主要方法，即所有字段完全相同的重复值一般直接删除，主要目的是保留能显示特征的唯一数据记录。

2. 数据变换

数据变换主要是对数据进行规范化处理，将数据转换成"适当"的形式，以适用于挖掘任务。

（1）简单函数变换

简单函数变换是对原始数据进行某些数学函数变换，常用的包括平方、开方、取对数、差分运算等。

简单函数变换常用来将不具有正态分布的数据变换成具有正态分布的数据。在时间序列分析中，有时简单地使用对数变换或者差分运算就可以将非平稳序列转换成平稳序列。在数据挖掘中，简单函数变换可能更有必要，如个人年收入的取值范围为10 000元~10亿元，这是一个很大的区间，使用对数变换对其进行压缩是常用的一种变换处理。

（2）规范化

数据规范化又称数据标准化或数据归一化，它是数据挖掘的一项基础工作。不同评价指标往往具有不同的量纲，数值间的差别可能很大，不进行处理可能会影响数据分析的结果。为了消除指标之间的量纲和取值范围差异的影响，需要进行规范化处理，将数据按照比例进行缩放，使之落入一个特定的区域，便于进行综合分析。最小-最大规范化和零-均值规范化是常见的规范化操作，在Python的第三方库中都有可以直接实现的函数。在本书后面的实战案例中会具体介绍。

（3）连续属性离散化

一些数据挖掘算法，特别是某些分类算法，如ID3算法、Apriori算法等，要求数据是分类属性形式。这样，常常需要将连续属性变换成分类属性，即连续属性离散化。连续属性离散化就是在数据的取值范围内设定若干离散的划分点，将取值范围划分为一些离散化的子区间，最后用不同的符号或整数值代表落在每个子区间中的数据值。所以，离散化涉及两个子任务：确定分类数以及如何将连续属性值映射到这些分类值。

常用到的离散化方法有等宽法、等频法和聚类法。

● 等宽法将属性的值域分成具有相同宽度的区间，区间的个数由数据本身的特点决定或者用户指定，类似于制作频率分布表。

● 等频法将相同数量的记录放进每个区间。等宽法、等频法这两种方法简单，易于操作，但都需要人为规定划分区间的个数。

● 聚类法首先将连续属性的值用聚类算法（如 K-means 算法）进行聚类，然后再将聚类得到的簇进行处理，合并到一个簇的连续属性值做同一标记。聚类分析的离散化方法也需要用户指定簇的个数，从而决定产生的区间数。

（4）数值归约

数值归约通过选择替代的、较小的数据来减少数据量，包括有参数方法和无参数方法两类。有参数方法是使用一个模型来评估数据，只须存放参数，而不需要存放实际数据，如回归（线性回归和多元回归）和对数线性模型（近似离散属性集中的多维概率分布）。无参数方法就需要存放实际数据，如直方图、聚类、抽样（采样）。

● 使用分箱来近似数据分布，是一种流行的数据归约形式。属性 A 的直方图将 A 的数据分布划分为不相交的子集或桶。

● 聚类技术将数据元组（即记录，数据表中的一行）视为对象。它将对象划分为簇，使一个簇中的对象彼此"相似"，而与其他簇中的对象"相异"。在数据归约中，用数据的簇替换实际数据。该技术的有效性依赖于簇的定义是否符合数据的分布性质。

● 抽样也是一种数据归约技术，它用比原始数据小得多的随机样本（子集）表示原始数据集。假定原始数据集 D 包含 n 个元组，可以采用抽样方法对原始数据集 D 进行抽样。常用的抽样方法包括随机抽样、聚类抽样、分层抽样。

● 简单线性模型和对数线性模型可以用来近似给定的数据。用（简单）线性模型对数据建模，使之拟合一条直线。

3. 属性变换

在数据挖掘过程中，为了帮助用户提取更有用的信息，挖掘更深层次的模式，提高挖掘结果的精度，会对属性进行适当的变换，常用的属性变换有属性归约和属性构造。

（1）属性归约

属性归约通过属性合并创建新属性维数，或者通过直接删除不相关的属性来减少数据维数，从而提高数据挖掘的效率，降低计算成本。属性归约的目标是寻找最小的属性子集并确保新数据子集的概率分布尽可能接近原来数据集的概率分布。属性归约的常用方法如下。

● 合并属性：将一些旧属性合并为新属性。

● 逐步向前选择：从一个空属性集开始，每次从原来的属性集合中选择一个当前最优的属性添加到当前属性子集中。直到无法选出最优属性或满足一定阈值约束为止。

● 逐步向后删除：从一个全属性集开始，每次从当前属性子集中选择一个当前最差的属性并将其从当前属性子集中消去。直到无法选出最差属性为止或满足一定的阈值约束为止。

● 决策树归纳：利用决策树的归纳方法对初始数据进行分类归纳学习，获得一个初始决策树，所有没有出现在该决策树上的属性均可被视为无关属性，因此将这些属性从初始集合中删除，就可以获得一个较优的属性子集。

● 主成分分析：用较少的变量去解释原始数据中的大部分变量，即将许多相关性很高的变量转化成彼此相互独立或不相关的变量。

（2）属性构造

属性构造也可以被称为新变量生成。在数据挖掘过程中，为了帮助用户提取更有用的信息，挖掘更深层次的模式，提高挖掘结果的精度，需要利用已有的属性集构造出新的属性，并加入现有的属性集合中。比如有一个输入变量日期，格式为年月日，可以拆分生成3个新变量，年、月、日。属性构造有两种方法。

● 创建派生变量：指使用一组函数或不同方法从现有变量创建新变量。

● 创建哑变量：使用哑变量方法可将类别型变量转换为数值型变量。

4. 文本数据预处理

自然语言处理任务的数据预处理就是文本数据预处理。在文本数据预处理中常用的操作包括编码格式转换、文本过滤、中文分词、停用词处理和词向量化。

● 编码格式转换：处理中文文本时，经常会遇到因编码格式不同使得文本不能被正确解读的问题，因此在正式处理之前要做编码格式的转换，统一编码格式，以便后续处理。在做编码转换时，通常用Unicode作为中间编码，先将其他编码的字符串解码（decode）成Unicode，再由Unicode编码（encode）成另一种编码格式。

● 文本过滤：过滤非中文字符，包括数字、字母、标点符号等，也就是说除了中文，其他字符都不能输入。在这里不用任何符号来代替非中文字符，而且删除非中文字符后，中文直接连接到一起。

● 中文分词：处理中文文本时，需要进行分词处理，将句子转换为词的表示，这个切词的过程就是中文分词，是通过计算机自动识别出句子的词，在词间加入边界标记符，分隔出各个词汇。

● 停用词处理：停用词主要包括英文字符、数字、数学字符、标点符号及使用频率特别高的单汉字等。在文本处理过程中如果遇到它们，则立即停止处理，将其删除，这样可以提高检索效率。

● 词向量化：由于计算机无法识别文字，在进行文本数据挖掘时，需要通过词向量化让计算机可以处理文字数据，以便更方便地挖掘词之间的联系，提高数据挖掘效率。词向量化，顾名思义，其实就是把词语都变成一个个的向量。

5. 数据划分

要进行模型训练，先要有数据。这些数据的集合就是一个数据集，数据的每个记录都是关于一个事件或对象的描述，称为一个样本，反映事件或对象在某方面的表现或性质的事项。

微课 2-2：
数据划分

从数据中学得模型的过程称为"学习"或"训练",训练过程中使用的数据称为"训练集",其中每个样本称为一个"训练样本",训练样本组成的集合称为"训练集"。学得模型后,要用数据对模型进行验证,这个过程就叫测试,被预测的样本称为"测试样本",由测试样本组成的集合称为"测试集"。

通常,可通过实验测试来对学习器的泛化误差进行评估并进而做出选择。为此,须使用一个"测试集"来测试学习器对新样本的判别能力,然后以测试集上的"测试误差"作为泛化误差的近似。通常假设测试样本也是从样本真实分布中独立同分布采样而得。但须注意的是,测试集应该尽可能与训练集互斥,即测试样本尽量不在训练集中出现、未在训练过程中使用过。常见的数据划分方法有留出法、交叉验证法、自助法。

数据划分操作可以使用scikit-learn库自带的工具,也可以自行划分。

6. 实践案例

以工业蒸汽量数据挖掘项目的数据预处理为例了解实际项目中的操作。

(1)数据清洗

针对本项目数据集,由于前面已通过箱形图分析出了异常值的存在,在此将数据值大于−7.5的数据视为正常值,否则为异常值并将其删除。

具体实现代码如代码块2-6所示,运行结果如图2-11所示。

```
#代码块2-6
plt.figure(figsize=(18, 10))
plt.boxplot(x=self.data.values, labels=self.data.columns)
plt.hlines([-7.5, 7.5], 0, 40, colors='r')
plt.show()
#  删除特征变量V9的异常值
self.data=self.data[self.data['V9']>-7.5]
```

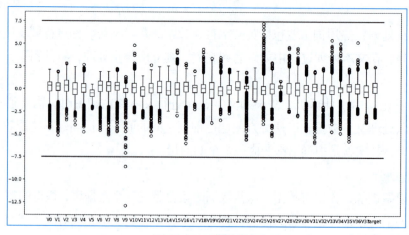

图 2-11   数据清洗

（2）数据标准化

删除了异常值后，观察结果发现，特征变量数据的范围处于 –7.5~7.5，可以对数据进行归一化操作，使数据范围全部缩放到 0~1，以便于综合分析。具体实现如代码块 2-7 所示。

#代码块 2-7

```
features_columns=[col for col in train_data.columns if col not
    in ['target']]
min_max_scaler=preprocessing.MinMaxScaler()
min_max_scaler=min_max_scaler.fit(train_data[features_columns])
train_data_scaler=min_max_scaler.transform(train_data[features_
    columns])
test_data_scaler=min_max_scaler.transform(test_data[features_
    columns])
train_data_scaler=pd.DataFrame(test_data_scaler)
train_data_scaler.columns=features_columns
test_data_scaler=pd.DataFrame(test_data_scaler)
test_data_scaler.columns=features_columns
train_data_scaler['target']=train_data['target']
```

（3）属性归约

在数据相关性分析部分，分析出了各个特征变量之间的一个相关性系数，可以选择筛选出相关性系数大于 0.5 或大于一个阈值的特征变量，利用这些特征变量数据进行分析训练。具体实现如代码块 2-8 所示。

#代码块 2-8

```
mcorr=mcorr.abs()
numerical_corr=mcorr[mcorr['target']>0.5]['target']
print(numerical_corr.sort_values(ascending=False))
```

针对所有的数据集，利用主成分分析法对数据进行降维操作，在此可以选择保留 90% 的数据信息，利用保留下来的数据信息进行模型训练。具体实现如代码块 2-9 所示。

#代码块 2-9

```
pca=PCA(n_components=0.9)
new_train_pca_90=pca.fit_transform(train_data_scaler.iloc[:,0:-1])
new_train_pca_90=pd.DataFrame(new_train_pca_90)
```

```
new_train_pca_90['target']=train_data_scaler['target']
```

数据经过预处理之后就得到了一份干净、高效的可以供模型使用的数据集。

（4）数据划分

在进行模型训练之前，还需要对数据集进行一个划分，将数据集划分为训练数据集和测试集，通过 train_test_split() 函数实现。具体实现如代码块 2-10 所示。

```
#代码块2-10
#切分数据集
#切分数据  训练数据80%  测试数据20%
def split_dataset(self):
    new_train_pca_90 = self.new_train_pca_90.fillna(0)
    train = new_train_pca_90[self.new_test_pca_90.columns]
    target = self.new_train_pca_90['target']
     #切分数据集，训练集数据80%，测试集20%，利用train_test_spilt()函数进
    行数据划分，第一个参数是被划分的数据，第二个参数是被划分的目标数据，第三个
    参数是随机种子，决定是否随机划分，为1代表不随机
    train_data, test_data, train_target, test_target = train_test_
    split \(train, target, test_size=0.2, random_state=1)
    self.train_data=train_data
    self.test_data=test_data
    self.train_target=train_target
    self.test_target=test_target
```

任务清单 2-4-1

序号	类别	操作内容	操作过程记录
2.4.1	分组任务	分组讨论： 1. 数据预处理主要是进行哪些操作？ 2. 缺失值和异常值有什么区别？分别是如何处理的？ 3. 文本数据预处理中常用的操作有哪些？ 4. 什么是数据标准化？为什么要数据标准化？	
2.4.2	个人任务	按照代码块 2-6~2-10 复原工业蒸汽量数据挖掘项目的数据预处理工作	

【任务小结】

在实际生产中获取的数据往往是不能直接使用的，需要进行数据预处理才能使用。数据预处理的目的一方面是提高数据的质量，另一方面是让数据更好地适应特定的挖掘技术或工具。统计发现，在数据挖掘过程中，数据预处理工作量占到了整个过程的60%。

2-5　模型及模型训练

【任务要求】

经过数据探索及预处理后，接下来要考虑的问题是：如何发现数据的价值？本次建模属于数据挖掘应用中的哪类问题？该选用哪种算法进行模型构建？这是数据挖掘工作的核心环节。

本任务主要完成模型及模型训练的基本认知，包括了解模型与算法的区别，了解监督学习与无监督学习的区别，了解数据挖掘中的常见问题及其相关算法。

【任务实施】

1. 模型与算法

进行模型构建之前，先要区分模型和算法。简单来说，模型是一个函数，可以包含多个自变量，是可以实现特定功能的函数。对于模型的训练，就是在一个假设空间下，基于已有的数据集，通过学习策略和优化算法学习到一个最优的参数，然后基于此参数进行由输入到输出的映射。而算法则是利用样本创建模型的方法，就是对于获得的海量数据，是按照什么方法去分析处理，获取信息的，再通俗地理解就是对于一个问题采用的解法。可以理解为，模型由数据和如何使用数据对新数据进行预测的过程组成，即模型等于模型数据加算法。运行算法得到模型，一个算法运行在不同的训练数据上可以得到不同的模型。

微课 2-3：
模型与算法

2. 监督学习与无监督学习

（1）监督学习

监督学习，是利用一组已知类别的样本调整分类器的参数，使其达到所要求性能的过程，也称为监督训练或有教师学习。

在监督学习中，每个实例都是由一个输入对象和一个期望的输出值组成。

例如：输入的数据是（x，y）这种样本点的模式中，x是输入的数据量，y是想要的结果。通过学习系统得到一个模型，得到一个y和x的对应关系，或者一个条件概率模型，即y在x的前提下发生的概率，如图2-12所示。

监督学习算法是分析该训练数据，并产生一个推断的功能，其可以用于映射出新的输出。

微课 2-4：
监督学习与
无监督学习

（2）无监督学习

无监督学习根据类别未知（没有被标记）的训练样本解决模式识别中的各种问题。学习目的通常是发现数据的内在结构，典型任务是聚类。

聚类的目的在于把相似的东西聚在一起，一个聚类算法通常只需要知道如何计算相似度就可以了，如图2-13所示。

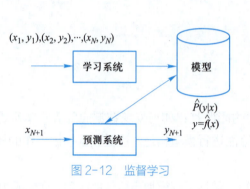

图 2-12　监督学习

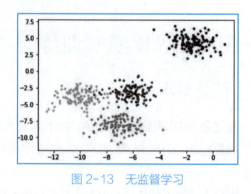

图 2-13　无监督学习

3. 常见问题及相关算法

（1）分类问题

1）定义

分类是构造一个分类模型，输入样本的属性值，输出对应的类别，将每个样本映射到预先定义好的类别。分类模型建立在已有类标记的数据集上，模型在已有样本上训练属于监督学习。

2）常用算法

对于普通数据属性分类可以常用的算法包括决策树、K-NN、随机森林、朴素贝叶斯、支持向量机等；对于图像数据类型分类常用的算法和模型包括支持向量机、K-NN、决策树、朴素贝叶斯、卷积神经网络模型等；对于文本数据类型分类常用的算法和模型包括贝叶斯、SVM、循环神经网络、LSTM、Attention等。

① 决策树。一种树结构，其中每个内部节点表示一个属性上的判断，每个分支代表一个判断结果的输出，最后每个叶节点代表一种分类结果。

② K近邻回归模型。输入没有标签的新数据，将新数据的每个特征与样本集中数据对应的特征进行比较，然后算法提取样本集中特征最相似数据（最近邻）的分类标签。

③ 随机森林。通过集成学习的Bagging思想将多棵树集成的一种算法，它的基本单元就是决策树。

④ 朴素贝叶斯。对于给出的待分类项，求解在此项出现的条件下各个类别出现的概率，哪个最大，就认为此待分类项属于哪个类别。

⑤ 支持向量机。支持向量机是一种通过某种非线性映射，把低维的非线性可分转化为高维的线性可分，在高维空间进行分析的算法。

3）应用领域

分类算法的应用领域有很多，如图像分类可以应用在医学、交通、动植物学等领域；文本分类（垃圾邮件、微博评论、情感分析等）可以应用在自然语言处理、社会学等领域。

K-NN 算法，按照数据特征的远近来划分，可以用于各种分类实例；朴素贝叶斯算法，常用于文本分类、垃圾文本过滤、情感判别以及多分类实时预测、推荐系统等场合；支持向量机应用在许多领域，包括手写数字识别、对象识别、演说人识别，以及基准时间序列预测检验。

（2）回归问题

1）定义

回归主要是建立连续值函数模型，即输入变量与输出变量均为连续变量。通俗一点讲，就是要预测的结果是一个数。比如要通过一个人的饮食预测一个人的体重，体重的值可以有无限多个，如有的人 50 kg，有的人 51 kg，在 50 和 51 之间也有无限多个数。这种预测结果是某一个确定数，而具体是哪个数有无限多可能的问题，会训练出一个模型，传入参数后得到这个确定的数，这类任务就叫作回归任务。回归问题是典型的有监督学习。

2）常用算法

回归问题分析可以使用的算法包括决策树、线性回归、随机森林、支持向量回归、梯度提升回归方法、岭回归、主成分回归等。

① 线性回归。适用于因变量与自变量是线性关系，线性回归是对一个或多个自变量和因变量之间的线性关系进行建模，可用最小二乘法求解模型系数。

② 支持向量回归。支持向量回归（Support Vector Regressing，SVR）是一种监督学习算法，用于预测离散值。支持向量回归使用与 SVM 相同的原理。SVR 背后的基本思想是找到最佳拟合线。在 SVR 中，最佳拟合线是点数最多的超平面。

③ 梯度提升方法回归。梯度提升方法是一种解决回归和分类问题的机器学习技术，它通过对弱预测模型的集成产生预测模型。简单来说，它和其他 Boosting 方法一样，也是通过迭代的方法联合弱学习器联合形成一个强学习器。

④ 主成分回归。适用于自变量之间具有多重共线性的情况，该算法根据主成分分析的思想提出，是最小二乘法的一种改进，可以消除自变量之间的多重共线性。

⑤ 岭回归。适用于建模的自变量之间具有多重共线性的情况，是一种改进最小二乘估计的方法。

3）应用领域

回归问题可以应用于旅游业的景点人流量预测，金融业的股票预测，服务业的电影票房预测，农业领域中的农产品产量、销量预测，房地产行业的房价预测等。由此可见，回归问题分析可以应用的领域也是比较多的。

（3）聚类问题

1）定义

聚类是把一组个体按照相似性归成若干类别，它的目的是使得属于同一类别的个体之间的差别尽可能地小，而不同类别上的个体间的差别尽可能地大。数据挖掘的目标之一是进行聚类分析。通过聚类技术可以将源数据库中的记录划分为一系列有意义的子集，进而实现对数据的分析。聚类分析生成的类标识（可能以某种容易理解的形式展示给用户）刻画了数据所蕴含的类知识。聚类问题属于无监督学习。

2）常用算法

聚类算法主要分为原型聚类、密度聚类、层次聚类三大类别。K-Means 算法、DBSCAN 算法、AGNES 算法分别是这三大类别的典型算法。

① K-Means 算法。K-Means 算法是一种基于划分的聚类方法，在最小化误差函数的基础上将数据划分为预定的类数 K，适合处理大量数据。

② DBSCAN 算法。DBSCAN 算法是一种基于密度的聚类算法，将簇定义为密度相连的点的最大集合，能够把具有足够密度的区域划分为簇，并可以在有噪声的空间数据集中发现任意形状的簇。

③ AGNES 算法。AGNES 算法是基于层次的聚类算法，先计算样本之间的距离。每次将距离最近的点合并到同一个类。

3）应用领域

聚类问题广泛应用于医学、交通、军事、商业金融等应用领域，包括对目标用户进行聚类分析、对商业中不同产品进行聚类分析、对异常值进行探索分析、进行图像分割等应用场景。

（4）关联规则

1）定义

关联（Association）规则反映一个事件和其他事件之间的依赖或关联，数据库中的数据关联是现实世界中事物联系的表现，关联规则挖掘的目的就是找出数据库中隐藏的关联信息。最早的关联规则是为了发现超市销售数据库中不同商品之间的关联关系，这些关联并不总是事先知道的，而是通过对数据库中数据的关联分析获得的，挖掘出顾客的购物习惯，因而对商业决策具有价值。

2）常用算法

关联规则分析常用的挖掘算法有 Apriori、FP-Growth、PCY 算法、多阶段算法、多哈希算法、Eclat 算法、灰色关联法。

① Apriori 算法。找出存在于事务数据集中最大的频繁项集，再利用得到的最大频繁项集与预先设定的最小置信度阈值生成强关联规则。通过连接产生候选项及其支持度，然后通过剪枝生成频繁项目集。

② FP-Growth 算法。针对 Apriori 算法固有的多次扫描事务数据集的缺陷，提出的不产生候选频繁项集的方法。

③ PCY 算法。为了降低 Apriori 算法频繁地扫描数据库，其次降低候选项集所占用的内存，将哈希函数应用到频繁项挖掘中；第一次扫描事务数据库时，将剩余的空间存放于哈希表，从而降低第二次扫描时占用的大量空间。

④ 多阶段算法。在 PCY 的第一遍和第二遍之间插入额外的扫描过程，将 2- 项集哈希到另外的独立的哈希表中（使用不同的哈希函数）；在每个中间过程中，只须哈希那些在以往

扫描中哈希到频繁桶的频繁项。

⑤ 多哈希算法。多哈希算法与 PCY 算法基本一致，不同在于 PCY 算法只使用一个哈希表，而多哈希算法则是使用了多个哈希表。

⑥ Eclat 算法。一种深度优先算法，采用垂直数据表示形式，在概念格理论的基础上利用基于前缀的等价关系将搜索空间划分为较小的子空间。

⑦ 灰色关联法。分析和确定各因素之间的影响程度或是若干子因素（子序列）对主因素（母序列）的贡献度而进行的一种分析方法。

3）应用领域

关联规则算法可以应用于商业领域，如购物篮分析、商场服饰穿搭推荐等；也可以应用于金融领域，如银行营销方案推荐、保险购买推荐、银行客户交叉销售分析等；还可以应用于天气分析、交通事故成因分析等。

（5）时间序列

1）定义

时间序列分析的主要目的就是根据已有的历史数据来对未来进行预测，时间序列预测算法就是以时间序列为分析对象而进行预测的一种预测方法。它的特点是"内生性"，考虑的仅仅是过去历史的需求数据，通过深入分析一段时间形成的实际需求序列来发现和识别历史需求的隐藏模式，从而进行预测。在许多重要的领域，都需要基于时间序列进行预测，如预测销售量、酒店的入住量、股价等。

2）常用算法

时间序列分析常用的模型有平滑法、趋势拟合法、组合模型、AR 模型、MA 模型、ARMA 模型、ARIMA 模型、ARCH 模型、GARCH 模型及其衍生模型。

① 趋势拟合法。趋势拟合法把时间作为自变量，相应的序列观察值作为因变量，建立回归模型。根据序列的特征，可具体分为线性拟合和曲线拟合。

② AR 模型。

$$X_t = \phi_0 + \phi_1 x_{t-1} + \phi_2 x_{t-2} + \cdots + \phi_p x_{t-p} + \varepsilon_t$$

以前 p 期的序列值 $X_{t-1}, X_{t-2}, \cdots, X_{t-p}$ 为自变量，以随机变量 X_t 的取值为因变量建立线性回归模型

③ MA 模型。

$$X_t = \mu + \varepsilon_t - \theta_1 \varepsilon_{t-1} - \theta_2 \varepsilon_{t-2} - \cdots - \theta_q \varepsilon_{t-q}$$

随机变量 X_t 的取值与以前各期的序列值无关，建立与前 q 期的随机扰动 $\varepsilon_{t-1}, \varepsilon_{t-2}, \cdots, \varepsilon_{t-q}$ 的线性回归模型。

④ ARMA 模型。

$$X_t = \phi_0 + \phi_1 x_{t-1} + \phi_2 x_{t-2} + \cdots + \phi_p x_{t-p} + \varepsilon_t - \theta_1 \varepsilon_{t-1} - \theta_2 \varepsilon_{t-2} - \cdots - \theta_q \varepsilon_{t-q}$$

随机变量 X_t 的取值不仅与以前 p 期的序列值有关，还与前 q 期的随机扰动有关。

⑤ ARIMA 模型。许多非平稳序列差分后会显示出平稳序列的性质，称这个非平稳序列

为差分平稳序列。对差分平稳序列可以使用ARIMA模型进行拟合。

⑥ ARCH模型。该模型能准确地模拟时间序列变量的波动性变化，适用于序列具有异方差性并且异方差函数短期相关。

3）应用领域

时间序列分析常用于金融领域，如对股票波动的预测；医疗领域，如对流行病的预测；商业领域，如预测一些产品未来的销量；还可以用于预测天气状况、电力负荷情况，应用广泛。从序列和算法方面分析，平滑法常用于趋势分析和预测，利用修匀技术，削弱短期随机波动对序列的影响，使序列平滑化。AR模型、MA模型和ARMA模型适用于平稳序列的分析，ARIMA模型、ARCH模型、GARCH模型及其衍生模型适用于非平稳序列的分析。

4. 模型训练

模型训练就是对已经实现的算法进行训练。输入训练样本，用算法程序在样本数据的处理过程中生成相应的数据或者调整相应的参数，最终得到一个能够对既定问题进行分类或预测的模型。

微课 2-5：
模型训练

样本通常是数据采集和预处理之后的数据集，对针对各种不同的问题选择相应的算法进行训练，得到训练好的模型。

5. 项目实践

以工业蒸汽量数据挖掘项目的模型构建为例了解实际项目中的操作。

该项目的数据集是蒸汽量历史数据，综合考虑各种特征数据参数等采样数据轨迹的概括，它反映的是采样数据内部结构的一般特征，并与该采样数据的具体结构基本吻合。模型的具体化就是蒸汽量预测公式，公式可以产生与观察值有相似结构的输出，这就是预测值。这是一个典型的回归任务，所以用到了回归模型进行训练并预测。这里选择回归模型中的决策树回归模型、随机森林算法、多元线性回归模型、K近邻模型进行训练，并且实现最终的蒸汽量预测。

（1）决策树回归模型

具体实现代码如代码块2-11所示，运行结果如图2-14所示。

```
#代码块2-11
#决策树回归模型
clf=DecisionTreeRegressor()     #加载K近邻回归模型，并设置参数也就是k值
clf.fit(train_data, train_target)
predict=clf.predict(test_data)
print("DecisionTreeRegressor预测结果:",predict)
```

（2）随机森林模型

随机森林模型的具体实现代码如代码块2-12所示，运行结果如图2-15所示。

```
DecisionTreeRegressor预测结果: [ 0.671 -0.173 -2.031  0.195 -0.34  -0.313  0.404  0.921 -1.992  0.489
  0.785  0.459  0.231  0.649 -1.103  0.543 -0.484  1.178  0.536 -0.165
  1.14   0.527  1.316  0.13   0.011  0.536  0.281 -1.505  0.406  0.683
  0.211  0.714  0.846  0.029  0.697  0.239  1.099  0.362  0.231  0.84
 -0.647  0.768  0.526 -0.083 -0.525 -0.437  0.706 -0.219  0.948 -0.702
 -0.272  0.492  1.224  0.705 -0.583  0.207  0.818 -0.38   0.327 -0.339
 -0.548 -2.725  1.178  0.051 -0.323  1.216  0.847  1.184 -2.843  0.207
  1.568  0.697  0.296  0.9   -0.358  0.612  1.131  0.976  0.095  0.74
 -0.824  1.587  0.347  0.805 -2.613 -2.916  0.649  0.167  0.34   0.643
  0.998  0.66  -0.543  0.362  0.408  1.249  0.226 -0.864  0.699 -0.202
  1.271  0.323  1.727 -0.489  1.036  0.163  0.526  1.222  0.451  1.031
 -0.629  1.365 -0.901 -0.808  1.607  0.628  0.38   0.578  0.904  0.66
  0.404  1.007 -0.894  0.66   0.462  0.553  0.106 -1.011 -1.785 -0.499
  0.053  0.596  0.555 -0.908  0.38  -0.543  0.473 -2.345  0.086  0.476
  1.738  1.205 -0.236  1.619 -1.339  1.08   0.059  0.226 -0.359  0.664
 -0.086 -0.323  1.054  1.105  0.292  0.07   1.304  0.906 -0.049 -0.313
  1.328 -1.014  1.226 -0.176  0.671 -0.264  1.5   -1.766 -1.208 -1.162
  0.573  0.622 -0.443  0.612 -0.688  1.14   1.49   0.206  0.162 -0.527
  0.226  1.21  -0.396 -1.64  -1.723 -0.578  0.818  0.638  0.451 -0.159
  0.347  1.005  0.946  0.847  0.874 -0.496 -0.213  0.835 -0.094 -0.939
  0.801 -2.747  1.525  0.75   0.157 -1.099 -1.757  1.328  0.281  0.206
 -1.923 -0.539 -0.296 -1.785 -0.219 -1.339  0.296  0.67   1.178  0.162
```

图 2-14　决策树回归模型运行结果

```
#代码块2-12
#随机森林模型
clf=RandomForestRegressor(n_estimators=200)
clf.fit(train_data,train_target)
predict=clf.predict(test_data)
print("RandomForestRegressor预测结果:",predict)
```

```
RandomForestRegressor预测结果: [ 4.176750e-01 -2.319400e-01 -6.714250e-01  5.113100e-01 -2.057400e-01
  2.777600e-01 -1.191800e-01  5.433250e-01 -3.522000e-01  2.271500e-01
  6.715600e-01 -2.842550e-01  5.064050e-01  6.751850e-01 -3.391250e-01
  7.161600e-01 -6.134350e-01  1.417800e-01  5.820500e-01  1.637400e-01
  4.834600e-01  5.782550e-01  4.609550e-01  1.951750e-01 -2.093400e-01
  1.345500e-01 -9.348500e-02 -3.026150e-01 -5.330200e-01  8.497350e-01
  3.062250e-01  7.255000e-03  5.507600e-01 -9.168000e-02 -4.942200e-01
  7.159150e-01  1.755800e-01  4.291000e-01 -3.861750e-01 -6.355000e-03
 -2.593050e-01  5.742500e-01  2.011500e-01  1.179500e-02  7.789550e-01
  2.434800e-01  2.816600e-01  1.493100e-01  6.104050e-01 -4.893050e-01
 -3.576900e-01  6.163000e-01  8.809100e-01  2.298100e-01 -4.836800e-01
  6.344500e-01  3.199850e-01 -4.199000e-01  4.402050e-01  6.576600e-01
  1.142400e-01 -8.261650e-01  4.390350e-01  2.989550e-01 -2.400450e-01
  3.769050e-01  8.872000e-01  2.000550e-01 -1.122200e+00 -1.666900e-01
  4.146700e-01  9.875000e-03 -3.307500e-02  4.507350e-01 -4.386750e-01
 -3.793100e-01  6.001700e-01  4.317200e-01 -4.890800e-01  7.137950e-01
 -1.058085e+00  6.295150e-01  6.731700e-01  9.791000e-02  1.071250e-01
 -1.063310e+00  6.842450e-01  1.083250e-01  5.366050e-01  4.880800e-01
  7.641000e-01 -8.493000e-02 -8.344500e-02  3.300200e-01  1.427050e-01
 -5.077500e-02  1.558800e-01 -3.590150e-01  1.484500e-02  2.106800e-01
  2.404350e-01 -1.076850e-01  1.122025e+00 -2.163300e-01  6.322000e-01
  6.581000e-01  7.385500e-02  6.505100e-01  4.617100e-01  1.043550e-01
 -3.169100e-01  4.733400e-01 -6.457050e-01  8.800000e-03  4.014050e-01
 -5.949100e-01  1.945650e-01  1.069000e-02  3.657450e-01 -1.839850e-01
```

图 2-15　随机森林模型运行结果

（3）多元线性回归模型

多元线性回归模型的具体实现代码如代码块2–13所示，运行结果如图2–16所示。

```
#代码块2-13
# #多元线性回归模型
clf=LinearRegression()    #加载多元线性回归模型
clf.fit(train_data, train_target)    #传入训练集进行训练，执行训练过程
predict=clf.predict(test_data)    #调用预测函数进行预测，参数就是测试数
                                     据集，划分出测试集
print('多元线性回归预测结果:',predict)    #输出预测值
```

```
多元线性回归预测结果: [ 0.28873661  0.02583444  0.1061508   0.58028002  0.20176511  0.62040912
 -0.05953074  0.31967035  0.06571149  0.86569396  0.46429118 -0.0946927
  0.46958633  0.45833094 -0.93832453  0.39079823 -0.14492297 -0.00247904
  0.57830807  0.47933344  0.31409803  0.24733326  0.12498859  0.05188318
  0.29396873  0.39351735 -0.21464997 -0.41147358  0.04024601  0.221639
  0.49231987  0.10936622  0.56271115  0.54437286 -0.25662605  0.01734013
 -0.09280912  0.2838184   0.61883312  0.15768542  0.06919524  0.58347892
  0.29335721  0.06300881  0.41498475 -0.22760251 -0.48219337 -0.06982315
  0.12017883 -0.3205007   0.32784991  0.53452096  0.48685283  0.19416823
 -0.21476092  0.6319358   0.39032591 -0.47956691  0.53758936  0.19022302
  0.34144449 -0.25630141  0.22498188  0.31056234 -0.14168081  0.3830889
  0.45174563  0.36854332 -0.26430106  0.51797631 -0.12143397 -0.37075007
  0.19911334  0.17662709  0.12982881 -0.50423297  0.5293684   0.23143636
 -0.20808375  0.40481874 -0.80363046  0.38729145  0.80810313  0.24507396
  0.33023065 -0.00760101  0.74740272 -0.00736325  0.22979006  0.45575976
  0.2741119  -0.16349048  0.26184439  0.29948841  0.35694341  0.08289761
  0.34465567  0.28719895 -0.05923754  0.63414478  0.71874521 -0.16874743
  0.72882157  0.36495322  0.56763129  0.47911237  0.15108987  0.3847005
  0.22482242  0.37375702  0.05379791  0.44863154 -0.31318134 -0.15565619
  0.28911965 -0.3135824  -0.20856178  0.40309127  0.5731438  -0.20659635
  0.0386003   0.48881999  0.47007787  0.55829154  0.43006191 -0.08895632
 -0.1238381   0.39010208  0.47941675 -0.49978412  0.24429465  0.26050418
  0.48867254 -0.90656627  0.01478433  0.4890114  -0.21926944  0.63769008
  0.47323964  0.191266    0.75159256  0.10211389  0.22606883  0.46545582]
```

图 2-16　多元线性回归模型运行结果

（4）K 近邻模型

K 近邻模型的具体实现代码如代码块2–14所示，运行结果如图2–17所示。

```
#代码块2-14
# #K近邻模型
clf=KNeighborsRegressor(n_neighbors=8)
clf.fit(train_data, train_target)
predict=clf.predict(test_data)
print('K近邻预测结果:',predict)
```

```
k近邻预测结果: [ 4.938750e-01 -8.900000e-02 -1.282000e+00  7.091250e-01  2.211250e-01
  5.940000e-01 -3.167500e-01  3.011250e-01 -9.437500e-02  3.230000e-01
  6.317500e-01 -5.437500e-02  8.058750e-01  7.686250e-01 -8.762500e-02
  9.138750e-01 -6.231250e-01  9.743750e-01  5.015000e-01 -4.217500e-01
 -1.321250e-01  8.016250e-01  2.866250e-01 -2.943750e-01 -9.850000e-02
  5.125000e-02 -8.262500e-01 -7.737500e-02  4.245000e-01  1.324625e+00
  3.775000e-01 -2.492500e-01  8.087500e-01  2.391250e-01 -5.017500e-01
  1.024750e+00 -7.500000e-01  6.318750e-01  2.300000e-01 -3.506250e-01
 -4.251250e-01  4.321250e-01 -2.185000e-01 -2.795000e-01  9.972500e-01
  2.495000e-01  1.850000e-01  2.392500e-01  6.552500e-01 -2.676250e-01
 -1.747500e-01  8.370000e-01  1.158625e+00  1.317500e-01 -4.402500e-01
  4.210000e-01  3.926250e-01 -1.453750e-01  3.746250e-01  9.297500e-01
 -1.341250e-01 -6.890000e-01  4.921250e-01  5.571250e-01 -4.003750e-01
  2.903750e-01  8.461250e-01  1.393750e-01 -6.455000e-01  3.527500e-01
  8.816250e-01  1.143750e-01  4.398750e-01  7.635000e-01 -6.908750e-01
 -1.632500e-01  5.998750e-01  7.085000e-01 -3.792500e-01  7.861250e-01
 -1.122250e+00  6.665000e-01  1.022000e+00 -3.497500e-01  2.433750e-01
 -7.120000e-01  7.558750e-01  2.186250e-01  5.640000e-01  6.525000e-01
  9.242500e-01 -4.336250e-01 -5.850000e-02  4.018750e-01  4.198750e-01
  5.587500e-01  7.125000e-02 -9.061250e-01  4.031250e-01  5.705000e-01
  3.772500e-01 -4.272500e-01  1.012750e+00  2.501250e-01  9.745000e-01
  7.955000e-01 -4.400000e-01  8.867500e-01  4.426250e-01  5.697500e-01
 -8.006250e-01  7.472500e-01 -2.912500e-01 -1.068625e+00  1.031250e-01
 -7.832500e-01  2.050000e-02 -3.350000e-01  1.126375e+00 -1.144375e+00
 -4.406250e-01  4.662500e-01  4.223750e-01  7.141250e-01  3.383750e-01
```

图 2-17 *K* 近邻模型的运行结果

任务清单 2-5-1

序号	类别	操作内容	操作过程记录
2.5.1	个人任务	按照代码块 2-11~2-14 复原工业蒸汽量数据挖掘项目的模型构建工作	
2.5.2	分组任务	分组讨论 1. 讨论不同算法和模型之间的区别。 2. 尝试自主实现任务 2-5 中的其他算法和模型	

【任务小结】

模型构建的一般过程为选择算法、定义模型及模型训练，经过这个过程才可以将通用性的算法变成可以解决特定问题的模型。

2-6 模型评估及参数调优

【任务要求】

了解模型评估及参数调优相关技术，综合比较各种评估指标，选择适当的指标作为模型的评估指标对模型进行评价，同时根据实际情况对一定的参数进行调优。

【任务实施】

模型构建并且训练完成后，就要对模型进行评估，通过对已标定的测试样本的预测，来评价模型的有效性和准确性。

1. 模型评估

模型评估，即对模型的性能进行评估，分类与回归模型对训练集进行预测而得出的准确率并不能很好地反映预测模型未来的性能，为了有效判断一个预测模型的性能表现，需要一组没有参与预测模型建立的数据集，并在该数据集上评价预测模型的准确率，这组独立的数据集叫作测试集。

微课 2-6：模型评估简介

（1）统计评估模型

模型预测效果评价最常用的方法就是基于统计学的评估模型开展评估，常用的模型包括准确率、精确率、召回率、绝对误差、相对误差、平均绝对误差、根均方差、相对平方根误差等。统计评估模型适用范围广，精确率高，数据挖掘中运用的监督学习大多使用统计评估模型进行评估。

（2）专项问题评估模型

普适性的统计评估模型并不适用于所有的问题，一些专项的问题还需要运用专门的评估手段，如聚类问题和关联规则问题。

① 聚类问题。聚类性能度量指标分为外部指标和内部指标。外部指标指的是将聚类结果与某个"参考模型"进行比较；而内部指标指的是直接考察聚类结果而不利用任何参考模型。常用的外部指标包括Jaccard系数、FM指数、Rand指数、F值、调整兰德系数、互信息等；常用的内部指标包括分割度、戴维森堡丁指数、邓恩指数、轮廓系数等。

② 关联规则问题。大部分数据挖掘模型的评估是在完成模型创建后采用外部模型进行，但关联规则挖掘工作是直接采用模型完成关联规则挖掘的同时对各项关联进行评估。评估的主要指标包括支持度、置信度和提升度3项。

（3）可视化评估

可视化评估指的是将模型预测结果以图形化的形式显示，通常用于对比。常用的图形包括柱状图、折线图、散点图等，如图2-18、图2-19、图2-20所示。与基于数学的评估方式对比，可视化评估更直观。

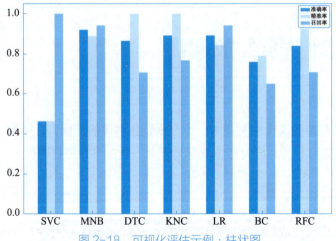

图 2-18　可视化评估示例：柱状图

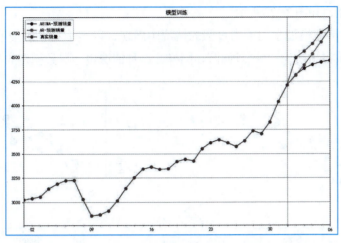

图 2-19 可视化评估示例：折线图

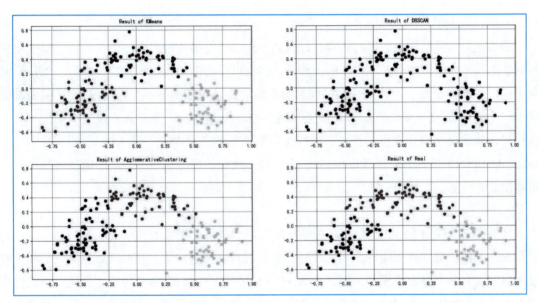

图 2-20 可视化评估示例：散点图

（4）欠拟合和过拟合

1）欠拟合

欠拟合是指模型拟合程度不高，数据距离拟合曲线较远，或指模型没有很好地捕捉到数据特征、特征集过小导致模型不能很好地拟合数据。欠拟合本质上是对数据特征学习的不够，不能够很好地拟合数据，如图 2-21 所示。

"欠拟合"常常在模型学习能力较弱而数据复杂度较高的情况下出现，此时模型由于学习能力不足，无法学习到数据集中的"一般规律"，因而导致泛化能力弱。

2）过拟合

过拟合是把训练数据学习得太彻底，把噪声数据的特征也学习到了，以至于不能表达除训练数据以外的其他数据，导致在后期测试的时候不能很好地识别数据，不能正确地分类，模型泛化能力太差，如图 2-22 所示。

"过拟合"常常在模型学习能力过强的情况中出现，以至于将训练集单个样本自身的特点都能捕捉到，并将其视为"一般规律"。同样，这种情况也会导致模型的泛化能力下降。

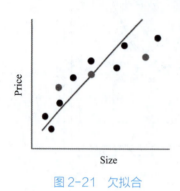

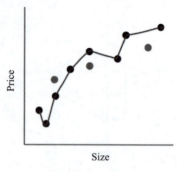

图 2-21　欠拟合　　　　　　　　　　图 2-22　过拟合

2. 模型调参

调参就是对模型的参数进行调整，以找到使模型性能最优的参数。调参的目标就是达到整体模型的偏差和方差的大和谐。参数可分为两类：过程影响类参数和子模型影响类参数。具体来说，过程影响类参数就是在子模型不变的前提下，调整"子模型数"（n_estimators）和"学习率"（learning_rate）等参数，改变训练过程，从而提高整体模型的性能。子模型影响类参数就是调整"最大树深度"（max_depth）和"分裂条件"（criterion）等参数，改变子模型的性能，从而提高整体模型的性能。

微课 2-7：
模型调参简
介

（1）网格搜索

网格搜索（Grid Search）是一种穷举搜索的调参手段。在所有候选的参数选择中，通过循环遍历，尝试每一种可能性，表现最好的参数就是最终的结果。其原理就像是在数组中找最大值。以有两个参数的模型为例，参数 a 有 3 种可能，参数 b 有 4 种可能，把所有可能性列出来，可以表示成一个 3×4 的表格，其中每个单元就是一个网格，循环过程就像是在每个网格中遍历、搜索，因此得名网格搜索。

（2）贪心调参

坐标下降法是一类优化算法，其最大的优势在于不用计算待优化的目标函数的梯度，循环使用各种参数进行调整。而贪心调参选取了对整体模型性能影响最大的参数，参数对整体模型性能的影响力是动态变化的，故在每一轮坐标选取的过程中，这种方法都再对每个坐标的下降方向进行一次直线搜索。

（3）贝叶斯调参

贝叶斯调参通过基于目标函数的过去评估结果建立替代函数（概率模型），来找到最小化目标函数的值。贝叶斯方法与随机或网格搜索的不同之处在于，在尝试下一组超参数时，会参考之前的评估结果，超贝叶斯调参会使用不断更新的概率模型，通过推断过去的结果来"集中"有希望的超参数。

3. 项目实践

以工业蒸汽量数据挖掘项目的模型评估工作为例，了解实际项目中的操作。

该项目使用均方误差作为模型的评估指标，利用sklearn.metrics库里面的mean_squared_error()函数，分别对构建好的决策树、随机森林、线性回归、K近邻模型进行评估。代码中的两个参数，test_target为在数据划分环节得到的测试集；predict为应用构建好的模型进行预测得到的预测数据。

具体实现代码如代码块2-15所示。

```
#代码块2-15
score = mean_squared_error(test_target, predict)    #利用均方误差作为
                                                      模型的分数

print(score)    #输出模型的分数
```

评估结果如表2-1所示，均方误差越小代表预测结果越准确，因此4个模型中线性回归模型的表现较好。

表2-1　模型评估结果

模型	均方误差
决策树	1.483
随机森林	0.817
线性回归	0.757
K近邻算法	0.955

任务清单 2-6-1

序号	类别	操作内容	操作过程记录
2.6.1	个人任务	按照代码块 2-15 复原工业蒸汽量数据挖掘项目的模型评估工作	
2.6.2	分组任务	分组讨论： 工业蒸汽量数据挖掘项目中的模型是否需要进行调参优化？可以采用什么方法？	

【任务小结】

一个模型的好坏是需要进行评估和参数调优的，只有符合期望的模型才会进入到模型应用的阶段。

2-7 模型应用

【任务要求】

目前已经进行了目标定义、数据采集、数据分析、数据预处理、模型构建和模型评估这几个流程，但是模型评估工作的完成，并不代表整个数据挖掘流程的结束，最后还需要模型的应用。

本任务主要讲解模型应用相关知识。

【任务实施】

模型应用是指用户如何利用已经训练好的模型来预测新数据，是一个十分重要的环节。尽管模型构建和评估是数据分析师或挖掘工程师所擅长的，但是这些挖掘出来的模式或规律是给真正的业务方或客户服务的，只有当完成了模型应用，才能真正为业务创造价值。

模型应用方案按照从简单到复杂，有4种通用的应用方式，分别是离线预测、模型内嵌于应用、以API方式发布、实时推送模型数据，根据用户的需求选择最合适的一种应用方法。

以工业蒸汽量数据挖掘项目的模型应用工作为例了解实际项目中的操作。项目中用到的蒸汽量预测模型，选择将模型部署到应用内，此时模型作为应用的一个部分（或功能）发布，然后采集到的锅炉数据经过清洗和统计后输入到应用中，最后预测出蒸汽量的产量，最终实现用户的目标需求。

任务清单 2-7-1

序号	类别	操作内容	操作过程记录
2.7.1	分组任务	分组讨论： 在日常工作或生活中有哪些数据挖掘模型应用的案例？	

【任务小结】

模型应用是整个数据挖掘工作的目的，具体选择哪种模型应用的方案也是需要根据用户的需求进行选择的。

学习评价

任务	客观评价（40%）	主观评价（60%）			
		组内互评（20%）	学生自评（10%）	教师评价（15%）	企业专家评价（15%）
2-1					
2-2					
2-3					
2-4					
2-5					
2-6					
2-7					
合计					

根据7个任务的完成度进行学习评价，评价依据为：

- 客观评价（40%）：完成代码并运行成功可获得此项分数。

- 主观评价——组内互评（20%）：由同组组员依据分组任务完成情况及个人在小组中的贡献进行评分。

- 主观评价——学生自评（10%）：个人对自己的学习情况进行主观评价。

- 主观评价——教师评价（15%）：教师根据学生的学习情况及课堂表现进行评价。

- 主观评价——企业专家评价（15%）：企业专家根据学生的代码完成度及规范性进行评价。

实战篇

基于分类的垃圾邮件筛选

在日常生活中，经常会遇到很多需要分类或判断的场景，比如在金融领域，需要对客户的信用进行评级；在社交媒体领域，需要评测用户是否会对某个网站进行二次访问；在快速消费领域，需要评测顾客是否会购买平台推荐的商品。

分类就是运用一个分类模型，将一个数据样本映射到给定类别中的某一个类别。例如根据消费记录来预测用户是否存在信用卡欺诈行为，根据消费记录预测顾客是否会购买推荐商品等。整个过程包括数据分析及预处理、模型构建、模型应用3个环节。本项目以垃圾邮件分类为例开展分类实战操作。

学习目标

知识目标

◆ 能列举并简述常用的文本数据分析、探索及预处理技术及其基本思路。

◆ 能说出数据划分的作用及意义。

◆ 能列举并简述常用的基于分类算法的数据挖掘模型及其基本工作思路。

◆ 能列举并简述基于分类算法的数据挖掘模型常用的评估指标及其基本评估方式。

◆ 能简述网格调参模型调优的方法和思路。

◆ 能概括基于分类算法的数据分析和挖掘工作流程及关键技术。

技能目标

◆ 能应用文本过滤、中文分词、停用词处理、词向量化、词云等技术对文本类型的数据进行分析、探索及预处理。

◆ 能应用scikit-learn库自带数据集划分工具进行数据划分。

◆ 能应用朴素贝叶斯、Bagging、随机森林、逻辑回归、决策树、支持向量机、K邻近等分类算法开展数据挖掘工作。

◆ 能应用准确率、精准率、召回率、F1_Score等统计评估指标对基于分类算法的数据挖掘模型进行评估，判断模型的适用性。

◆ 能应用网格调参模型 GridSearchCV 对数据挖掘模型进行调参优化。

◆ 能够灵活运用各项技术开展基于分类算法的数据分析和挖掘工作。

素养目标

◆ 加深对信息资源的认识，提高数据安全意识及信息安全风险防御能力。

◆ 增强批判性思维，树立遵纪守法观念意识。

◆ 具有一定的信息安全风险防御能力。

◆ 具有遵纪守法的观念和意识。

项目背景

随着互联网的高速发展，通过网络的电子邮件系统，用户可以以非常低廉的价格、非常快速地与世界上任何一个角落的网络用户联系。网络是一把双刃剑，在带来便利的同时，也带来隐患，不少知名网站就曾遭遇泄露事件，导致大量用户信息泄露。

微课 3-1：
数据挖掘中
的分类问题

垃圾邮件指在网络上给大量用户发送的包含接收方不想要的带有宣传性质内容的电子邮件，不仅要消耗大量的网络资源，而且其传播的不良信息也有可能会对社会造成很大的危害。只有通过大力推行互联网技术保护等方面的措施，才能减少垃圾邮件带来的损失。网络空间的安全不仅包括网络本身的安全，而且包括数据、信息系统、智能系统、信息物理融合系统等多个方面的广义安全。数据安全是网络空间安全的基础，是国家安全的重要组成部分。

本项目中使用的数据集来源于真实邮件，保留了邮件的原有格式和内容，包括发送方、接收方、时间和日期、正文内容等，共计148封，其中包括正常邮件和垃圾邮件两类。项目对垃圾邮件数据进行分析和预处理后，利用不同的分类算法进行训练，得出数据中存在的规律并生成模型，然后用于垃圾邮件分类。

工作流程

垃圾邮件分类项目按工作流程可分为数据分析及预处理、模型构建、模型应用3个阶段，每个任务中又包含若干子任务。具体工作流程如图3-1所示。

数据分析和预处理阶段对项目所用数据进行加载、预处理、词向量化、数据划分操作，其中数据预处理又包括中文分词、停用词处理等文本预处理工作。

模型构建阶段首先经过模型定义，然后进行模型训练、模型评估及超参调优，以上这3个操作并不是一次性的操作过程，通常需要循环往复不断进行才能得到最优的模型效果。

模型应用阶段使用已经训练好的模型对新的数据进行分类，这个过程包括数据处理及模型预测，其中数据处理操作指数据分析和预处理阶段的加载、预处理及词向量化的重复操作。

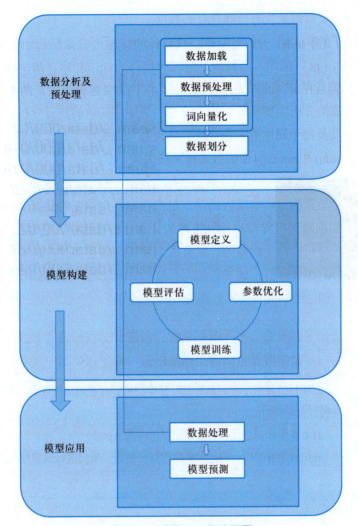

图 3-1 项目 3 工作流程图

3-1 数据分析及预处理

【任务要求】

首先对数据集进行探索与浏览,然后采用程序对数据集进行读取、数据转换、关键信息提取、文本数据预处理、可视化探索、数据划分等操作,为之后的数据挖掘奠定基础。

【任务实施】

1. 数据探索与浏览

数据集以文本文件形式存储,存储路径及结构如图 3-2 所示。

在 data 文件夹中共存储了 4 组共 148 份中文邮件,邮件内容包括发送方、接收方、时间和日期、正文内容等。

full 文件夹中的文件 index 为索引文件，该文件的详细内容及结构如图 3-3 所示。index
文件共计 148 行，与 148 封邮件一一对应。每行数据分为标识和路径两部分，其中标识分为
spam 和 ham 两类，spam 代表该邮件为垃圾邮件，ham 代表该邮件为正常邮件。

图 3-2　数据集存储路径及结构　　　　　图 3-3　index 文件内容及结构

任务清单 3-1-1

序号	类别	操作内容	操作过程记录
3.1.1	个人任务	对项目涉及的 148 封邮件进行简单浏览，并尝试自行区分正常邮件和垃圾邮件	
3.1.2	分组任务	对 full 文件夹及其中的索引文件进行简单浏览。分组讨论并回答：假如有邮件的标识错误，如何进行简单校正	

2. 数据读取

（1）读取索引文件

索引文件以文本形式进行整体存储，每行记录都包括标识和邮件路径两项信息，因此需要将索引文件数据读出，并分别将标识和邮件路径提取出来存放到列表中，以便后续操作。具体实现代码如代码块 3-1 所示。

```
#代码块 3-1
with open(self.index_path) as f:    #self.index_path为数据集路径
    lines = f.readlines()   # 一次性读取整个文件所有行，保存在一个列向量
                              变量中，每行作为一个元素
random.shuffle(lines)   # 用于将一个列表中的元素打乱，随机排列
labels = []
paths = []
for line in lines:  # 读取 lines 中的每一行
    label = line.split('')[0]
```

```
path = './trec06c' + line.split(' ')[1].replace('\n', '')[2:]
labels.append(label)
paths.append(path)
```

（2）读取邮件文件

读取邮件文件最简单的方法是使用read_csv()函数，可将邮件中的文件读取出来。以下为读取其中一封邮件的案例。具体实现代码如代码块3-2所示。

```
#代码块3-2
import pandas as pd
text=pd.read_csv(r'.. \trec06c\data\000\001')
print(text)
```

运行以上命令后会遇到一个UnicodeDecodeError异常，如图3-4所示。这个异常是因为"UTF-8"编解码器无法解码位置510中的字节 0xb9（无效的起始字节，表示编码格式有误）。由于邮件内容不同，有些邮件无法直接打开，也可以看到电子邮件From中和Subject中有用到 GB 2312和Base 64编码部分，所以需要进行解码工作，数据的编码格式需要转换成UTF-8的格式来使用。

```
Traceback (most recent call last):
  File "E:\case\ML_demo-master\NavieBayes\数据探索.py", line 2, in <module>
    text=pd.read_csv(r'E:\case\ML_demo-master\NavieBayes\trec06c\data\000\003')
  File "E:\python\lib\site-packages\pandas\util\_decorators.py", line 311, in wrapper
    return func(*args, **kwargs)
  File "E:\python\lib\site-packages\pandas\io\parsers\readers.py", line 680, in read_csv
    return _read(filepath_or_buffer, kwds)
  File "E:\python\lib\site-packages\pandas\io\parsers\readers.py", line 575, in _read
    parser = TextFileReader(filepath_or_buffer, **kwds)
  File "E:\python\lib\site-packages\pandas\io\parsers\readers.py", line 933, in __init__
    self._engine = self._make_engine(f, self.engine)
  File "E:\python\lib\site-packages\pandas\io\parsers\readers.py", line 1235, in _make_engine
    return mapping[engine](f, **self.options)
  File "E:\python\lib\site-packages\pandas\io\parsers\c_parser_wrapper.py", line 75, in __init__
    self._reader = parsers.TextReader(src, **kwds)
  File "pandas\_libs\parsers.pyx", line 544, in pandas._libs.parsers.TextReader.__cinit__
  File "pandas\_libs\parsers.pyx", line 633, in pandas._libs.parsers.TextReader._get_header
  File "pandas\_libs\parsers.pyx", line 847, in pandas._libs.parsers.TextReader._tokenize_rows
  File "pandas\_libs\parsers.pyx", line 1952, in pandas._libs.parsers.raise_parser_error
UnicodeDecodeError: 'utf-8' codec can't decode byte 0xb9 in position 510: invalid start byte
```

图 3-4　UnicodeDecodeError 异常

解决办法为在进行数据格式转换时，先用read()函数读入数据，对读入的数据先进行解码工作，即用GBK编码对content内容进行解码。解码之后它就变成了Unicode编码，然后需要进行编码将其转换成UTF-8编码的字符串，最后以UTF-8编码格式解码字符。

读取邮件文件具体实现代码如代码块3-3所示。

```
#代码块 3-3
    with open(paths, 'rb') as f:
    content = f.read()
    content = content.decode('gbk', 'ignore')    # 解码，用GBK对
                                               content 内容进行解码
    text = content.encode('utf-8', 'ignore').decode('utf-8')
```

任务清单 3-1-2

序号	类别	操作内容	操作过程记录
3.1.3	分组任务	在项目工程文件 SpamClassification.py 中寻找代码块 3-1 中的代码段，对其进行阅读及理解。分组讨论并回答以下问题： 1. 读取文件所有行后为何要将列表中的元素随机打乱？ 2. labels 和 paths 分别用于存储什么数据，它们的长度是多少？ 3. self.index_path 在何处定义，默认值是什么	
3.1.4	分组任务	仿照代码块 3-2，新建代码文件，利用 read_csv() 函数读取任意一封邮件，运行代码后观察结果，组内对结果进行研讨。思考并回答以下问题： 为何代码运行会出现错误，如何改正	
3.1.5	个人任务	打开项目工程文件 SpamClassification.py，仿照代码块 3-3，在相应编号位置补全代码，完成邮件整体读取操作	

3. 文本数据预处理

对邮件的分类主要基于其正文内容中的关键词，与邮件头及邮件正文中各种标点符号、空格、分行及用于定量、连接的功能词并无关系。为了提高分类效率，需要对无关内容进行过滤，并将正文内容切分为更容易进行识别和处理的词语集。

主要操作过程为首先进行文件过滤，将邮件中的邮件头及邮件正文中各种标点符号、空格、分行符号过滤掉，然后采用 jieba 库进行中文分词操作，将正文内容切分为词语集，最后使用停用词处理操作对用于定量、连接的功能词进行过滤。

以某个邮件预处理为例展现邮件处理过程，邮件原始内容如图 3-5 所示，文本过滤后的结果如图 3-6 所示，分词后的结果如图 3-7 所示，停用词处理后的结果如图 3-8 所示。

我是成教毕业，02年毕业的，然后就开始了工作，都是那种几个或十几个人的小公司，甚至还在个体户那里做事。
毕业的时候我记得拿了毕业证和一个档案袋，也没怎么想，更没当回事。找工作的时候也没有什么档案问题，应聘后满意了第二天就开始上班，一般也没签什么合同，所以现在我也不知道自己的档案在哪里，或者说毕业的时候会不会给学生自己拿走？
在这几年的工作中我一直坚持学习，准备参加06年的研究生考试，可是听说研究生考试录取后会调档案。
像我这样档案都没有的会去哪里调呢？会影响学校录我吗？
急切的等待高人指点！

图 3-5   原邮件内容

我是成教毕业年毕业的然后就开始了工作都是那种几个或十几个人的小公司甚至还在个体户那里做事毕业的时候我记得拿了毕业证和一个档案袋也没怎么想更没当回事找工作的时候也没有什么档案问题应聘后满意了第二天就开始上班一般也没签什么合同所以现在我也不知道自己的档案在哪里或者说毕业的时候会不会给学生自己拿走在这几年的工作中我一直坚持学习准备参加年的研究生考试可是听说研究生考试录取后会调档案像我这样档案都没有的会去哪里调呢会影响学校录我吗急切的等待高人指点

图 3-6　过滤后的内容

我 是 成教 毕业 年 毕业 的 然后 就 开始 了 工作 都 是 那种 几个 或 十几个 人 的 小 公司 甚至 还 在 个体户 那里 做事 毕业 的 时候 我 记得 拿 了 毕业证 和 一个 档案袋 也 没 怎么 想 更 没当 回事 找 工作 的 时候 也 没有 什么 档案 问题 应聘 后 满意 了 第二天 就 开始 上班 一般 也 没签 什么 合同 所以 现在 我 也 不 知道 自己 的 档案 在 哪里 或者说 毕业 的 时候 会 不会 给 学生 自己 拿走 在 这 几年 的 工作 中 我 一直 坚持 学习 准备 参加 年 的 研究生 考试 可是 听说 研究生 考试 录取 后会调 档案 像 我 这样 档案 都 没有 的 会 去 哪里 调 呢 会 影响 学校 录 我 吗 急切 的 等待 高人 指点

图 3-7　分词后的结果

成教 毕业 年 毕业 工作 那种 几个 十几个 公司 个体户 做事 毕业 记得 毕业证 一个 档案袋 没 想 更 没当回事 找 工作 没有 档案 问题 应聘 满意 第二天 上班 没签 合同 现在 知道 档案 或者说 毕业 会 不会 学生 拿走 几年 工作 中 一直 坚持 学习 准备 参加 年 研究生 考试 听说 研究生 考试 录取 后会调 档案 档案 没有 会 调 会 影响 学校 录 急切 等待 高人 指点

图 3-8　使用停用词处理后的结果

（1）文本过滤

正则表达式是一种定义了搜索模式的特征序列，主要用于字符串的模式匹配，或字符的匹配。正则表达式的作用之一是将文档内容从非结构化转为结构化，另一个作用是去除"噪声"。在处理大量文本片段的时候，有非常多的文字信息与关键文本无关，这些无关片段可以称为"噪声"，比如网址、超链接、标点、数字等。由于在邮件中，邮件头属于非中文字符串，故在处理邮件头时，可通过使用正则表达式来剔除邮件头，保留正文内容。

微课 3-2：
文本过滤

可以采用^\u4e00-\u9fa5这个中文正则表达式，做到过滤非中文字符，包括数字、字母、标点符号等，也就是说除了中文，其他字符都不能输入。在这里不用任何符号来代替非中文字符，直接连接到一起。文本数据过滤具体实现代码如代码块3-4所示。

```
#代码块3-4
text = re.sub(r'[^\u4e00-\u9fa5]', '', text)
```

（2）中文分词

在汉语中，词以字为基本单位，但一篇文章的语义表达却是以词来划分的。由于中文文本之间每个汉字都是连续书写的，需要通过特定的手段来获得其中的每个词，因此处理中文文本的时候，需要进行分词处理。通过计算机自动识别出句子中的词，在词间加入边界标记符，分隔出各个词，将句子转化为词的表示，这个切词的过程就是中文分词。

微课 3-3：
中文分词

随着技术的日渐成熟，开源实现的分词工具越来越多，jieba库是一个非常优秀的基于Python中文分词的第三方库。因为本项目基于Python实现，所以选择使用jieba库为分词工具。

jieba库提供了4种分词模式，并且支持简体/繁体分词、自定义词典、关键词提取、词性标注，具体介绍如下。

① 精确模式。该模式会将句子最精确地切分开，适合在文本分析时使用。默认情况下为

精确模式。

② 全模式。该模式会将句子中所有成词的词语都扫描出来，速度很快，但是不能解决歧义问题，有歧义的词语也会被扫描出来。

③ 搜索引擎模式。该模式在精确模式的基础上对长词再进行切分，把更短的词语切分出来。在搜索引擎中，要求输入词语的一部分也能检索到整个词语相关的文档，因此该模式适用于搜索引擎分词。

使用以上3种模式的对比具体实现代码如代码块3-5所示。

```
# 代码块3-5
import jieba
text='中文分词是自然语言处理不可或缺的一步'
a=jieba.cut(text)
print("精确模式: ",'/'.join(a))
a=jieba.cut(text, cut_all=True)
print("全模式:",'/'.join(a))
a=jieba.cut_for_search(text)
print("搜索引擎模式:",'/'.join(a))
```

运行结果如图3-9所示。

```
精确模式:    中文/分词/是/自然语言/处理/不可或缺/的/一步
全模式:   中文/分词/是/自然/自然语言/语言/处理/不可/不可或缺/或缺/的/一步
搜索引擎模式:   中文/分词/是/自然/语言/自然语言/处理/不可/或缺/不可或缺/的/一步
```

图 3-9　3 种模式的分词结果对比

可以看到在全模式和搜索引擎模式下，jieba库将会把分词的所有可能都打印出来。

④ Paddle模式。该模式需要利用PaddlePaddle深度学习框架，通过训练序列标注网络模型来实现分词，同时也支持词性标注。该模式需要在4.0及以上版本的jieba库中才可以使用，使用该模式需要安装PaddlePaddle模块。

本项目中的邮件内容同样需要使用jieba库进行分词，代码中使用精确模式进行分词处理，将切分开的分词用字符串","连接起来拼接成一个新的字符串，具体实现代码如代码块3-6所示。

```
#代码块3-6
text = jieba.cut(text, cut_all=False)
```

（3）停用词处理

人类语言包含很多功能词，与其他词相比，功能词没有什么实际含义，比如一个、一些、一般等限定词,这些词用于在文本中描述名词和表达概念,如地点或数量。这些功能词的以下两个特征促使搜索引擎在文本处理过程中对其特殊对待。特征1,这些功能词极其普遍,记录这些词在每一个文档中的数量需要很大的磁盘空间。特征2,由于它们的普遍性和功能,这些词很少单独用于表达文档相关的信息。如果在检索过程中考虑每一个词而不是短语,这些功能词基本没有什么帮助。

微课 3-4:
停用词处理

　　在信息检索中,这些功能词的另一个名称是:停用词。称为停用词是因为在文本处理过程中如果遇到它们,会立即停止处理,将其扔掉。将这些词扔掉减少了索引量,提高了检索效率,并且通常都会增强检索的效果。停用词主要包括英文字符、数字、数学字符、标点符号及使用频率特别高的单汉字等。

　　停用词处理需要使用停用词表对停用词进行定义,本项目中用到的是自定义的中文停用词表stopWord.txt,存放在项目工程的data文件夹中。读者也可自行下载其他停用词表进行测试。

　　对本项目中邮件数据集进行停用词过滤的具体实现代码如代码块3-7所示。

```
#代码块3-7
stop_word=open('./stopWord.txt',encoding='utf-8').read().
    split('\n')
text = ''.join([word for word in text if word not in stop_word])
```

任务清单 3-1-3

序号	类别	操作内容	操作过程记录
3.1.6	分组任务	认真学习文本过滤、中文分词及停用词处理 3 个知识点。分组讨论、上网查找相关信息并回答以下问题: 1. 在文本过滤中若只需过滤掉逗号该如何操作? 2. 除了 jieba 库外还有什么工具可以用于中文分词处理? 3. 哪里可以下载现有的停用词表	
3.1.7	分组任务	阅读代码块 3-5,分组讨论并回答以下问题: jieba 库提供的 4 种分词模式有什么区别,各有什么优势	
3.1.8	分组任务	新建代码文件,仿照代码块 3-4、代码块 3-6、代码块 3-7 对数据集中任一邮件进行预处理操作,须输出中间处理结果	
3.1.9	个人任务	打开项目工程文件 SpamClassification.py,仿照代码块 3-4、代码块 3-6、代码块 3-7,在相应编号位置补全代码,完成邮件整体文本预处理操作	

4. 预处理数据存储

　　将进行文本预处理后的邮件数据以 predata.txt 为名存储到 data 文件夹中,以便后继调试及重复使用。

predata.txt中存储了全部148封邮件预处理结果，每份邮件的数据用分行隔开，具体实现代码如代码块3-8所示。

```
#代码块3-8
for path, label in zip(paths, labels):
    ……#此处省略文件预处理操作
    self.features.append(text)    # features为类变量，用于存储邮件处理后的结果
    self.labels.append(1 if label == 'spam' else 0)
    #值1代表标签'spam',值0代表标签'ham'
if is_save:
    # 保存数据
    with open("data/predata.txt", 'w', encoding='utf-8') as f:
        for fea in self.features:
            f.write(fea + "\n")  # 向文件中写入字符串
    print(f'data/predata.txt save ok')
```

任务清单 3-1-4

序号	类别	操作内容	操作过程记录
3.1.10	分组任务	在项目工程文件 SpamClassification.py 中寻找代码块 3-8 中的代码段，阅读及理解后，分组讨论并回答以下问题： 1. self.features 和 self.labels 在何处定义？ 2. self.features.append(text) self.labels.append(1 if label == 'spam' else 0) 两个语句为何在循环中？ 3. is_save 有何作用	

5. 词云分析

词云，又称文字云，是文本数据的视觉表示，是由词汇组成类似云的彩色图形，用于展示大量文本数据，通常用于描述网站上的关键字元数据（标签），或可视化自由格式文本。每个词的重要性以字体大小或颜色区分。利用词云并基于分词结果，可以对邮件的数据进行可视化分析，直观地显示邮件中出现频率较高的一些关键词。

微课 3-5：
词云分析

可用使用第三方库WordCloud生成词云图。具体流程如下。

① 从predata.txt中加载数据，具体实现代码如代码块3-9所示。

```
#代码块3-9
def load_data(path="data/predata.txt", type="word"):
    f = open(path, 'r', encoding='utf-8')
    txt = f.read()
    f.close()
    if type == "word":
        words = " ".join(txt.split("\n")).split(" ")
    else:
        # 使用精确模式对文本进行分词
        words = jieba.lcut(txt)
    return words
```

② 对词进行计数，把词按次数从大到小返回词列表，具体实现代码如代码块3-10所示。

```
#代码块3-10
def word_count(words):
    counts = {}
    for word in words:
        # 单字不计算在内
        if len(word) < 2:
            continue
        else:
            # 遍历所有词，每出现一次其对应的值加 1
            counts[word] = counts.get(word, 0) + 1
    # 将键值对转换成列表
    items = list(counts.items())
    # 根据词出现的次数对字典进行lambda匿名排序
    items.sort(key=lambda x: x[1], reverse=True)
    # 数组对象，用来接收需要传递给词云的内容
    chiyun = []
    for word, _ in items:
        chiyun.append(word)
    return chiyun
```

③ 根据处理后的词列表生成词云图，具体实现代码如代码块3-11所示。运行后效果如

图3-10所示。

图 3-10　词云效果图

```python
#代码块 3-11
def create_word_cloud(chiyun):
    # 加载背景图片信息
    maskph = np.array(Image.open('data/人像.png'))
    text_cut = '/'.join(chiyun)    # 用斜线拼接词组
    # 生成图片
    wordcloud = WordCloud(
        mask=maskph, background_color='white', font_path='msyh.ttc',
        width=1000, height=860, margin=2, scale=4
    ).generate(text_cut)
    # 保存成图片
    wordcloud.to_file("out_pic/wordcloud_{}.png".format(time.time()))
    # 显示图片
    plt.imshow(wordcloud)
    plt.axis('off')
    plt.show()
```

任务清单 3-1-5

序号	类别	操作内容	操作过程记录
3.1.11	分组任务	在项目工程文件 wordyun.py 中寻找代码块 3-9、代码块 3-10、代码块 3-11 中的代码段，阅读并理解后，分组讨论并回答以下问题： 1. 为何要使用函数定义这 3 个模块？ 2. 如何运行这 3 个模块？ 3. 生成词云图的关键代码有哪些？ 4. 如何改变词云图的形状？ 5. 词云图最终存储在哪里？ 6. 绘制词云图需要用到哪些库	

6. 词向量化

计算机是无法直接识别处理文字的，因此进行文本数据挖掘时，需要通过词向量化让计算机可以处理文字数据，以更方便地挖掘词之间的联系，提高数据挖掘效率。

微课 3-6：
词向量化

Word2Vec 是一个开源词向量建模工具，它是语言模型中的一种，是从大量文本语料中以无监督方式学习语义知识的模型，使用的是神经网络语言模型（Neural Network Language Model，NNLM）算法。因为该算法使用了两次变换，并且模型参数过多，导致收敛速度慢，所以不适合大的语料库，也就沉寂了一段时间。后来随着深度学习再次成为热点，专业团队对这一方法进行了优化，将其实用化。

Word2Vec 能够将单词转换为向量来表示，还能通过定量度量词与词之间的关系，挖掘词之间的联系。

scikit-learn 库自带了词向量化工具，包括使用词袋模型和 TF-IDF(term frequency inverse document frequency) 向量化两种，具体实现代码如代码块 3-12 所示。

```python
# 代码块 3-12
from sklearn.feature_extraction.text import CountVectorizer,
    TfidfVectorizer
def vectoring(self, vec_type="Tfidf"):
    if vec_type != "Tfidf":
        vectorized = CountVectorizer()   # 词袋模型
    else:
        vectorized = TfidfVectorizer()   # TF-IDF向量化
    self.x_train = vectorized.fit_transform(self.x_train)
    self.x_test = vectorized.transform(self.x_test)
```

任务清单 3-1-6

序号	类别	操作内容	操作过程记录
3.1.12	分组任务	学习词向量化知识点并阅读代码块 3-13 中的代码段。分组讨论并回答以下问题： 1. vec_type 变量有什么作用？ 2. 代码中默认选用了哪一种方法进行向量化？ 3. self.x_train 和 self.x_test 从何而来，为何只需要对它们进行向量化？ 4. CountVectorizer() 和 TfidfVectorizer() 函数来自哪个库	
3.1.13	个人任务	打开项目工程文件 SpamClassification.py，仿照代码块 3-13，在相应编号位置补全代码完成词向量化	

7. 数据集划分

根据机器学习与数据挖掘的一般流程，进行模型训练前需要对数据集进行划分，一般的数据集会划分为训练数据和测试数据两部分。训练数据用于训练和构建模型，这部分数据一般会占数据总量的 60%~80%，剩下的数据为测试数据，在模型检验时使用，用于评估模型是否有效。

scikit-learn 库自带了数据集划分的函数 train_test_split()。该函数的参数信息及返回值信息见表3-1及表3-2。

表 3-1   train_test_split() 函数参数信息

参数	含义
x	数据集中特征的集合
y	数据集中标签的集合
test_size	如果数值在 0~1 之间，代表测试数据集所占比例；如果数值大于 1，代表测试数据集的条数；默认值为 0.25
random_state	随机数种子。不指定时，每次运行代码切分的数据集都不一样，反之，切分的数据集是一致的

表 3-2   train_test_split() 返回值信息

返回值	含义
x_train	切分后的训练特征集合
x_test	切分后的测试特征集合
y_train	切分后的训练标签集合
y_test	切分后的测试标签集合

具体实现代码如代码块3-13所示。

```
#代码块3-13
from sklearn.model_selection import train_test_split
def split_dataset(self, test_size=0.25):
    self.x_train, self.x_test, self.y_train, self.y_test =
        train_test_split(self.features, self.labels,
            random_state=42, test_size=test_size)
```

在本项目中，self.x_train、self.x_test、self.y_train、self.y_test这4个变量就是划分后的数据集，其意义如下：

- self.x_train：用于训练的原始数据（特征数据）。
- self.x_test：用于评估或验证的原始数据（特征数据）。
- self.y_train：self.x_train对应的标签，即是否为垃圾邮件的标签。
- self.y_test：self.x_test对应的标签，即是否为垃圾邮件的标签。

任务清单 3-1-7

序号	类别	操作内容	操作过程记录
3.1.14	分组任务	学习数据集划分知识点并阅读代码块 3-12 中的代码段。分组讨论并回答以下问题： 1. 数据集划分有哪些工具可以使用？ 2. self.x_train、self.x_test、self.y_train、self.y_test 这 4 个变量分别有何作用？ 3. 训练集和测试集的比例各是多少？如何修改这个比例？ 4. 训练集和测试集各占比多少合适？ 5. train_test_split() 是哪个库的函数	
3.1.15	个人任务	打开项目工程文件 SpamClassification.py，仿照代码块 3-12，在相应编号位置编写代码完成垃圾邮件分类项目数据集划分。 注意：查找函数 train_test_split() 对应的库是否已经导入	

【任务小结】

数据探索和预处理是大部分数据挖掘工程必经的操作，对于结构类数据和非结构类数据有不同的操作办法，本项目中的文本类数据是典型的非结构化数据，因此使用的也是对应非结构化数据常用的探索和预处理方法。结构化数据的探索和预处理方法，将会在后面的项目涉及。

3-2 模型构建

【任务要求】

完成数据探索及预处理后，就可以应用数据挖掘中常用的分类算法构建模型来开展数据挖掘了。在本任务中须分别使用朴素贝叶斯模型、决策树模型、Bagging集成学习模型、随机森林模型、逻辑回归模型、支持向量机等对处理后的数据集进行挖掘。本任务分为模型定义、模型训练、模型评估、参数调优4项子任务。

【任务实施】

1. 模型定义

（1）朴素贝叶斯模型

1）朴素贝叶斯算法

微课 3-7：
朴素贝叶斯
算法模型

朴素贝叶斯算法是基于贝叶斯定理与特征条件独立假设的一种分类算法，通过计算样本归属不同类别的概率来进行分类。

基于特征条件独立假设，则贝叶斯公式可以写为

$$P(c \mid x) = \frac{P(c)P(x \mid c)}{P(x)} = \frac{P(c)}{P(x)} \prod_{i=1}^{d} P(x_i \mid c)$$

d 为属性数目，x_i 为 x 在第 i 个属性上的取值，c 为类别标记。

2）基于朴素贝叶斯算法的垃圾邮件分类原理

在未统计分析数据之前，可以假定收到垃圾邮件的概率是50%，相应收到正常邮件的概率也是50%，也可以通过对数据集的训练得出收到垃圾邮件和正常邮件的先验概率。用S表示垃圾邮件，H表示正常邮件，因此前者假设的 $P(S)$ 和 $P(H)$ 的先验概率都是50%，后者通过计算得出 $P(S)$ 和 $P(H)$ 的先验概率分别为67%和33%。

假设对某一封邮件进行解析，发现其中包含"活动"这个词，这封邮件属于垃圾邮件的概率是多少？用W表示"活动"这个词，那么问题就变成了如何计算 $P(W \mid S)$ 的值，就是在某个词语（W）已经存在的条件下，此封邮件为垃圾邮件（S）的概率有多大。

$P(W \mid S)$ 和 $P(W \mid H)$ 的含义是，这个词语在垃圾邮件和正常邮件中，分别出现的概率。这两个值可以从数据集中计算得到，对"活动"这个词来说，假设它们分别等于5%和0.05%。另外，$P(S)$ 和 $P(H)$ 的先验概率都等于50%。所以，根据公式：$P(c \mid x) = P(c)P(x \mid c)/P(x)$，马上可以计算出 $P(S \mid W)$ 的值。经计算得这封邮件是垃圾邮件的概率等于99%。这说明，"活动"这个词的推断能力很强，将50%的"先验概率"一下子提高到了99%的"后验概率"。

做完上面一步，也无法得出该邮件就是垃圾邮件的概率。因为一封邮件包含很多词

语，不仅仅只有"活动"这个词。所以接下来可以选出这封信中出现频率最高的15个词，计算它们的联合概率。在已知W_1和W_2的情况下，有两种结果：垃圾邮件或正常邮件。在已知W_1、W_2和垃圾邮件的概率的情况下，如果假定所有事件都是独立事件，那么就可以计算$P(W_1,W_2|S)$和$P(W_1,W_2|H)$，$P(W_1,W_2|S)=P(W_1|S)P(W_2|S)$；根据公式$P(c|W_1,W_2)=P(W_1,W_2|c)P(c)$，也就是$P(S|W_1,W_2)=P(W_1,W_2|S)P(S)$就可以计算出属于垃圾邮件的概率了。将上面的公式扩展到15个词的情况，就可以得到最终这封邮件属于垃圾邮件的概率。这时还需要一个用于比较的阈值。比如说给一个阈值是0.95，概率大于0.95，表示15个词联合认定这封邮件有95%以上的可能属于垃圾邮件；概率小于0.95，就表示是正常邮件。

在这里要说明一下，在进行分类的时候，是多个概率乘积得到类别，但是如果有一个概率是0，则最后结果就是0。此时可以在计算的时候将所有词的出现次数初始化为1，分母初始化为2，这样做的目的是为了保证分子或分母不为0，读者可以根据需求自行修改，也可以直接设置未出现词的概率为某个特定值，比如可是设置为0.001。

3）使用朴素贝叶斯模型实现垃圾邮件分类

在scikit-learn库有多个朴素贝叶斯模型，在本项目中采用多项式朴素贝叶斯算法模型举例来进行垃圾邮件分类，采用MultinomialNB模型，该模型的定义函数中相关参数信息见表3-3。

表 3-3　MultinomialNB 模型参数信息

参数	含义
alpha	float, default=1.0 附加的（Laplace/Lidstone）平滑参数（0表示不平滑）
fit_prior	bool, default=True 是否学习类别先验概率。如果为 False，将使用统一的先验概率
class_prior	array-like of shape (n_classes), default=None 类别的先验概率。一经指定先验概率不能随着数据而调整

本项目中采用默认参数，部分实现代码如代码块3-14所示。

```
#代码块3-14
from sklearn.naive_bayes import MultinomialNB
model = MultinomialNB()    # 初始化分类算法模型
scm.load_model(model)    # 装载模型到对象中
```

（2）决策树模型

决策树是基于树结构来进行决策的，是从一组无次序、无规则，但有类别标号的样本集中推导出的、树形表示的分类规则。其实就是基于数据的属性做出一系列的二元决策，每次决策对应于从两种可能性中选择一个，每次决策后，要么

微课 3-8：
决策树模型

引出另外一个决策，要么生成最终结果，如图3-11所示。

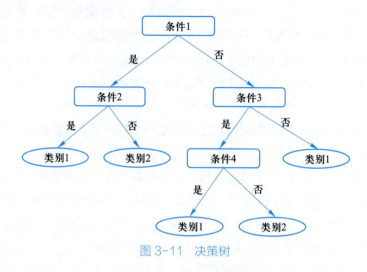

图 3-11 决策树

决策树分类算法通常分为决策树生成和决策树修剪两个步骤。

1）决策树生成

决策树生成算法的输入是一组带有类别标记的例子，构造的结果是一棵二叉树或多叉树。二叉树的内部节点（非叶子节点）一般表示为一个逻辑判断，如形式为 $(a_i=v_i)$ 的逻辑判断，其中 a 是属性，v 是该属性的某个属性值。树的边是逻辑判断的分支结果。多叉树的内部节点是属性，边是该属性的所有取值，有几个属性值，就有几条边。树的叶子节点都是类别标记。

构造决策树的方法是采用自上而下的递归构造。思路如下：

① 以代表训练样本的单个节点开始建树。

② 如果训练样本都在同一个类，则该节点成为树叶，并用该类标记。

③ 否则，算法使用称为信息增益的基于熵的度量作为启发信息，选择能够最好地将样本分类的属性，该属性成为该节点的"测试"或"判定"属性。值得注意的是，在这类算法中，所有的属性都是分类的，即取离散值的。连续值的属性必须是离散化的。

④ 对测试属性的每个已知的值，创建一个分支，并据此划分样本。

⑤ 算法使用同样的过程递归地形成每个划分上的样本决策树。一旦一个属性出现在一个节点上，就不必考虑该节点的任何后代。

⑥ 递归划分步骤，当下列条件之一成立时停止：

- 给定节点的所有样本属于同一类。
- 没有剩余属性可以用来进一步划分样本，在此情况下，采用多数表决。
- 分支 test_attribute=a，即没有样本。

2）决策树修剪

现实世界的数据一般不可能是完美的，可能某些属性字段上存在缺值（Missing Values），可能缺少必需的数据而造成数据不完整，也可能数据不准确、含有噪声甚至是错误的。在此主要讨论噪声问题。

基本的决策树构造算法没有考虑噪声，因此生成的决策树完全与训练例子拟合。在有噪声情况下，完全拟合将导致过分拟合(Overfitting)，即对训练数据的完全拟合反而使对现实数据的分类预测性能下降。剪枝是一种克服噪声的基本技术，同时它也能使树得到简化而变得更容易理解。

有两种基本的剪枝策略。

① 预先剪枝：在生成树的同时决定是继续对不纯的训练子集进行划分，还是停机。

② 后剪枝：为一种"拟合—化简"的两阶段方法。首先生成与训练数据完全拟合的一棵决策树，然后从树的叶子开始剪枝，逐步向根的方向剪。剪枝时要用到一个测试数据集合，如果存在某个叶子剪去后使得在测试集上的准确度或其他测度不降低，则剪去该叶子，否则停机。

3）决策树分类算法的应用

本项目主要使用scikit-learn库来实现决策树方法。分类决策树的模型对应的是DecisionTreeClassifier，它具有可读性强、容易理解、计算量小、分类速度快等优点。scikit-learn决策树算法类库内部实现是使用了调优过的CAR表T树算法，既可以做分类，又可以做回归。该模型的定义函数中部分常用参数信息见表3-4。

表 3-4　DecisionTreeClassifier 模型参数信息

参数	含义
criterion	{'gini','entropy'}, default='gini' 这个参数是用来选择使用何种方法度量树的切分质量的。当 criterion 取值为"gini"时采用基尼不纯度（Gini impurity）算法构造决策树，当 criterion 取值为"entropy"时采用信息增益（information gain）算法构造决策树
max_depth	int, default=None 树的最大深度。如果取值为 None，则将所有节点展开，直到所有的叶子都是纯净的或者直到所有叶子都包含少于 min_samples_split 个样本
min_samples_split	int or float, default=2 拆分内部节点所需的最少样本数： ● 如果取值 int，则将 min_samples_split 视为最小值。 ● 如果为 float，则 min_samples_split 是一个分数，而 ceil（min_samples_split * n_samples）是每个拆分的最小样本数
min_samples_leaf	int or float, default=1 在叶节点处所需的最小样本数。仅在任何深度的分裂点在左分支和右分支中的每个分支上至少留有 min_samples_leaf 个训练样本时才考虑。这可能具有平滑模型的效果，尤其是在回归中。 ● 如果为 int，则将 min_samples_leaf 视为最小值。 ● 如果为 float，则 min_samples_leaf 是一个分数，而 ceil（min_samples_leaf * n_samples）是每个节点的最小样本数

续表

参数	含义
max_features	int, float or {"auto", "sqrt", "log2"}, default=None 寻找最佳分割时要考虑的特征数量： • 如果为 int，则在每次拆分时考虑 max_features 功能。 • 如果为 float，则 max_features 是一个分数，而 int（max_features * n_features）是每个分割处的特征数量。 • 如果为 auto，则 max_features = sqrt（n_features）。 • 如果为 sqrt，则 max_features = sqrt（n_features）。 • 如果为 log2，则 max_features = log2（n_features）。 • 如果为 None，则 max_features = n_features

本项目中采用默认参数。部分实现代码如代码块3-15所示。

```
#代码块3-15
    from sklearn.tree import DecisionTreeClassifier
    model = DecisionTreeClassifier()   # 初始化分类算法模型
    scm.load_model(model)   # 装载模型到对象中
```

（3）Bagging集成学习模型

Bagging集成学习模型通过构建并结合多个学习器来完成学习任务，就是先产生一组"个体学习器"，再用某种策略把它们结合起来。个体学习器通常是由一个现有的学习算法从训练数据中产生，比如决策树算法，此时集成学习中就只包含同种类型的个体学习器，这样的集成是"同质"的，这种学习器被称为"基学习器"，对应的算法就是"基学习算法"。同理，个体学习器由不同种类的学习算法生成，就是"异质"的。目前集成学习分为两大类：一类是学习器之间存在强大的依赖关系，代表是Boosting；另一类是学习器之间不存在强依赖关系，代表是Bagging和随机森林（Random Forest）。

微课 3-9：bagging 集成学习模型

Bagging是基于自助采样法的并行式集成学习方法。给定包含 m 个样本的数据集 D，然后对它进行采样，产生采样集 D'，每次随机从数据集 D 中选取一个样本，将该样本复制到采样集 D' 中，然后将该样本再放回到数据集中，使得该样本下次采样时还有机会被采到，重复这个过程 m 次后，就得到了包含 m 个样本的数据集 D'。假设可采样出 T 个含 m 个训练样本的采样数据集，然后基于每个采样集训练出一个基学习器，再将这些学习器进行结合，这就是Bagging的基本流程。以基于信息增益划分的决策树为基学习器来实现Bagging算法。

在对预测输出进行结合时，Bagging的集合策略也比较简单，对于分类问题，通常使用简单投票法，得到最多票数的类别或者类别之一为最终的模型输出。对于回归问题，通常使用简单平均法，对 T 个弱学习器得到的回归结果进行算术平均得到最终的模型输出。在scikit-learn库中，Bagging 方法使用 BaggingClassifier 元估计器，输入的参数和随机子集抽取策略由用户指定。max_samples 和 max_features 控制着子集的大小(对于样例和特征)，bootstrap 和 bootstrap-features 控制着样例和特征的抽取是有放回还是无放回的。当使用样本集时，通过设置 oob_score=True，可以使用袋外(out of bag)样本评估泛化精度。

主要优点是可并行、泛化能力较强、高效等。

具体模型架构如图 3-12 所示。

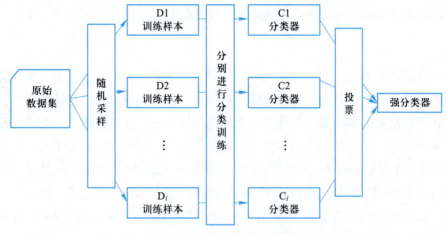

图 3-12　Bagging 模型架构

本项目主要使用 scikit-learn 库来实现 Bagging 算法模型。Bagging 算法模型的类对应的是 DecisionTreeClassifier。该模型的定义函数中部分常用参数信息见表 3-5。

表 3-5　BaggingClassifier 模型参数信息

参数	含义
base_estimator	object, default=None 基本估计量适合数据集的随机子集。如果为 None，则基本估计量为决策树
n_estimators	Int, default = 10 集合中基本估计量的数量
max_samples	int or float, default=1.0 从 X 抽取以训练每个基本估计量的样本数量（默认情况下 bootstrap 为替换）。 • 如果为 int，则抽取 max_samples 样本。 • 如果为 float，则抽取样本 max_samples * X.shape[0]
max_features	int or float, default=1.0 从 X 绘制以训练每个基本估计量的要素数量（默认情况下不进行替换）。 • 如果为 int，则绘制 max_features 特征。 • 如果为 float，则绘制特征 max_features * X.shape[1]
bootstrap	bool, default=True 是否抽取样本进行替换。如果为 False，则执行不替换的采样

在本项目中的部分实现代码如代码块 3-16 所示。

```
#代码块3-16
from sklearn.ensemble import BaggingClassifier
model = BaggingClassifier(base_estimator=DecisionTreeClassifier(),
        max_samples=0.5,
        max_features=0.5)    # 初始化分类算法模型
scm.load_model(model)    # 装载模型到对象中
```

（4）随机森林模型

随机森林模型是Bagging的一个扩展体，以决策树为基学习器构建，进一步在决策树的训练过程中引入随机属性选择，具体来说，传统决策树在选择划分属性时是在当前结点的属性集合中选择一个最优属性；而在随机森林中，对基决策树的每个结点，先从该结点的属性集合中随机选择一个包含k个属性的子集，然后再从这个子集中选择一个最优属性用于划分。可以看到随机森林只是对Bagging做了小的改动，但是与Bagging中基学习器的"多样性"仅通过样本扰动而来不同，随机森林中基学习器的多样性不仅通过样本扰动，还来自属性扰动，这就使得最终集成的泛化性能可通过个体学习器之间差异度的增加而进一步提升。

微课 3-10：随机森林算法模型

随机森林通过自助法(bootstrap)重采样技术，从原始训练样本集中有放回地重复随机抽样k个样本生成新的训练样本集合，然后根据自助样本集生成k个分类树组成随机森林，新数据的分类结果按分类树投票多少形成的分数而定。其实质是对决策树算法的一种改进，将多个决策树合并在一起，每棵树的建立依赖一个独立抽取的样品，森林中的每棵树具有相同的分布，分类误差取决于每一棵树的分类能力和它们的相关性。特征选择采用随机的方法去分裂每一个节点，然后比较不同情况下产生的误差。能够检测到的内在估计误差、分类能力和相关性决定选择特征的数目。单棵树的分类能力可能很小，但在随机产生大量的决策树后，一个测试样本可以通过每一棵树的分类结果经统计后选择最可能的分类。

实际上，随机森林的训练效率常优于Bagging，因为在个体决策树的构建过程中，Bagging使用的是"确定性"决策树，在选择划分属性时要对节点的所有属性进行考察，而随机森林使用的"随机型"决策树则只需考察一个属性子集。

随机森林算法主要优点是非常简单，易于实现，计算开销很小，泛化能力强等。

本项目主要使用scikit-learn库来实现随机森林算法模型。对应的类是RandomForestClassifier。该模型的定义函数中部分常用参数信息见表3-6。

表3-6 RandomForestClassifier 模型参数信息

参数	含义
n_estimators	int, default=100 森林中树木的数量

续表

参数	含义
criterion	{"gini","entropy"}, default="gini" 衡量分割质量的功能。支持对基尼杂质进行评价的"gini 系数"和衡量信息增益的"熵"。 注：这个参数是树特有的
max_depth	int, default=None 树的最大深度。如果为 None，则将节点展开，直到所有叶子都是纯净的，或者直到所有叶子都包含少于 min_samples_split 个样本
min_samples_split	int or float, default=2 拆分内部节点所需的最少样本数： ● 如果为 int，则认为 min_samples_split 是最小值。 ● 如果为 float，min_samples_split 则为分数，是每个拆分的最小样本数
max_features	{"auto","sqrt","log2"}, int or float, default="auto" 寻找最佳分割时要考虑的功能数量： ● 如果为 int，则 max_features 在每个分割处考虑特征。 ● 如果为 float，max_features 则为小数，并在每次拆分时考虑要素。 ● 如果为 auto，则为 max_features=sqrt(n_features)。 ● 如果是 sqrt，则 max_features=sqrt(n_features)。 ● 如果为 log2，则为 max_features=log2(n_features)。 ● 如果为 None，则 max_features=n_features。 注意：直到找到至少一个有效的节点样本分区，分割的搜索才会停止，即使它需要有效检查多于 max_features 个数的要素也是如此

在本项目中的部分实现代码如代码块 3-17 所示。

```
#代码块 3-17
    from sklearn.ensemble import RandomForestClassifier
    model = RandomForestClassifier(n_estimators=190,
            max_depth=19,
            random_state=0) # 初始化分类算法模型
    scm.load_model(model)  # 装载模型到对象中
```

（5）逻辑回归模型

逻辑回归模型用于估算一个实例属于某个特定类别的概率，属于概率型的非线性回归模型，分为二分类和多分类回归模型。

对于二分类逻辑回归模型，目标变量 y 只有"是、否"两个取值，记为 1 和 0。假设在自变量 x_1, x_2, $\cdots$, x_n 作用下，y 取"是"的概率是 p，则取"否"的概

微课 3-11：
逻辑回归算
法模型

率是$1-p$，研究的是当y取"是"发生的概率为p与自变量x_1，x_2，…，x_n的关系。

1）Logistic 函数

Logistic 函数中的因变量只有1、0两种取值。假设在p个独立自变量x_1, x_2, …, x_n的作用下，记y取1的概率是$p=P(y=1|X)$，取0的概率是$1-p$，取1和0的概率之比为$\frac{p}{1-p}$，称为事件的优势比，对优势比取自然对数即得 Logistic 变换$\text{Logit}(p)=\ln\left(\frac{p}{1-p}\right)$。令$\text{Logit}(p)=\ln\left(\frac{p}{1-p}\right)=z$，则$p=\frac{1}{1+e^{-z}}$即为 Logistic 函数。

2）逻辑回归模型介绍

逻辑回归模型是建立$\text{Logit}(p)=\ln\left(\frac{p}{1-p}\right)$与自变量的线性回归模型。逻辑回归模型为

$$\ln\left(\frac{p}{1-p}\right)=\beta_0+\beta_1 x_1+\cdots+\beta_n x_n+\varepsilon$$

记作$g(x)=\beta_0+\beta_1 x_1+\cdots+\beta_n x_n$

3）逻辑回归模型建模步骤

① 根据分析目的设置指标变量，然后采集数据，根据收集到的数据对特征再次进行筛选。

② y取1的概率是$p=P(y=1|X)$，取0的概率是$1-p$。

③ 进行模型检验。模型有效性的检验指标有很多，最基本的是正确率，其次有混淆矩阵、ROC曲线、KS值等。

④ 模型应用。输入自变量的取值就可以得到预测变量的值，或者根据预测变量的值去控制自变量的取值。

逻辑回归模型主要优点是速度快，形式简单，资源占用小等。

本项目主要使用scikit-learn库来实现逻辑回归算法模型，对应的类为LogisticRegression。该模型的定义函数中部分常用参数信息见表3-7。

表 3-7　LogisticRegression 模型参数信息

参数	含义
penalty	{'L1', 'L2', 'elasticnet', 'none'}, default='L2' 用于指定处罚中使用的规范。'newton-cg'，'sag'和'lbfgs'求解器仅支持L2惩罚。仅"saga"求解器支持"elasticnet"。如果为"none"（liblinear求解器不支持），则不应用任何正则化
dual	bool, default=False 是否对偶化。仅对 liblinear 求解器使用 L2 惩罚时进行对偶化。当 n_samples> n_features 时，首选 dual = False
C	float, default=1.0 正则强度的倒数；必须为正浮点数。与支持向量机一样，较小的值指定更强的正则化

续表

参数	含义
solver	'newton-cg', 'lbfgs', 'liblinear', 'sag', 'saga'}, default='lbfgs' 用于优化问题的算法

在本项目中的部分实现代码如代码块3-18所示。

```
#代码块3-18
from sklearn.linear_model import LogisticRegression
model = LogisticRegression(random_state=0)  # 初始化分类算法模型
scm.load_model(model)    # 装载模型到对象中
```

（6）支持向量机模型

支持向量机模型（Support Vector Machine，SVM）是一个功能强大并且全面的机器学习模型，它能够执行线性或非线性分类、回归。分类学习最基本的思想是基于训练集D在样本空间中找到一个划分超平面，将不同类别的样本分开。实际上能将训练集的样本划分开的方法有很多，而支持向量机就是找到一个在特征空间上间隔最大的线性分类器，就是找到平面附近的样本，让这些样本与平面的距离越远越好。应该找位于两类训练样本"正中间"的划分超平面，该划分超平面对训练样本局部扰动的"容忍"性最好，鲁棒性最强，对未见样本的泛化能力最强，如图3-13所示。

微课3-12：支持向量机模型

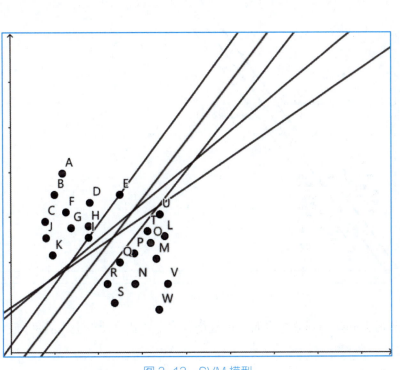

图3-13　SVM模型

在样本空间中，划分超平面可通过如下的线性方程来描述：

$$w^\mathrm{T}x + b = 0$$

其中$w=(w_1; w_2; \cdots; w_d)$为法向量，决定了超平面的方向；$b$为位移项，决定了超平面与原点之间的距离。也就是说，划分超平面是可以由法向量w和位移项b确定，可以尝试将样本空间中任意一点x到超平面的距离写为：

$$r = \frac{|w^\mathrm{T}x + b|}{\|w\|}$$

假设超平面能将训练样本正确分类，即对于（$x_i, y_i \in D$），若y_i=+1，则有$w^\mathrm{T}x_i + b > 0$；若y_i=−1，则有$w^\mathrm{T}x_i + b < 0$。令

$$\begin{cases} w^\mathrm{T}x_i + b \geqslant +1, y_i = +1 \\ w^\mathrm{T}x_i + b \leqslant +1, y_i = -1 \end{cases}$$

如图3–14所示，距离超平面最近的这几个训练样本点使得上面的式子等号成立，它们被称为"支持向量"，两个异类支持向量到超平面的距离之和为

$$\gamma = \frac{2}{\|w\|}$$

它被称为"间隔"。

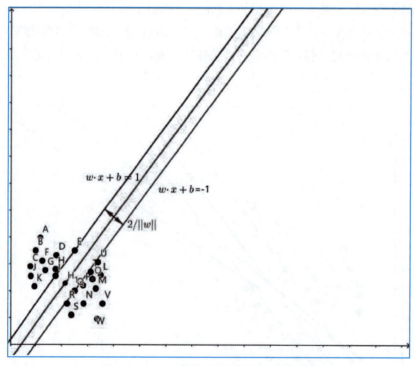

图 3-14　SVM 模型中的支持向量及间隔

想要找到最大间隔的划分超平面，也就是等同于要找到使得上式满足γ最大的参数w和b，即

$$\max_{w,b} \frac{2}{\|w\|}$$

$$\text{s.t.} y_i(w^T x_i + b) \geqslant 1, \quad i = 1, 2, \cdots, m$$

显然，为了最大化间隔，仅仅需要最大化$\|w\|^{-1}$，也就是等价于最小化$\|w\|^2$，那上式可重写为

$$\min_{w,b} \frac{1}{2} \|w\|^2$$

$$\text{s.t.} y_i(w^T x_i + b) \geqslant 1, \quad i = 1, 2, \cdots, m$$

这就是支持向量机的基本型。

支持向量机的主要优点是分类思想简单，解决了小样本问题。

本项目主要使用scikit-learn库来实现支持向量机模型，对应的类是SVC。该模型的定义函数中部分常用参数信息见表3-8。

表3-8　SVC 模型参数信息

参数	含义
C	float, default= 1.0 正则化参数。正则化的强度与 C 成反比。必须严格为正。此惩罚系数是 L2 惩罚系数的平方
kernel	{'linear', 'poly', 'rbf', 'sigmoid', 'precomputed'}, default='rbf' 指定算法中使用的内核类型，必须是"linear""poly""rbf""sigmoid""precomputed"或者"callable"中的一个。如果没有给出，将默认使用"rbf"。如果给定了一个可调用函数，则用它来预先计算核矩阵。该矩阵应为形状数组（n_samples, n_samples）
degree	int, default=3 多项式核函数的次数（'poly'）。将会被其他内核忽略
gamma	int 或者 {'scale', 'auto'}, default='scale' 核系数包含'rbf'、'poly'和'sigmoid' 如果 gamma＝'scale'（默认），则它使用 1 / (n_features * X.var()) 作为 gamma 的值，如果是 auto，则使用 1 / n_features

在本项目中的部分实现代码如代码块3-19所示。

```
#代码块3-19
from sklearn.svm import SVC
model = SVC(kernel='poly', gamma="auto") # 初始化分类算法模型
scm.load_model(model)   # 装载模型到对象中
```

（7）K近邻模型

K近邻模型，即是给定一个训练数据集，对新的输入实例，在训练数据集中找到与该实例最邻近的k个实例，这k个实例的多数属于某个类，就把该输入实例分类到这个类中。简

单来说，每个样本都可以用与它最接近的 k 个邻近值来代表。主要的算法步骤如下。

微课 3-13：
K 近邻模型

① 输入没有标签的新数据，将新数据的每个特征与样本集中数据对应的特征进行比较，然后提取样本集中特征最相似数据（最近邻）的分类标签。

② 一般来说，只选择样本数据集中 k 个最相似的数据。k 一般不大于 20，最后选择 k 个数据中出现次数最多的分类，作为新数据的分类。

k 的不同取值会直接影响分类结果。下面以图的形式举了一个具体的例子，如图 3-15 所示，三角形和圆形分别代表不同的两种类别，而方块代表一个需要判断类别的新样本。此时，$k=3$，意味着将只参考离新样本最近的 3 个样本点的类别。虚线圆圈已经把需要参考的样本点和新的样本点圈起来了。可以轻易看出，在参考的样本点中，三角形占了 2 个，圆形占了 1 个，根据 k 邻近算法的基本原理，可以认定新的样本点为三角形。

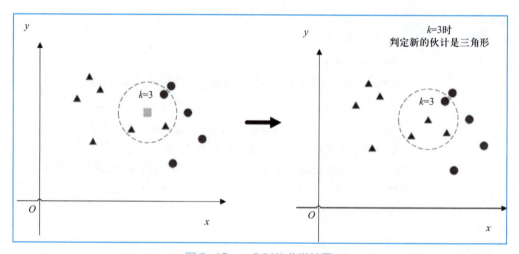

图 3-15 $k=3$ 时的分类结果

同样，还是这个案例，$k=5$ 时，如图 3-16 所示，在需要参考的样本点中，圆形的个数为 3 个，三角形的个数为 2 个。此时，可以认定新的样本点为圆形。

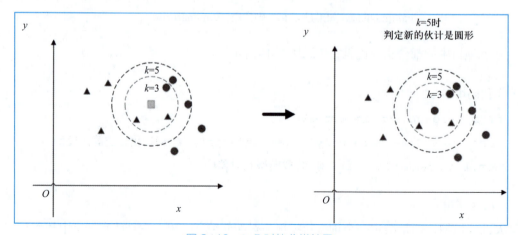

图 3-16 $k=5$ 时的分类结果

因此，在使用 K 近邻算法时，需要选取到合适的 k 值，才能得到一个比较准确的分类结果。

本项目主要使用 scikit-learn 库来实现 k 邻近算法模型，对应的类是 KNeighborsClassifier。该模型的定义函数中部分常用参数信息见表 3-9。

表 3-9 KNeighborsClassifier 模型参数信息

参数	含义
n_neighbors	int, default=5 默认情况下用于 kneighbors 查询的近邻数
weights	{'uniform', 'distance'} or callable, default='uniform' 预测中使用的权重函数。可能的值： ● "uniform"：统一权重。每个邻域中的所有点均被加权。 ● "distance"：权重点与其距离的倒数。在这种情况下，查询点的近邻比远处的近邻具有更大的影响力。 ● [callable]：用户定义的函数，该函数接收距离数组，并返回包含权重的相同形状的数组
algorithm	{'auto', 'ball_tree', 'kd_tree', 'brute'}, default='auto' 用于计算最近临近点的算法： ● "ball_tree" 将使用 BallTree ● "kd_tree" 将使用 KDTree ● "brute" 将使用暴力搜索。 ● "auto" 将尝试根据传递给 fit 方法的值来决定最合适的算法
leaf_size	int, default=30 将 leaf_size 传递给 BallTree 或 KDTree。这会影响构造和查询的速度，以及存储树所需的内存。最佳值取决于问题的性质
p	int, default=2 Minkowski 指标的功率参数。当 p = 1 时，这等效于对 p = 2 使用 manhattan_distance（l1）和 euclidean_distance（l2）。对于任意 p，使用 minkowski_distance（l_p）

在本项目中的部分实现代码如代码块 3-20 所示。

```
# 代码块 3-20
from sklearn.neighbors import KNeighborsClassifier
model =KNeighborsClassifier(n_neighbors=4)  # 初始化分类算法模型
scm.load_model(model)  # 装载模型到对象中
```

任务清单 3-2-1

序号	类别	操作内容	操作过程记录
3.2.1	分组任务	结合项目工程文件 SpamClassification.py 中 load_model() 函数的定义代码及代码块 3-14~3-18。分组讨论并回答以下问题： 1. 这 5 种不同的算法的模型应用代码有什么异同？ 2. scm.load_model(model) 这个方法是哪里定义的？它有什么功能	
3.2.2	分组任务	在网上查询资料，讨论并回答以下问题： 1. scikit-learn 库中还有其他常用分类算法吗？ 2. 以上几种算法有什么其他调用方式？与本项目的调用方式相比有何优缺点	

2. 模型训练

模型定义只是对模型进行了实例化，此时的模型只是一个泛在的意义，没有实际的用途，必须使用数据集对定义好的模型进行训练后才能构建出能够实际应用于特定场景和需求的模型。因此要进行邮件分类操作就需要使用预处理后的邮件数据对模型进行训练。

以支持向量机模型构建为例进行垃圾邮件分类模型训练操作，具体实现代码如代码块 3-21 所示。

```
#代码块 3-21
from sklearn.svm import SVC
model = SVC(kernel='poly', gamma="auto")  # 初始化分类算法模型
model.fit(self.x_train, self.y_train)   # 对模型进行训练
```

代码中的两个参数 self.x_train 和 self.y_train 是经过划分后的训练集数据及其对应的分类标签。经过训练后的模型（model）就是可以用来进行邮件分类的模型了。

任务清单 3-2-2

序号	类别	操作内容	操作过程记录
3.2.3	分组任务	阅读代码块 3-21，分组讨论并回答以下问题： 除向量机模型外，其他模型该如何训练	
3.2.4	分组任务	找到项目工程文件 SpamClassification.py 中与代码块 3-21 类似的代码，并与代码块 3-21 进行对比。分组讨论并回答以下问题： 这两组代码有何区别，是否能实现同一效果	

3. 模型评估

使用决策树模型、集成学习 Bagging 模型、逻辑回归模型、随机森林模型、支持向量机都可以完成垃圾邮件分类的工作，可以通过模型评估找到最适合用于垃圾邮件分类的模型。

分类任务的模型评估指标有很多，如准确率、精准率、召回率和 F1_ Score 等。

首先了解下混淆矩阵。做二分类算法时会输出预测值，当然预测值有对有错，对应着真实值。那么基于预测值和真实值两个属性我们可以组合 4 种状态，见表 3-10。

微课 3-14：分类模型的评估指标

表 3-10　混 淆 矩 阵

真实情况	预测结果	
	正例	反例
正例	TP（真正例）	FN（假反例）
反例	FP（假正例）	TN（真反例）

① 准确率（Accuracy）：准确率是最常用的分类性能指标，可以用来表示模型的精度，即模型识别正确的个数 / 样本的总个数。一般情况下，准确率越高，说明模型的效果越好。准确率公式为：

$$Accuracy = \frac{TP + TN}{TP + FN + FP + TN}$$

② 精准率（Precision）：又称为查准率，表示在模型识别为正类的样本中，真正为正类的样本所占的比例。精准率公式为：

$$Precision = \frac{TP}{TP + FP}$$

③ 召回率（Recall）：又称为查全率，表示模型正确识别出为正类的样本的数量占总的正类样本数量的比值。召回率公式为：

$$Recall = \frac{TP}{TP + FN}$$

④ F1_Score：它被定义为查全率和查准率的调和平均数。由于查全率和查准率是一对相互矛盾的指标，通常情况下，查准率高的时候查全率不会太高，反之亦然。而查准率和查全率都是越高越好的，所以无法使用一个指标就衡量出模型的优劣。因此就把查准率 P 和查全率 R 结合在了一起，用它们的调和平均数 F1_Score 来评估模型的优劣。

$$F1 = \frac{2PR}{P + R}$$

本项目中使用准确率、精准率和召回率作为模型评估指标，具体实现代码如代码块 3-22 所示。

```
#代码块 3-22
from sklearn.svm import SVC
model = SVC(kernel='poly', gamma="auto") # 初始化分类算法模型
model.fit(self.x_train, self.y_train)  # 对模型进行训练
```

```
y_pre = self.clf.predict(self.x_test)   # 获得预测结果
acc = self.clf.score(self.x_test, self.y_test)
print('\n【{}】准确率：{}'.format(self.model_name, round(acc, 3)))
# 计算精准率
prec = precision_score(self.y_test, y_pre)
print('【{}】精准率：{}'.format(self.model_name, round(prec, 3)))
# 计算召回率
reca = recall_score(self.y_test, y_pre)
print('【{}】召回率：{}\n'.format(self.model_name, round(reca,
    3)))
```

代码中的两个参数 self.x_test、self.y_test 是经过划分后的测试集数据及其对应的分类标签。

Score( ) 函数的具体作用为使用 self.x_test、self.y_test 对模型进行预测操作后，计算模型预测正确数量所占总量的比例。

precision_score( ) 函数的具体作用为使用 self.x_test、self.y_test 对模型进行预测操作后，计算模型预测的精准率。

recall_score( ) 函数的具体作用为使用 self.x_test、self.y_test 对模型进行预测操作后，计算模型预测的召回率。

对不同的模型进行评估后，其结果见表 3-11。

表 3-11　模型评估结果

模型	准确率	精准率	召回率	模型总用时 /s
朴素贝叶斯	0.919	0.889	0.941	0.002
决策树	0.865	1.0	0.706	0.031 9
Bagging 集成学习	0.784	0.765	0.765	0.086 8
随机森林	0.838	0.923	0.706	0.417 9
逻辑回归	0.892	0.842	0.941	0.034 9
支持向量机	0.459	0.459	1.0	0.017
K 近邻	0.892	1.0	0.765	0.003

由于试验结果存在随机性，所以每次的结果都会存在误差，但是这个误差并不影响整体模型的比较。因此可以得到以下结论，本次试验所实现的各个模型的最佳性能结果如下：准确率最佳的为朴素贝叶斯算法，其他依次是逻辑回归算法、K 近邻算法、决策树算法、随机森林算法、Bagging 集成学习算法、支持向量机算法；精准率最佳的是 K 近邻算法和决策树算

法，其他依次是随机森林算法、朴素贝叶斯算法、逻辑回归算法、Bagging集成学习算法、支持向量机算法；召回率最佳的是支持向量机算法、其他依次是朴素贝叶斯算法、逻辑回归算法、K近邻算法、Bagging集成学习算法、决策树算法、随机森林算法。综上所述，朴素贝叶斯算法是最适合用于垃圾邮件分类应用的模型。

此时支持向量机的模型准确率只有0.459，其主要原因时在本项目中只采用了148封邮件进行训练，数据量过少，产生了欠拟合。后续如果想增强支持向量机模型的准确率，可以增加数据集再进行模型训练。

任务清单 3-2-3

序号	类别	操作内容	操作过程记录
3.2.5	分组任务	阅读代码块 3-21，分组讨论并回答以下问题： 除向量机模型外，其他模型该如何评估？	
3.2.6	分组任务	找到项目工程文件 SpamClassification.py 中与代码块 3-21 类似的代码，并与代码块 3-21 进行对比。分组讨论并回答以下问题：这两组代码有何区别，是否能实现同一效果？	

4. 参数调优

算法参数的选择也会影响算法的效果，针对不同的数据和情景对参数进行调整可以提升模型的效果。本任务使用网格调参模型对Bagging集成学习算法、随机森林算法进行了简单调优，得到其中一两个关键参数的最佳参数值。

网格调参模型是一种自动调参的工具，scikit-learn库中提供了相关的函数，GridSearchCV()，该函数既包含了网格搜索，又包含了交叉验证。只要输入参数列表，就可以保证在指定的参数范围内找到精度最高的参数，适合小型数据集，但是缺点是要遍历所有可能的参数组合的话，在面对大数据集和多参数的情况下，耗时将会非常多。网格搜索是使用不同的参数组合来找到在验证集上精度最高的参数。k折交叉验证是指将所有数据集分成k份，不重复地每次取其中一份做测试集，用其余$k-1$份做训练集训练模型，之后计算该模型在测试集上的得分，将k次的得分取平均得到最后的得分。

具体实现代码如代码块3-23所示。

```
#代码块 3-23
def hp_optimize(self):
    """超参优化，目前只支持随机森林与Bagging"""
    if self.model_name == "RandomForestClassifier":
        param_grid = {'max_depth': np.arange(1, 20, 1)}
    elif self.model_name == "BaggingClassifier":
        param_grid = {'n_estimators': np.arange(0, 50, 10)}
```

```
else:
    return None
# 网格搜索模型，参数1：模型；参数2：待调整的参数；参数3：交叉验证的次数
gs1 = GridSearchCV(self.clf, param_grid, cv=10)
gs1.fit(self.x_train, self.y_train)
print(f"{self.model_name}最佳参数:")
print(gs1.best_params_)
print(f"{self.model_name}最佳参数得分:")
print(gs1.best_score_)
```

（1）Bagging集成学习模型调参结果

参数 n_estimators 的默认值为 10，使用网格调参的方式进行调参得到最佳参数为 n_estimators=40；最佳参数和调参后的评估分数见表3-12。模型准确率也有所提高。

（2）随机森林调参结果

在随机森林中重要的参数就是 n_estimators、max_depth，接下来对 max_depth 这个参数进行参数调优。使用网格调参的方式进行调参得到最佳参数为 max_depth = 14。

表 3-12　调 参 结 果

模型	最佳参数	模型准确率
Bagging 集成学习	n_estimators:40	0.8
随机森林	max_depth:14	0.790 1

任务清单 3-2-4

序号	类别	操作内容	操作过程记录
3.2.7	分组任务	在网上查询资料，分组讨论并回答以下问题： 参数调优还有其他办法吗	
3.2.8	分组任务	找到项目工程文件 SpamClassification.py 中与代码块 3-23 类似的代码，分组讨论并回答以下问题： 1. 这个函数在何处调用？如何调用？ 2. 简述超参优化的基本思路	

【任务小结】

模型训练、评估及调优3个操作并不是一次性的操作过程，通常需要循环往复不断才能得到最优的模型效果。

3-3 模型应用

【任务要求】

经过数据分析及预处理以及模型构建、评估及调优后，可以得到一个相对适合邮件分类的分类模型。接下来就可以试着应用该模型来进行分类操作了。

模型应用主要分为两个子任务，一是数据准备，二是数据预测。

【任务实施】

1. 数据准备

要运用模型进行预测的数据需要与模型构建时使用的数据相一致，包括数据预处理的方法都应该一致。因此只需要使用之前任务中的数据预处理及词向量化相应的操作再重新做就可以了。

具体实现代码如代码块3-24所示。

```
#代码块3-24
# 数据加载与预处理
self.load_pre_data()
print("预测邮件为:\n\t", "\n\t".join(self.features_predict))
# 词向量化
self.vectoring()
```

2. 数据预测

数据预测使用的函数为scikit-learn库中自带的函数predict()。

假设现在有已经训练好的模型model，需要预测的数据为data，预测的具体实现代码如代码块3-25所示。

```
#代码块3-25
pre = model.predict(data)
```

其中，data作为参数传到predict()函数中，pre为预测结果，通常为列表形式，可以直接打印出来。

在本项目中，提供了两个邮件应用模型进行分类操作，两类邮件存放在项目文件夹中，路径分别为："data/000"和"data/122"，分类后的结果符合实际情况。

任务清单 3-3-1

序号	类别	操作内容	操作过程记录
3.3.1	分组任务	找到项目工程文件 SpamClassification.py 中与代码 3-24、代码 3-25 类似的代码，并进行对比。分组讨论并回答以下问题： 1. 这两组代码有何区别，是否能实现同一效果？ 2. 如何查看预测的结果	
3.3.2	个人任务	准备两封邮件，使用训练好的模型进行预测，查看结果是否正确	

【任务小结】

本项目只采用了 148 封邮件进行模型训练，数据量较小，预测的准确率有待提高，预测得到的结果有一定的概率是错误的。若想提高准确率可以增加训练数据集的数据量，且持续优化模型。

学习评价

任务	客观评价 （40%）	主观评价（60%）			
		组内互评 （20%）	学生自评 （10%）	教师评价 （15%）	企业专家评价 （15%）
3-1					
3-2					
3-3					
合计					

根据 3 个任务的完成度进行学习评价，评价依据为：

● 客观评价（40%）：完成个人任务代码并运行成功可获得此项分数。

● 主观评价——组内互评（20%）：由同组组员依据分组任务完成情况及个人在小组中的贡献进行评分。

● 主观评价——学生自评（10%）：个人对自己的学习情况进行评价。

● 主观评价——教师评价（15%）：教师根据学生学习情况及课堂表现进行评价。

● 主观评价——企业专家评价（15%）：企业专家根据学生代码完成度及规范性进行评价。

项目4

基于回归的区域房屋出租价格评估

日常生活经常会遇到需要对某些问题进行精确地数值预测的情况，比如在天气预报工作中，需要通过各种属性来预测出第二天的气温；在二手车销售行业，需要通过综合分析车况进行二手车价格评估；在金融领域，需要根据用户的资金账户及消费情况进行贷款额度评估。与分类问题不同，这类问题需要给出的结论不是离散的几类判定，而是连续性的数据。

预测是构建一个两种或者两种以上变量间相互依赖的函数模型，基于已有的数据模式来确定将来某种行为某个时间发生的可能性，目的就是利用过去已有的知识和发生过的事情来更好地了解未来趋势。预测的数据对象是连续取值的，需要预测对象的属性值也是连续的、有序的、具体的数值。预测的整个过程也包括数据分析及预处理、模型构建、模型应用。本项目以区域房屋出租价格预测为例开展实战操作。

学习目标

知识目标

◆ 能简述数据统计分析、数据清洗、相关分析、属性归约、数据规范化等数据分析及预处理技术的基本思路。
◆ 能说出结构化数据及非结构化数据数据划分工作的区别。
◆ 能列举并简述常用的基于回归算法的数据挖掘模型及其基本工作思路。
◆ 能列举并简述基于回归算法的数据挖掘模型常用的评估指标及其基本评估方式。
◆ 能概括基于回归算法的数据分析和挖掘工作流程及关键技术。

技能目标

◆ 能够应用数据统计分析、数据清洗、相关分析、属性归约、数据规范化等技术对数据进行分析、探索及预处理。
◆ 能够应用scikit-learn库自带数据集划分工具进行结构化数据的划分。
◆ 能够应用线性回归、决策树、随机森林、梯度提升、SVR-支持向量回归等常用的回归算法开展数据挖掘工作。
◆ 能够应用R^2及均方误差对基于回归算法的数据挖掘模型进行评估，判断模型的适用性。
◆ 能够灵活运用各项技术开展基于回归算法的数据分析和挖掘工作。

素养目标

◆ 培养探索和发现问题的能力，提升解决问题的能力和创新意识。
◆ 注重学习方法，学会从不同的角度观察现实生活和思考问题本质。
◆ 培养脚踏实地坚守岗位，认真用心做好工作，遵守编码规范的理念。

项目背景

随着我国经济的快速发展，住房商品化、城市现代化进程日益加快，房地产行业也得到了飞速的发展。房屋租赁市场作为房地产市场中重要组成部分，在给持续过热的房地产价格"降温"的同时，也缓解了大部分有住房需求但暂无购房能力者的压力。但当前大众关注的焦点主要集中于房屋买卖市场，而对房屋租赁市场研究，尤其是租金价格预测方面的研究则十分缺乏。在面对复杂多元的房屋租赁市场和居民逐渐多样化个性化的居住需求时，运用科学的方法对住房租赁价格进行测定，帮助求租者高效快速找到满足自身需求的住房，同时为城市改造提供方向指引。

自古以来，预测能力一直是人们所期望的能力之一，而大数据预测则是大数据的一个核心应用。借助历史信息预测未来，恰是大数据的魅力所在。大数据预测是对已经记录下来的历史数据进行分析，结合数学模型，对未来进行预测。预测是大数据最典型、最直观的价值。未来，大数据应用将更深层次地渗透到生活的方方面面，准确预测需求，防范未来出现的问题。数据挖掘企业使用工具和流程来帮助企业预测未来趋势并做出决策。数据挖掘能够帮助人们能够快速评估大

微课 4-1：
数据挖掘中
的回归问题

量数据，并使用这些信息构建风险模型、提高产品安全性并检测欺诈，其信息化重要内容对社会发展科学决策发挥着至关重要的作用。

本项目使用的数据集记录了某市各居住区域与居民生活息息相关的指标及其房屋租赁价格，指标涵盖交通出行、生活便利、教育等各方面，共计11项。项目对相关指标数据进行分析和预处理后利用不同的预测算法进行训练，得出数据中存在的规律并生成模型，然后应用模型来完成房屋租赁价格的预测。

工作流程

区域房屋出租价格预测项目的工作主要分为数据分析及预处理、模型构建和模型应用3个任务，工作流程如图4-1所示。

数据分析和预处理阶段对项目所用数据进行浏览、加载、清洗、相关分析、属性归约、数据规范化及数据划分操作。

模型构建阶段首先对模型进行定义，然后进行模型训练及模型评估，通过模型评估后可以找到最适合项目的模型加以应用。

模型应用阶段使用已经训练好的模型对新的数据进行预测，这个过程包括数据规范化及模型预测，本项目中用以进行预测的新数据只有归约后的属性，且没有数据，因此在预测前只需要进行数据规范化这项工作。

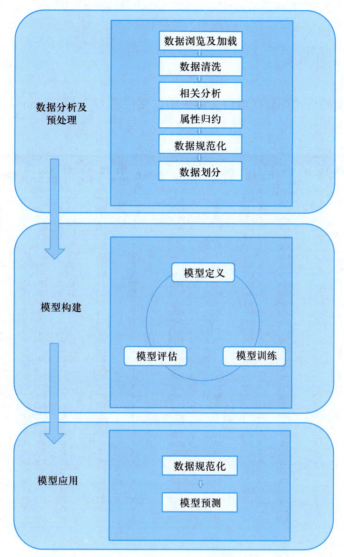

图 4-1　工作流程图

4-1　数据分析及预处理

【任务要求】

对数据集进行浏览及加载后，采用程序对数据集进行数据清洗、数据特征探索、异常数据处理、数据划分、数据归一化等操作，为之后的数据挖掘奠定基础。

【任务实施】

1. 数据浏览及加载

（1）数据浏览

数据集以 CSV 的格式存放在项目文件夹中，文件名为"ch4_data.csv"，具体内容如图 4-2 所示。

	A	B	C	D	E	F	G	H	I	J	K	L
1	区域内商业活动指数	是否开发区	停车便利指数	物业评价	非自持物业计划	通勤便利性指数	交通指数	适龄儿童与小学比例	与大型商业中心的加权距离	流动人口与固定人口的比例	房龄均值	单位面积租金
2	2.31	0	0.538	6.009		6.09	1	299	13.3	350.9	4.18	22
3	2.31	0	0.538	6.575	65.2	4.09	1	296	15.3	396.9	4.98	24
4	2.31	0	0.538	6.575	65.2	4.09	1	296	15.3	396.9	4.98	24
5	7.07	0	0.469	6.421	78.9	4.9671	2	242	17.8	396.9	9.14	21.6
6	7.07	0	0.469	7.185	61.1	4.9671	2	242	17.8	392.83	4.03	34.7
7	2.18	0	0.458	6.998	45.8	6.0622	3	222	18.7	394.63	2.94	33.4
8	2.18	0	0.458	7.147	54.2	6.0622	3	222	18.7	396.9	5.33	36.2
9	2.18	0	0.458	6.43	58.7	6.0622	3	222	18.7	394.12	5.21	28.7
10	7.87	0	0.524	6.012	66.6	5.5605	5	311	15.2	395.6	12.43	22.9
11	7.87	0	0.524	6.172	96.1	5.9505	5	311	15.2	396.9	19.15	27.1
12	7.87	0	0.524	5.631	100	6.0821	5	311	15.2	386.63	29.93	16.5
13	7.87	0	0.524	5.604	85.9	6.5921	5	311	15.2	386.71	17.1	18.9
14	7.87	0	0.524	5.377	94.3	6.3467	5	311		392.52	20.45	15
15	7.87	0	0.524	5.609	82.9	6.2267	5	311	15.2	396.9	13.27	18.9
16	7.87	0	0.524	5.889	39	5.4509	5	311	15.2	390.5	15.71	21.7
17	8.14	0	0.538	5.949	61.8	4.7075	4	307	21	396.9	8.26	20.4
18	8.14	0	0.538	5.696	84.5	4.4619	4	307	21	380.02	10.26	18.2
19	8.14	0	0.538	5.834	56.5	4.4986	4	307	21	395.62	8.47	19.9
20	8.14	0	0.538	5.935	29.3	4.4986	4	307	21	386.85	6.58	23.1
21	8.14	0	0.538	5.69	81.7	4.2579	4	307	21	386.75	14.67	17.5
22	8.14	0	0.538	5.856	36.6	3.7965	4	307	21	288.99	11.69	20.2
23	8.14	0	0.538	5.727	69.5	3.7965	4	307	21	390.95	11.28	18.2
24	8.14	0	0.538	5.57	98.1	3.7979	4	307	21	376.57	21.02	13.6
25	8.14	0	0.538	5.965	89.2	4.0123	4	307	21	392.53	13.83	19.6
26	8.14	0	0.538	5.442	91.7	3.9769	4	307	21	396.9	18.72	15.2
27	8.14	0	0.538	5.413	100	4.0952	4	307	21	394.54	19.88	14.5
28	8.14	0	0.538	5.424	94.1	4.3996	4	307	21	394.33	16.3	15.6
29	8.14	0	0.538	5.499	85.7	4.4546	4	307	21	303.42	16.51	13.9
30	8.14	0	0.538	5.813	90.3	4.682	4	307	21	376.88	14.81	16.6
31	8.14	0	0.538	5.447	88.8	4.4534	4	307	21	306.38	17.28	14.8
32	8.14	0	0.538	5.695	94.4	4.4547	4	307	21	387.94	12.8	18.4
33	8.14	0	0.538	6.074	87.3	4.239	4	307	21	380.23	11.98	21
34	8.14	0	0.538	5.113	94.1	4.233	4	307	21	360.17	22.6	12.7
35	8.14	0	0.538	5.372	100	4.175	4	307	21	376.73	13.04	14.5
36	8.14	0	0.538	5.25	82	3.99	4	307	21	232.6	27.71	13.2
37	8.14	0	0.538	5.201	95	3.7872	4	307	21	358.77	18.35	13.1

图 4-2　数据浏览

数据共包含 12 个属性。前 11 个属性是与租房价格相关的指标，为输入属性，也称为特征值；最后一个属性是区域单位面积租房价格的平均值，为输出属性，也称为目标值。12 个属性分别对应的含义见表 4-1。

表 4-1　区域房屋出租价格预测数据集属性说明

属性名	属性说明
区域内商业活动指数	零售、外卖、餐饮等商业活动活跃度指数
是否开发区	是否属于新业产业开发区
停车便利指数	停车位及车辆保有量等停车便利程度相关指数
物业评价	居民对物业服务的综合评价分数
非自持物业比例	非开发商自持物业的比例

续表

属性名	属性说明
通勤便利性指数	与主要就业中心距离指数
交通指数	公交车、地铁等公共交通便利性指数
适龄儿童与小学比例	适龄儿童与小学比例
与大型商业中心的加权距离	与市内各综合大型商业中心的加权距离
流动人口与固定人口比例	人口构成比例
房龄均值	房龄均值
单位面积租金	单位面积租房价格平均值

（2）数据加载

将数据集加载到项目中才能进行处理及挖掘，具体操作如代码块4-1所示。

```
# 代码块4-1
    def load_explor_data(self, path="ch4_data.csv"):
        self.data = pd.read_csv(path, encoding="utf-8")
```

（3）数据预览

数据加载完成后需要对数据进行预览了解数据集的概貌、行列数、数据类型等。具体操作代码如代码块4-2所示。

```
# 代码块4-2
print(self.data.head(5)) # 显示数据前5行
print(self.data.tail(5)) # 显示数据后5行
print(self.data.shape) # 显示数据的行列数
print(self.data.info()) # 显示数据的基本信息
```

运行结果如图4-3～图4-6所示。

	区域内商业活动指数	是否开发区	停车便利指数		物业评价	非自持物业计划	通勤便利性指数	交通指数	适龄儿童与小学比例
0	2.31	0	0.538	6.009	NaN	6.0900	1	299	
1	2.31	0	0.538	6.575	65.2	4.0900	1	296	
2	2.31	0	0.538	6.575	65.2	4.0900	1	296	
3	7.07	0	0.469	6.421	78.9	4.9671	2	242	
4	7.07	0	0.469	7.185	61.1	4.9671	2	242	

	与大型商业中心的加权距离	流动人口与固定人口的比例	房龄均值	单位面积租金
0	13.3	350.90	4.18	22.0
1	15.3	396.90	4.98	24.0
2	15.3	396.90	4.98	24.0
3	17.8	396.90	9.14	21.6
4	17.8	392.83	4.03	34.7

图 4-3　数据的前 5 行

	区域内商业活动指数	是否开发区	停车便利指数		物业评价	非自持物业计划	通勤便利性指数	交通指数	适龄儿童与小学比例	\
503	11.93	0	0.573	6.593	69.1	2.4786	1	273		
504	11.93	0	0.573	6.120	76.7	2.2875	1	273		
505	11.93	0	0.573	6.976	91.0	2.1675	1	273		
506	11.93	0	0.573	6.794	89.3	2.3889	1	273		
507	11.93	0	0.573	6.030	80.8	2.5050	1	273		

	与大型商业中心的加权距离	流动人口与固定人口的比例	房龄均值	单位面积租金
503	21.0	391.99	9.67	22.4
504	21.0	396.90	9.08	20.6
505	21.0	396.90	5.64	23.9
506	21.0	393.45	6.48	22.0
507	21.0	396.90	7.88	11.9

图 4-4　数据的后 5 行

```
<class 'pandas.core.frame.DataFrame'>
RangeIndex: 508 entries, 0 to 507
Data columns (total 12 columns):
区域内商业活动指数          508 non-null float64
是否开发区              508 non-null int64
停车便利指数            508 non-null float64
物业评价              508 non-null float64
非自持物业计划           507 non-null float64
通勤便利性指数           508 non-null float64
交通指数              508 non-null int64
适龄儿童与小学比例         508 non-null int64
与大型商业中心的加权距离      508 non-null float64
流动人口与固定人口的比例      508 non-null float64
房龄均值              508 non-null float64
单位面积租金            508 non-null float64
dtypes: float64(9), int64(3)
memory usage: 47.7 KB
None
```

(508, 12)

图 4-5　数据的行列数　　　　　　图 4-6　数据的基本信息

从图 4-6 中可以获取数据的基本信息，包括该数据集的类型是 DataFrame、索引是从 0 到 507、一共有 12 列以及每列的名字、每列中有多少个非空的值以及数据类型、内存使用情况。

（4）统计量分析

统计量分析可分为集中趋势度量分析及离中趋势度量分析。

1）集中趋势度量

① 均值。均值是所有数据的平均值。作为一个统计量，均值对极端值很敏感。如果数据中存在极端值或者数据是偏态分布的，那么均值就不能很好地度量数据的集中趋势。为了消除少数极端值的影响，可以使用截断均值或者中位数来度量数据的集中趋势。截断均值是去掉高、低极端值之后的平均数。

② 中位数。中位数是将一组观察值按从小到大的顺序排列，位于中间的那个数据，即在全部数据中，小于和大于中位数的数据个数相等。

③ 众数。众数是指数据集中出现最频繁的值。众数并不经常用来度量定性变量的中心位置，更适用于定性变量。众数不具有唯一性。当然，众数一般用于离散型变量而非连续型变量。

2）离中趋势度量

① 极差。极差的计算公式如下：

$$极差 = 最大值 - 最小值$$

极差对数据集的极端值非常敏感，并且忽略了位于最大值与最小值之间的数据是如何分布的。

② 标准差。标准差用于度量数据偏离均值的程度，计算公式如下：

$$s = \sqrt{\frac{\sum\left(x_i - \overline{x}\right)^2}{n}}$$

③ 四分位间距。把所有数值由小到大排列并分成四等份，处于三个分割点位置的数值就是四分位数。第三、四分位数与第一、四分位数的差距又称四分位间距（Inter Quartile Range，IQR）。

pandas库提供了许多常用的统计分析函数，见表4-2。

表4-2　常用统计分析函数

函数名称	说明
sum()	计算和
mean()	计算平均值
median()	获取中位数
max()、min()	获取最大值、最小值
idxmax()、idxmin()	获取最大、最小索引值
count()	计算非 NaN 值的个数
head()	获取前 N 个值
var()	求样本值的方差
std()	求样本值的标准差
skew()	求样本值的偏度（三阶矩）
kurt()	求样本值的峰度（四阶矩）
cumsum()	求样本值的累计和
cummin、cummax()	样本值的累积最小值、累积最大值
cumprod()	求样本值的累计积
describe()	对 Series 和 DataFrame 列计算汇总统计

本项目使用了describe()函数进行了简单的统计量分析，具体操作代码如代码块4-3所示。

```
#代码块 4-3
print(self.data.describe())
```

运行结果如图4-7所示。

```
        区域内商业活动指数    是否开发区    停车便利指数    物业评价    非自持物业计划    通勤便利性指数  \
count  508.000000  508.000000  508.000000  508.000000  507.000000  508.000000
mean    11.102028    0.068898    0.554629    6.268522   68.568245    3.800141
std      6.869128    0.253530    0.115654    0.723051   28.121432    2.104057
min      0.460000    0.000000    0.385000    3.561000    2.900000    1.129600
25%      5.130000    0.000000    0.449000    5.855500   45.050000    2.100525
50%      9.690000    0.000000    0.538000    6.194000   77.300000    3.215700
75%     18.100000    0.000000    0.624000    6.616500   94.050000    5.212575
max     27.740000    1.000000    0.871000    8.929000  100.000000   12.126500

             交通指数  适龄儿童与小学比例  与大型商业中心的加权距离  人口构成比例      房龄均值  \
count  508.000000  508.000000    508.000000    508.000000  508.00000
mean     9.515748  407.801181     18.439173    356.741850   12.62128
std      8.706577  168.347561      2.177222     91.132466    7.14495
min      1.000000  187.000000     12.600000      0.320000    1.73000
25%      4.000000  279.000000     17.225000    375.300000    6.91500
50%      5.000000  330.000000     19.000000    391.440000   11.33000
75%     24.000000  666.000000     20.200000    396.232500   16.94500
max     24.000000  711.000000     22.000000    396.900000   37.97000

           单位面积租金
count  508.000000
mean    23.162008
std     16.849427
min      5.000000
25%     17.075000
50%     21.200000
75%     25.000000
max    341.000000
```

图 4-7 对数据集计算汇总统计的结果

在图4-7中，分别计算了每列非空值的个数、均值、标准差、最小值、四分位数、中位数和最大值。

任务清单 4-1-1

序号	类别	操作内容	操作过程记录
4.1.1	分组任务	打开数据集源文件，观察并讨论如下问题： 前 11 个属性分别对租金报价有何影响	
4.1.2	分组任务	在项目工程文件 RentPriceForecast.py 中寻找代码块 4-1、4-2、4-3 中的代码段，结合项目中的前几段代码对其进行阅读及理解。分组讨论并回答以下问题： 1. 代码块中的 self 是在何处定义的？有何作用？ 2. pd 在何处定义？有何作用？	
4.1.3	个人任务	在项目工程中新建 Python 代码文件并命名为 exc04.py，参考 RentPriceForecast.py 中相应的代码，完成综合预测任务中的数据加载及探索任务。具体要求如下： 1. 加载数据 score.xlsx。 2. 查看加载后的数据集。 3. 查看数据集的行数和列数。 4. 对数据集的前 5 行和后 5 行数据进行概览。 5. 查看数据集的基本信息。 6. 使用 describe() 函数对数据集进行简单的统计量分析	

2. 数据清洗

数据清洗的主要工作是删除原始数据集中的无关数据、重复数据，平滑噪声数据，筛选掉与挖掘主题无关的数据，处理缺失值、异常值等。其中缺失值、重复值、异常值的处理是最常见的操作。

（1）缺失值检测及处理

数据的缺失主要包括记录的缺失和记录中某个字段信息的缺失，两者都会造成分析结果不准确。对缺失值的分析主要从两方面进行，一是使用简单的统计分析，可以得到含有缺失值的属性的个数以及每个属性的未缺失数、缺失数与缺失率等；二是使用pandas库自带的isnull()、isna()、notnull()和notna()4种方法来检测缺失值。

处理缺失值的方法可分为删除缺失值、数据插补和不处理3类。

1）删除缺失值

① 成列删除。将存在遗漏信息属性值的样本（行）或特征（列）删除，即删除掉所有存在缺失值的个案，从而得到一个完整的数据表。特点是简单、样本减少、拟合能力减弱。优点是简单易行，在对象有多个属性缺失值、被删除的含缺失值的对象与初始数据集的数据量相比较小的情况下非常有效；缺点是当缺失数据所占比例较大，特别当遗漏数据非随机分布时，这种方法可能导致数据发生偏离，从而引出错误的结论。

② 成对删除。在进行多变量的联立时，只删除掉需要执行的变量的缺失数据。例如在A、B、C3个变量间，需要计算A和C的协方差，那么只有同时具备A/C的数据会被使用。特点是保留更多的样本，不同的变量使用大小不同的样本集。在重要变量存在的情况下，成对删除只会删除相对不重要的变量行。这样可以尽可能保证充足的数据。该方法的优势在于它能够帮助增强分析效果，但是使用此方法，最终模型的不同部分就会得到不同数量的观测值，从而使得模型解释非常困难。

2）数据插补

① 平均值、中值（定量属性）、众数（定性属性）填充：根据属性值的类别，用属性取值的平均数/中位数/众数进行插补。

② 使用固定值：将缺失的属性值用一个常量替换。例如一个务工人员的"基本工资"属性的空缺值可以用前一年务工人员工资标准替换，该方法就是使用固定值。

③ 最近临插补：在记录中找到与缺失样本最接近的样本的该属性值插补。

④ 回归方法：对带有缺失值的变量，根据已有数据和与其有关的其他变量的数据建立拟合模型来预测缺失的属性值。

⑤ 插值法：插值法是利用已知点建立合适的插值函数$f(x)$，未知值由对应点x_i求出的函数值$f(x_i)$近似代替。

3）保留缺失值

如果简单地删除小部分记录就能达到既定的目标，那么删除含有缺失值的记录这种方法是最有效的。然而，这种方法却有很大的局限性。它是以减少历史数据来换取数据的完备，会造成资源的大量浪费，丢弃了大量隐藏在这些记录中的信息。尤其在数据集本来就包含很少记录的情况下，删除少量记录就可能严重影响分析结果的客观性和正确性。一些模型可以将缺失值视作一种特殊的取值，允许直接在含有缺失值的数据上进行建模。

本项目处理缺失值的代码如代码块4-4所示。首先，使用.isnull().sum()检测该数据集中的空值量是多少，然后使用dropna()函数移除存在空值的行。

```
#代码块4-4
def del_null(self):
    print("【特征值与目标值中是存在空值】")
    print(pd.DataFrame(self.data.isnull().sum(), columns=
["空值量"]))
    print("原始数据记录:", self.data.shape[0])
    self.data.dropna(inplace=True)   # 移除存在空值的行
    print("已将空值记录删除，剩余记录:", self.data.shape[0])
```

运行结果如图4-8所示。

从图4-8中可以看出只有"非自持物业计划"这一列有一个空值，其他列都没有空值，所以对仅有的一个空值进行删除处理。原始数据记录一共有508个，删除掉那一个空值之后，就只剩507个了。

（2）重复值检测及处理

数据集中的重复值包括以下两种情况：一是数据值完全相同的多条数据记录，这是最常见的数据重复情况；二是数据主体相同但匹配到的唯一属性值不同，这种情况多见于数据仓库中的变化维度表，同一个事实表的主体会匹配同一个属性的多个值。通常使用pandas库中自带的重复值检测函数duplicated()进行重复值检测。

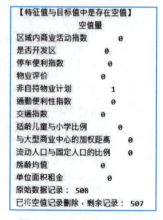

图 4-8   缺失值处理结果

在数据预处理时，去重是处理重复值的主要方法，即所有字段完全相同的重复值，一般直接删除。其主要目的是保留能显示特征的唯一数据记录。

值得注意的是，以下任意一种场景都不宜直接去重：

① 重复的记录用于分析演变规律。通过重复的记录可以知道数据的演变情况。

② 重复的记录用于样本不均衡处理。在样本不均衡的分类问题中，可能会采用随机采样方法简单复制少样本的数据，导致重复的记录。

③ 重复的记录用于检测业务规则问题。重复数据可能意味着重大运营规则问题，尤其当这些重复值出现在业务场景中，如重复的订单、重复的充值、重复的预约项、重复的出库申请等。

在本项目中处理重复值的代码如代码块4-5所示。直接使用了drop_duplicates()函数删除了重复值。

```
#代码块 4-5
    def del_duplicate(self):
        """删除重复值"""
        self.data.drop_duplicates(inplace=True)  # 移除重复的行
        print("已将重复记录删除，剩余记录:", self.data.shape[0])
```

执行结果如图4-9所示。

已将**重复记录删除**，剩余记录：　506

图 4-9　处理重复值的结果图

（3）异常值检测及处理

异常值是指样本中的个别值，其数值明显偏离其他的观测值。异常值也称为离群点，异常值分析也称为离群点分析。具体方法如下。

① 简单统计量分析。在进行异常值分析时，可以先对变量做一个描述性统计，进而查看哪些数据是不合理的。最常用的统计量是最大值和最小值，用来判断这个变量的取值是否超出了合理范围。如客户年龄的最大值为199岁，则判断该变量的取值存在异常。

② 3σ原则。如果数据服从正态分布，在3σ原则下，异常值被定义为一组测定值中与平均值的偏差超过3倍标准差的值。在正态分布的假设下，距离平均值3σ之外的值出现的概率为$P(|x-\mu|>3\sigma) \le 0.003$，属于极个别的小概率事件。如果数据不服从正态分布，也可以用远离平均值的标准差倍数来描述。

③ 箱形图分析。箱形图提供了识别异常值的一个标准：异常值通常被定义为小于QL-1.5IQR 或大于 QU+1.5IQR 的值。QL 称为下四分位数，表示全部观察值中有1/4的数据取值比它小；QU 称为上四分位数，表示全部观察值中有1/4的数据取值比它大；IQR 称为四分位数间距，是上四分位数 QU 与下四分位数 QL 之差，其间包含了全部观察值的一半。

箱形图依据实际数据绘制，对数据没有任何限制性要求，如服从某种特定的分布形式，它只是真实直观地表现数据分布的本来面貌。另一方面，箱形图判断异常值的标准以四分位数和四分位距为基础，四分位数具有一定的稳健性，多达25%的数据可以变得任意远而不会严重扰动四分位数，所以异常值不能对这个标准施加影响。由此可见，箱形图识别异常值的结果比较客观，在识别异常值方面有一定的优越性，如图4-10所示。

在数据预处理时，异常值是否剔除须视具体情况而定，因为有些异常值可能蕴含着有用的信息。异常值处理的常用方法如下。

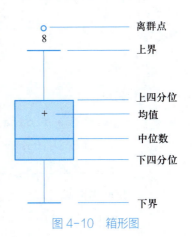

图 4-10　箱形图

- 删除含有异常值的记录：输入误差、数据处理误差。
- 转换：数据转换，比如数据取对数会减轻由极值引起的变化。
- 填充：平均值、中值或其他填补方法。
- 视为缺失值：将异常值视为缺失值，利用缺失值处理的方法进行处理。
- 不处理：直接在具有异常值的数据集上进行挖掘建模。

将含有异常值的记录直接删除，这种方法简单易行，但缺点也很明显，在观测值很少的情况下，直接删除会造成样本量不足，可能会改变变量的原有分布，从而造成分析结果不准确。缺失值处理的好处是可以利用现有变量的信息，对异常值(缺失值)进行填补。

很多情况下，要先分析异常值出现的可能原因，再判断异常值是否应该舍弃。如果是正确的数据，可以直接在具有异常值的数据集上进行挖掘建模。

本项目为"单位面积租金"属性提供了两种异常值检测及处理方法。

一是采用箱形图对数据集开展初步的异常值检测，将上四分位数及下四分位数差值的1.5倍设定为上界和下界，超出上界和下界的数据都视为异常值，箱形图绘制结果如图4-11所示。通过图可知有很多数据超过上界，需要通过重置索引删除异常值所在记录行。具体操作代码如代码块4-6所示，运行结果如图4-12所示。

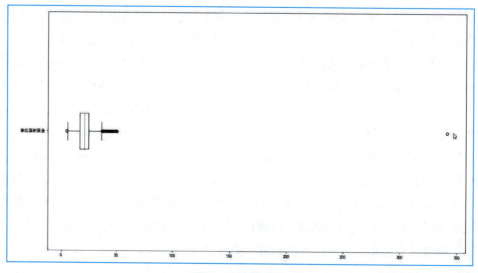

图 4-11　箱形图

```
#代码块4-6
    print(self.data,self.data.columns.to_list())
    plt.figure(figsize=(18, 10))
    plt.boxplot(self.data['单位面积租金'], vert=False, labels=['单
    位面积租金'])
    plt.show()
```

```
# 计算【单位面积租金】列的异常值
q1 = self.data["单位面积租金"].quantile(0.25)
q3 = self.data["单位面积租金"].quantile(0.75)
lower = q1 - 1.5 * (q3 - q1)
higher = q3 + 1.5 * (q3 - q1)
print(lower, higher)
del_flag = (self.data["单位面积租金"] <= higher) & (self.data["
单位面积租金"] >= lower)
self.data = self.data[del_flag]
print("已将异常记录删除，剩余记录:", self.data.shape[0])
```

已将异常记录删除，剩余记录： 465

图 4-12   使用箱形图删除异常值

二是采用设置阈值的方法，阈值设定为 >300，即超过 300 的数据视为异常数据，同样通过重置索引删除异常值所在记录行。具体的操作代码如代码块 4-7 所示。

```
#代码块 4-7
del_flag = self.data【"单位面积租金"】< 300
self.data = self.data[del_flag]
print("已将异常记录删除，剩余记录:", self.data.shape[0])
```

结果如图 4-13 所示。

已将异常记录删除，剩余记录： 505

图 4-13   使用设置阈值删除异常值

从操作结果看，使用两种不同的方式检测及删除的异常值数量是不一样的，箱形图检测到并删除数据 41 条，阈值法检测到并删除数据 1 条。可见使用不同的方法进行异常值清理会得到不同的结果，应用中应根据实际情况选择合适的方法。

任务清单 4-1-2

序号	类别	操作内容	操作过程记录
4.1.4	分组任务	在项目工程文件 RentPriceForecast.py 中寻找代码块 4-4、代码块 4-5、代码块 4-6 中的代码段。分组讨论并回答以下问题： 1. 在 pandas 中是否有检测重复值的工具？如何应用？ 2. 本项目设计了两种异常值处理方法，在代码中如何最终选定应该用哪种方法？	

续表

序号	类别	操作内容	操作过程记录
4.1.5	个人任务	在项目工作文件 exc04.py 上添加代码，完成以下操作： 1. 检测并处理空值 2. 检测并处理重复值 3. 以 >100 为阈值，检测并处理各科成绩的异常值	

3. 相关分析

本项目中 11 项特征值与目标值的相关度大小不同，对租房价格的影响也有不同，为了提高模型训练准确率和效率需要进行相关性分析，将相关度较小的特征值剔除，保留与目标值相关性较大的特征值。

微课 4-2：
相关分析

（1）使用散点图进行相关分析

判断两个变量是否具有线性相关关系最直观的方法是直接绘制散点图，如图 4-14 所示。

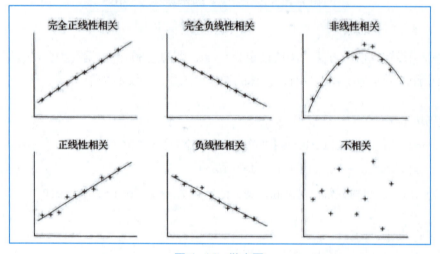

图 4-14　散点图

在项目中，也将通过散点图来观察特征值和目标值之间的关系，如代码块 4-8 所示。

```python
#代码块4-8
plt.figure(figsize=(18, 10))
plt.grid()
print("【特征值与目标值之间的相关系数如下】")
for i, col_name in enumerate(self.data.columns.tolist()[:-1]):
    plt.subplot(3, 5, i + 1)
    plt.scatter(self.data[col_name],
            self.data["单位面积租金"], s=5)   # s为点的大小
    plt.title(col_name)
```

```
print("{:>12} 与 单位面积租金：{}".format(
    col_name, round(np.corrcoef(self.data[col_name],
    self.data["单位面积租金"])[0, 1], 3)))
```

执行结果如图4-15所示。

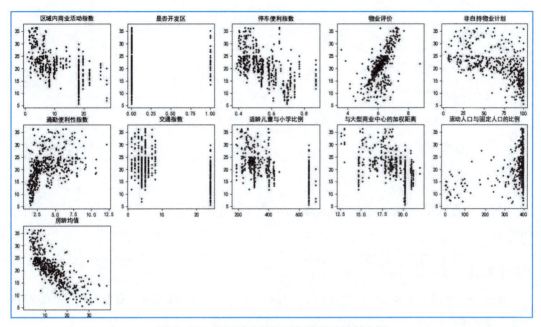

图 4-15　根据特征值和目标值所绘的散点图

从结果看来，"物业评价"与目标值有较明显的正相关，而"房龄均值"则与目标值有较明显的负相关。

（2）皮尔逊相关系数

相关系数可用来衡量两个变量之间的相关性的大小，根据数据满足不同条件，选择不同的相关系数进行计算和分析。

皮尔逊相关系数衡量随机变量X与Y线性相关程度的一种方法。注意：此时要求连续变量的取值服从正态分布。其计算公式如下所示。

$$r = \frac{\sum_{i=1}^{n}(x_i - \bar{x})(y_i - \bar{y})}{\sqrt{\sum_{i=1}^{n}(x_i - \bar{x})^2 \sum_{i=1}^{n}(y_i - \bar{y})^2}}$$

相关系数r的取值范围：$-1 \leq r \leq 1$。不同区域的r值呈现不同的线性关系。

$$\begin{cases} r>0为正相关关系，r<0为负相关关系 \\ |r| = 0表示不存在线性关系 \\ |r| = 1表示完全线性相关 \end{cases}$$

除此以外，不服从正态分布的变量、分类或等级变量之间的关联性可采用 Spearman 秩相关系数。

相关系数的取值范围是 $[-1,1]$。当 X 与 Y 线性相关时，相关系数取值为 1（正线性相关，即增长趋势相同）或 -1（负线性相关，即增长趋势相反）。总的来说，相关系数的绝对值越大，则表明 X 与 Y 相关度越高，相互影响程度越大，见表 4-3。

表 4-3　随机变量 X 与 Y 的相关系数

相关性	负	正
极弱相关或无相关性	$-0.2\sim0.0$	$0.0\sim0.2$
弱相关性	$-0.4\sim-0.2$	$0.2\sim0.4$
中相关性	$-0.6\sim-0.4$	$0.4\sim0.6$
强相关性	$-0.8\sim-0.6$	$0.6\sim0.8$
极强相关性	$-1.0\sim-0.8$	$0.8\sim1.0$

本项目中直接采用 pandas 库中的函数 corr() 直接计算皮尔逊相关系数。具体代码如代码块 4-9 所示。

```
#代码块 4-9
corr = self.data.corr(method='pearson')   # 使用皮尔逊系数计算列与列的
    相关性
```

代码运行结果如图 4-16 所示。

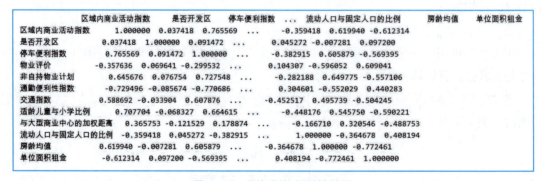

图 4-16　列与列的相关性结果

为了更直观表示属性间的相关关系，项目中还使用热力图将属性间的相关系数以图形化的形式表示。热力图是可视化库 seaborn 提供的一种图形，用于展示一组变量的相关系数矩阵。具体代码如代码块 4-10 所示。

```
#代码块 4-10
import seaborn as sns
_, ax = plt.subplots(figsize=(15, 10))   # 分辨率1200×1000
cmap = sns.diverging_palette(220, 10, as_cmap=True)
_ = sns.heatmap(
    corr,   # 使用pandas DataFrame数据,索引/列信息用于标记列和行
    cmap=cmap,   # 数据值到颜色空间的映射
    fmt='.2f',
    square=True,   # 每个单元格都是正方形
    cbar_kws={'shrink': .9},   # 'fig.colorbar'的关键字参数
    ax=ax,   # 绘制图的轴
    annot=True,   # 在单元格中标注数据值
    annot_kws={'fontsize': 12})   # 热力图,将矩形数据绘制为颜色编码矩阵
plt.show()
```

运行结果如图 4-17 所示。

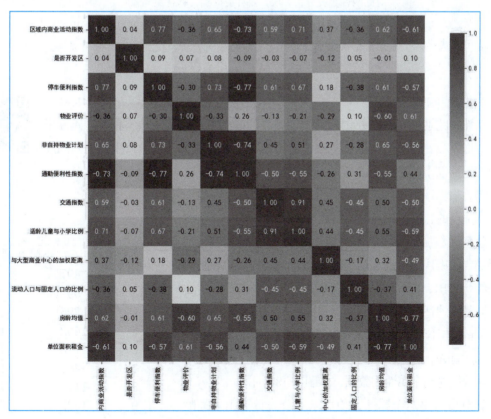

图 4-17　各个特征的相关系数

单位面积租金和每一个特征的相关系数：

区域内商业活动指数 =-0.61，负相关，呈中相关性；

是否开发区 =0.10，正相关，呈极弱相关性；

停车便利指数 =-0.57，负相关，呈中相关性；

物业评价 =0.61，正相关，呈强相关性；

非自持物业计划 =-0.56，负相关，呈中相关性；

通勤便利性指数 =0.44，正相关，呈中相关性；

交通指数 =-0.50，负相关，呈中相关性；

适龄儿童与小学比例 =-0.59，负相关，呈中相关性；

与大型商业中心的加权距离 =-0.49，负相关，呈中相关性；

流动人口与固定人口的比例 =0.41，正相关，呈中相关性；

房龄均值 =-0.77，负相关，呈强相关性。

任务清单 4-1-3

序号	类别	操作内容	操作过程记录
4.1.6	分组任务	在项目工程文件 RentPriceForecast.py 中寻找代码块 4-8、代码块 4-9。分组讨论并回答以下问题： 对比两种相关分析方法，哪种更准确，哪种更高效？	
4.1.7	个人任务	在项目工作文件 exc04.py 上添加代码，完成以下操作：采用皮尔逊相关系数结合热力图进行相关分析，找到与综合分相关性较大的特征	

4. 属性归约

属性归约通过属性合并创建新属性维数，或者通过直接删除不相关的属性来减少数据维数，从而提高数据挖掘的效率，降低计算成本。本项目中使用到的属性归约包括以下两项操作。

微课 4-3：
属性变换

（1）根据现有属性进行归约得到新的属性

本项目的特征值中有一些属性为综合性属性，需要使用一些基础数据计算得出，例如"区域内商业活动指数"需要综合零集店铺数据、店铺转手率、外卖日单数等基础数据综合算出，"适龄儿童与小学比例"这一属性需要通过计算区域内适龄儿童与小学数量的比例得出。下面将以"适龄儿童与小学比例"这一属性来详细讲解是如何合并属性的。首先，在最原始的数据集中，获取到了适龄儿童和小学数量这两个属性的数据，如图4-18所示。

针对目前这两个属性，使用以下公式计算出了适龄儿童与小学比例的属性值。

	A	B
1	适龄儿童	小学数量
2	897	3
3	592	2
4	296	1
5	1452	6
6	726	3
7	444	2
8	1110	5
9	1332	6

图 4-18   适龄儿童和小学数量的数据

$$适龄儿童与小学比例 = \frac{适龄儿童}{小学数量}$$

具体的实现代码如代码块4-11所示。

```
#代码块4-11
import pandas as pd
data_csv = pd.read_csv(r"./适龄儿童与小学比例.csv",engine='python',
    encoding="gbk")  # 读取刚才写入的文件
def get_bili(Chilren,school):
    return Chilren/school
data_csv['适龄儿童与小学比例']=data_csv.apply(lambda x:get_bili(x['
    适龄儿童'],x['小学数量']),axis=1)
print(data_csv)
```

合并属性之后的结果如图4-19所示。

在真正进行训练模型的时候，就不会使用"适龄儿童"和"小学数量"这两个属性了，而是直接使用"适龄儿童与小学比例"这一属性。

（2）删除相关不大的属性来减少数据维数

根据相关分析的结果所示，在众多属性中，"物业评价""房龄均值""区域内商业活动指数"3个特征对于房价的影响最大。因此，在这里就直接剔除掉了其他的无关特征。具体实现代码如代码块4-12所示。实现效果如图4-20所示。

```
#代码块4-12
self.data = self.data[['物业评价', '房龄均值', '区域内商业活动指数',
    '单位面积租金']]
print(self.data.info())
```

	适龄儿童	小学数量	适龄儿童与小学比例
0	299	1	299.0
1	592	2	296.0
2	1480	5	296.0
3	1210	5	242.0
4	968	4	242.0
5	1110	5	222.0
6	1332	6	222.0
7	444	2	222.0
8	1866	6	311.0
9	1555	5	311.0

图 4-19　合并属性之后的运行结果

```
Data columns (total 4 columns):
 #   Column          Non-Null Count   Dtype
---  ------          --------------   -----
 0   物业评价          465 non-null     float64
 1   房龄均值          465 non-null     float64
 2   区域内商业活动指数   465 non-null     float64
 3   单位面积租金        465 non-null     float64
dtypes: float64(4)
memory usage: 14.7 KB
```

图 4-20　属性归约后的数据信息

任务清单 4-1-4

序号	类别	操作内容	操作过程记录
4.1.8	个人任务	在项目工作文件 exc04.py 上添加代码，完成以下操作：根据相关分析结果进行属性归约，只保留相关性较大的 3 个特征	
4.1.9	个人任务	参考代码块 4-11，新建程序计算非自持物业比例，具体要求如下： 1. 从项目文件夹加载"非自持物业 .csv"。 2. 计算非自持物业比例，计算公式为：非自持物业比例 = 非自持物业个数 / 总物业个数。 3. 将结果输出到"非自持物业 .csv"	

5. 数据规范化

数据规范化又称数据标准化或数据归一化，它是数据挖掘的一项基础工作。不同评价指标往往具有不同的量纲，数值间的差别可能很大，不进行处理可能会影响数据分析的结果。为了消除指标之间的量纲和取值范围差异的影响，需要进行规范化处理，将数据按照比例进行缩放，使之落入一个特定的区域，便于进行综合分析，如将工资收入属性值映射到 [−1, 1] 或者 [0, 1] 内。

微课 4-4：
数据规范化

（1）零−均值规范化

零−均值规范化也称为标准差标准化，经过处理的数据的均值为 0，标准差为 1。其转化公式如下：

$$x^* = \frac{x - \bar{x}}{\delta}$$

其中，$\bar{x}$ 为原始数据的均值，δ 为原始数据的标准差。

零−均值规范化是当前用得最多的数据标准化方法。

（2）最小−最大规范化

最小−最大规范化也称为离差标准化，是对原始数据的线性变换，将数值映射到 [0，1] 区间。其转换公式如下：

$$x^* = \frac{x - \min}{\max - \min}$$

其中，max 为样本数据的最大值，min 为样本数据的最小值。max−min 为极差。离差标准化保留了原来数据中存在的关系，是消除量纲和数据取值范围影响的最简单的方法。这种处理方法的缺点是：若数值集中且某个数值很大，则规范化后各值会接近于 0，并且相差不大。若将来遇到超过目前属性 [min，max] 取值范围的时候，会引起系统出错，需要重新确定 min 和 max。

本项目数据集中各维属性的取值范围差别还是较大的，如属性"物业评价"的取值范围是 [3.561,8.929]，而属性"与大型商业中心的加权距离"的取值范围是 [12.6,22]，属性"房龄均值"的取值范围是 [1.73,37.97]。因此需要采用归一化操作，将各项属性的取值范围放缩到差不多的区间以提高模型运算的效率及精确度。

　　由于数据集中包括特征值和目标值，通常数据归一化只针对特征值开展，因此需要先将目标值剥离，进行归一化操作之后再将目标值连接回去。本项目的规范化的操作主使用scikit-learn库中的MinMaxScaler()函数进行。具体操作代码如代码块4-13所示。

```
#代码块4-13
from sklearn.preprocessing import MinMaxScaler
......
self.nor_scaler = MinMaxScaler()  # 初始化标准化器
......
def nor_data(self):
    """归一化数据"""
    cols_name = self.data.columns.tolist()[:-1]
    x = self.data[cols_name]
    self.data = pd.concat(
    [pd.DataFrame(self.nor_scaler.fit_transform(x), columns=cols_
    name),
    self.data["单位面积租金"]], axis=1)
```

　　运行结果如图4-21和图4-22所示，通过对比归一化前后的数据可以看出归一化后数据都缩到了[0，1]区间内。

	物业评价	房龄均值	区域内商业活动指数
0	6.575	4.98	2.31
1	6.421	9.14	7.07
2	7.185	4.03	7.07
3	6.998	2.94	2.18
4	7.147	5.33	2.18
5	6.430	5.21	2.18
6	6.012	12.43	7.87
7	6.172	19.15	7.87

图 4-21　归一化之前的数据

	物业评价	房龄均值	区域内商业活动指数	单位面积租金
0	0.561475	0.089680	0.067815	24.0
1	0.532787	0.204470	0.242302	21.6
2	0.675112	0.063466	0.242302	34.7
3	0.640276	0.033389	0.063050	33.4
4	0.668033	0.099338	0.063050	36.2
5	0.534463	0.096026	0.063050	28.7
6	0.456595	0.295254	0.271628	22.9
7	0.486401	0.480684	0.271628	27.1

图 4-22　归一化之后的数据

序号	类别	操作内容	操作过程记录
4.1.10	分组任务	学习数据归一化知识点并阅读代码块 4-9 中的代码段。分组讨论并回答以下问题： 1. 数据标准化、数据归一化、数据规范化所指是否一样？ 2. 零－均值规范化的实现方法是什么？是否有可以直接运用的工具？ 3. 综合分预测任务是否需要进行归一化，为什么？	

6. 数据集划分

将数据集分割为两份：一份用于进行模型的训练，另外一份用来测试。分割数据的比例要考虑两个因素：更多的训练数据会降低参数估计的方差，从而得到更可信的模型；而更多的测试数据会降低测试误差的方差，从而得到更可信的测试误差。

scikit-learn库自带了数据集划分的工具 train_test_split()。本项目中设置的训练数据及测试数据的比例为 7∶3。

具体代码如代码块 4-14所示。

```
#代码块 4-14
    def split_dataset(self, test_size=0.3):
        """

        划分数据集
        :param test_size: 测试集的占比
        :return:
        """
        self.x_train, self.x_test, self.y_train, self.y_test = \
            train_test_split(self.data[self.data.columns.tolist()
    [:-1]],
                    self.data["单位面积租金"],
                    test_size=test_size, random_state=42)X1_train, X1_
    test, Y_train,
```

x_train、x_test、y_train、y_test 4个变量就是划分后的数据集，其意义如下。

- x_train：用于训练的原始数据（特征数据）。
- x_test：用于评估或验证的原始数据（特征数据）。
- y_train：x_train对应的标签，即训练集中所对应的单位面积租金。
- y_test：x_test对应的标签，即测试集中所对应的单位面积租金。

序号	类别	操作内容	操作过程记录
4.1.11	个人任务	在项目工作文件 exc04.py 上添加代码，完成以下操作： 将数据集分割为训练集和测试集，比例为 75 : 25	

【任务小结】

　　本项目的数据集以表格的形式存储数据信息，为典型的结构化数据。与非结构化数据相比，结构化数据的实际应用范围更广更具有代表性。本任务中采用的数据分析方法可应用到大部分的结构化数据集中，当然在应用中需要根据实际情况有所调整。

4-2　模型构建

【任务要求】

　　完成数据探索及预处理后，就可以应用数据挖掘中常用的预测算法构建模型来开展数据挖掘了。在本任务中需分别使用线性回归、决策树回归、随机森林、SVR－支持向量回归等对处理后的数据集进行挖掘。任务分为模型构建、模型训练、模型评估 3 项子任务。

【任务实施】

1. 模型构建

（1）线性回归

1）线性模型

　　顾名思义，线性模型就是一个模型拟合的函数是线性的。线性模型既可以做回归任务，也可以做分类任务。线性模型形式简单、易于建模，许多功能更为强大的非线性模型都可以在线性模型的基础上通过引入层级结构或高维映射而得。

　　线性模型的基本形式：

微课 4-5：
线性回归

　　给定由 d 个属性描述的实例 $x = \begin{pmatrix} x_1 \\ x_2 \\ x_3 \\ \vdots \\ x_d \end{pmatrix}$，其中 x_i 是 x 在第 i 个属性上的取值，线性模型试图学得一个通过属性的线性组合来进行预测的函数，也就是通过所给的样本值来拟合这样一条曲线，即通过实际的 (x_i, y_i) 来求得参数 w 和 b 的过程，w 是权重参数，表示了对应特征的重要性，b 是偏置项，即

$$f(x) = w_1 x_1 + w_2 x_2 + ... + w_d x_d + b$$

写成向量形式，即

$$f(x) = w^T x + b$$

其中 $w = \begin{pmatrix} w_1 \\ w_2 \\ \vdots \\ w_d \end{pmatrix}$，学到参数 w 和 b 后，就能确定这个线性模型。

用机器学习的思想解释一下，首先利用训练数据集对模型的参数 w_i、b 进行学习，然后获取参数后进入测试，用一个新的样本在该模型上进行预测，已知新样本的属性 x 即可求出其对应的 y 值。

2）线性回归

给定数据集 $D=\{(x_1,y_1),(x_2,y_2),\cdots,(x_m,y_m)\}$，其中 $x_i = \begin{pmatrix} x_{i1} \\ x_{i2} \\ \vdots \\ x_{id} \end{pmatrix}$，$i$ 表示第 i 个样本，d 表示样本 i 对应的属性，y_n 表示样本的真实值。线性回归模型就是试着学得一个线性模型来尽可能地预测实值输出标记。通过最小化真实值和预测值之间的误差来确定最优的权重系数和偏置项。

这里要注意一个问题，就是属性之间是否存在序关系。

• 若属性值之间存在序关系，可通过连续化将其转换为连续值；如个子的高中低按有序排列对应 {1,0.5,0}。

• 若属性之间不存在序关系，假定属性值有 k 个，则通常转化为 k 维向量（One-Hot）；如瓜类的取值（黄瓜，西瓜，冬瓜），三类属性值转化为三维向量。

• 若规定取值（黄瓜，西瓜，冬瓜），那么比如冬瓜，对应位置标1，其余位置标0，进一步而言，可转化为冬瓜（0,0,1），西瓜（0,1,0），黄瓜（1,0,0）

离散属性的处理：若有"序"(order)，则连续化；否则，转化为 k 维向量。

3）单特征线性回归

接下来先来考虑输入属性的数目只有一个的简单情况，也就是单特征线性回归，先忽略属性的下标，则有 $D=\{(x_i,y_i)\}_{i=1}^m$，线性模型试图学得，即 $f(x_i) = wx_i + b$ 使得 $f(x_i) \approx y_i$。

到底该如何确定 w 和 b 呢？关键在于如何衡量预测值与真实值之间的差别，这里就是用到了前面介绍的"均方误差"，其实就是最小化均方误差。$w*,b*$ 为表示 w 和 b 的解，即

$$(w*,b*) = \underset{(w,b)}{\arg\min} \sum_{i=1}^m (f(x_i) - y_i)^2$$

$$= \underset{(w,b)}{\arg\min} \sum_{i=1}^m (y_i - wx_i - y_i)^2$$

4）多特征线性回归

再扩展到多个样本多个属性的情况下，也就是多特征学习，如刚开始给的数据集

$D=\{(x_1,y_1),(x_2,y_2),\cdots,(x_m,y_m)\}$，有 m 个样本，样本有 d 个属性，

$$D=\begin{bmatrix} x_{11} & x_{12} & \cdots & x_{1d} \\ x_{21} & x_{22} & \cdots & x_{2d} \\ \vdots & \vdots & \ddots & \vdots \\ x_{m1} & x_{m2} & \cdots & x_{md} \end{bmatrix}$$

此时试图学得 $f(x_i)=\boldsymbol{w}^{\mathrm{T}}x_i+b$，使得 $f(x_i)\approx y_i$，这称为"多元线性回归"。线性模型是比较简单的，但是却有着丰富的变化。

本项目主要使用scikit-learn库来实现线性回归模型。线性回归模型的类对应的是LinearRegression。该模型的定义函数中相关参数见表4-4。

表 4-4　LinearRegression 模型参数信息

参数	含义
fit_intercept	bool, default=True 是否计算此模型的截距。如果设置为 False，则在计算中将不使用截距（即，数据应中心化）
normalize	bool, default=False fit_intercept 设置为 False 时，将忽略此参数。如果为 True，则在回归之前通过减去均值并除以 L2- 范数来对回归变量 X 进行归一化
copy_X	bool, default=True 如果为 True，将复制 X；否则 X 可能会被覆盖
n_jobs	int, default=None 用于计算的核心数

本项目中采用默认参数，具体代码如代码块4-15所示。

```
#代码块4-15
from sklearn.linear_model import LinearRegression
model = LinearRegression()
bhpf.load_model(model)
```

（2）决策树回归

决策树由节点和有向边构成，节点有两种类型：内部节点和叶子节点。其中，内部节点表示一个特征或属性，叶子节点表示一个类。

决策树模型是一种多功能的机器学习算法，它可以实现分类和回归任务，甚至是多输出任务。它们功能强大，能够拟合复杂的数据集。

其中，分类与回归树（classification and regression tree，CART）模型是于1984年提出的，既可以用于分类也可以用于回归。

微课 4-6：
决策树回归

CART 是在给定输入随机变量 X 条件下输出随机变量 Y 的条件概率分布的学习方法。CART 假定决策树是二叉树，内部结点的取值为 "是" 和 "否"，左分支是取值为 "是" 的分支，右分支是取值为 "否" 的分支。这样的决策树等价于递归地二分每个特征，将输入空间即特征空间划分为有限个单元，并在这些单元上确定预测的概率分布，也就是在输入给定的条件下输出的条件概率分布。

CART 算法由以下两步组成。

① 决策树生成：基于训练数据集生成决策树，生成的决策树要尽量大。

② 决策树剪枝：用验证数据集对已生成的树进行剪枝并选择最优子树，这时用损失函数最小作为剪枝的标准。

首先是决策树的生成。

假设是 X 与 Y 分别为输入和输出变量，并且 Y 是连续变量，给定训练数据集

$$D = \{(x_1, y_1), (x_2, y_2), \ldots, (x_n, y_n)\}$$

一棵回归树对应着输入空间（即特征空间）的一个划分以及在划分的单元上的输出值。假设已将输入空间划分为 M 个单元 $R_1, R_2, \cdots, R_M$，并且在每个单元 R_M 上有一个固定的输出值 C_m，于是回归树模型可表示为 $f(x) = \sum_{m=1}^{M} C_m I(x \in R_m)$。

当输入空间划分确定时，可以用平方误差 $\sum_{x_i \in R_m} (y_i - f(x_i))^2$ 来表示回归树对于训练数据的预测误差，用平方误差最小的准则求解每个单元上的最优输出值。易知，单元 R_m 上的 C_m 的最优值 $\hat{C}_m$ 是 R_m 上的所有输出示例 x_i 对应的输出 y_i 的均值，即 $\hat{C}_m = \text{ave}(y_i \mid x_i \in R_m)$。

问题是怎样对输入空间进行划分。这里使用启发式的方法，选择第 j 个变量 $x^{(j)}$ 和它取的值 s，作为切分变量和切分点，并定义两个区域：$R_1(j, s) = \{x \mid x^{(j)} \leqslant s\}$ 和 $R_2(j, s) = \{x \mid x^{(j)} > s\}$，然后寻找最优切分变量 j 和最优切分点 s。具体地，求解 $\min_{j,s} [\min_{c_1} \sum_{x_i \in R_1(j,s)} (y_i - c_1)^2 + \min_{c_2} \sum_{x_i \in R_2(j,s)} (y_i - c_2)^2]$，对固定输入变量 j 可以找到最优切分点 s。

遍历所有输入变量，找到最优的切分变量 j，构成一个对 (j, s)。依此将输入空间划分为两个区域。接着，对每个区域重复上述划分过程，直到满足停止条件为止。这样就生成了一棵回归树。

其次是决策树剪枝。

CART 剪枝算法从 "完全生长" 的决策树的底端剪去一些子树，使决策树变小，模型变简单，从而能够对未知的数据有更准确的预测。CART 剪枝算法由两步组成：首先从生成算法产生的决策树 T_0 底端开始不断剪枝，直到 T_0 的根结点，形成一个子树序列 $\{T_0, T_1, \cdots, T_n\}$，然后通过交叉验证在独立的验证数据集上对子树序列进行测试，从中选择最优子树。

使用 scikit-learn 库的 DecisionTreeRegressor 类构造一棵回归决策树。该模型的定义函数中相关参数如表 4-5 所示。

表 4-5　DecisionTreeRegressor 模型参数信息

参数	含义
criterion	{"mse", "friedman_mse", "mae"}, default="mse" 测量分割质量的函数。支持的标准是均方误差的 "mse"，等于方差减少作为特征选择标准，并使用每个终端节点的均值 "friedman_mse" 来最小化 L2 损失，该方法使用均方误差和弗里德曼改进分数作为潜在值拆分，并使用 "mae" 表示平均绝对误差，使用每个终端节点的中值将 L1 损失最小化
max_depth	int, default=None 树的最大深度。如果为 None，则将节点展开，直到所有叶子都是纯净的，或者直到所有叶子都包含少于 min_samples_split 个样本
min_samples_split	int or float, default=2 拆分内部节点所需的最少样本数： ● 如果为 int，则认为 min_samples_split 是最小值。 ● 如果为 float，min_samples_split 则为分数，ceil(min_samples_split * n_samples) 是每个拆分的最小样本数
min_samples_leaf	int or float, default=1 在叶节点处需要的最小样本数。任何深度的分割点只有在左、右分支中至少留下 min_samples_leaf 训练样本时才会被考虑。这可能具有平滑模型的效果，尤其是在回归中
max_features	int, float or {"auto", "sqrt", "log2"}, default=None 寻找最佳分割时要考虑的特征数量： ● 如果为 int，则 max_features 在每个分割处考虑特征。 ● 如果为 float，max_features 则为小数，并且 int(max_features * n_features) 是在每次拆分时考虑要素。 ● 如果为 "auto"，则为 max_features=n_features。 ● 如果是 "sqrt"，则 max_features=sqrt(n_features)。 ● 如果为 "log2"，则为 max_features=log2(n_features)。 ● 如果为 "None"，则 max_features=n_features

本项目中具体代码如代码块 4-16 所示。

```
#代码块 4-16
from sklearn.tree import DecisionTreeRegressor
model = DecisionTreeRegressor(max_depth=2)
bhpf.load_model(model)
```

（3）随机森林

Bagging 是并行式集成学习方法最著名的代表。由于聚合独立的基分类器可以显著降低误差，所以希望得到的基分类器越独立越好。给定训练集，一种可能的实现是采样得到若干互相没有重合样本的子集，每个子集各自训练基分类器。然而，由于训练数据是有限的，这样得到的子集样本少，不具有代表性，使得基分类器的性能受限。

随机森林是 Bagging 的一个扩展体，是以决策树为基学习器构建的，进一步在决策树的训练过程中引入随机属性选择。具体来说，传统决策树在选择划分属性时是在当前节点的属性集合中选择一个最优属性；而在随机森林中，对基决策树的每个结点，先从该结点的属性集合中随机选择一个包含 k 个属性的子集，然后再从这个子集中选择一个最优属性用于划分。可以看到随机森林只是对 Bagging 做了小的改动，但是与 Bagging 中基学习器的"多样性"仅通过样本扰动而来不同，随机森林中基学习器的多样性不仅通过样本扰动，还来自属性扰动，这就使得最终集成的泛化性能可通过个体学习器之间差异度的增加而进一步提升。

随机森林就是通过集成学习的思想将多棵树集成的一种算法，基本单元是决策树，而它的本质属于机器学习的一个分支——集成学习。

在回归问题中，随机森林输出所有决策树输出的平均值。

随机森林回归模型的主要优点是：在当前所有算法中，具有极高的准确率；能够有效地运行在大数据集上；能够处理具有高维特征的输入样本，而且不需要降维；能够评估各个特征在分类问题上的重要性；在生成过程中，能够获取到内部生成误差的一种无偏估计；对于默认值问题也能够获得很好的结果。

由于随机森林的基本单元是决策树，所以有必要介绍一下决策树回归算法。

决策树回归可以理解为根据一定的准则，将一个空间划分为若干子空间，然后利用子空间内的所有点的信息表示这个子空间的值。对于测试数据，只要按照特征将其归到某个子空间，便可得到对应子空间的输出值。

平面是按照一定的规则被划分为 5 个部分，划分的点在空间中有近似的分布和值的相似性，这就是决策树展示的直观形式。那么，如何预测呢？可以利用这些划分区域的均值或者中位数代表这个区域的预测值，一旦有样本点按划分规则落入某一个区域，就直接利用该区域的均值或者中位数代表其预测值。

本项目主要使用 scikit-learn 库来实现随机森林回归模型。随机森林回归模型的类对应的是 RandomForestRegressor。该模型的定义函数中相关参数见表 4-6。

表 4-6　RandomForestRegressor 模型参数信息

参数	含义
n_estimators	int, default-100 森林中树木的数量
criterion	{"mse", "mae"}, default="mse" 该函数用来测量分割的质量。支持的准则为均方误差的"mse"，等于方差减少作为特征选择准则，支持的准则为平均绝对误差的"mae"
max_depth	int, default=None 树的最大深度。如果为 None，则将节点展开，直到所有叶子都是纯净的，或者直到所有叶子都包含少于 min_samples_split 个样本

续表

参数	含义
min_samples_split	nt or float, default=2 拆分内部节点所需的最少样本数： • 如果为 int，则认为 min_samples_split 是最小值。 • 如果为 float，min_samples_split 则为分数，是每个拆分的最小样本数
max_features	{"auto", "sqrt", "log2"}, int or float, default="auto" 寻找最佳分割时要考虑的功能数量： • 如果为 int，则 max_features 在每个分割处考虑特征。 • 如果为 float，max_features 则为小数，并在每次拆分时考虑要素。 • 如果为 auto，则为 max_features=sqrt(n_features)。 • 如果是 sqrt，则 max_features=sqrt(n_features)。 • 如果为 log2，则为 max_features=log2(n_features)。 • 如果为 None，则 max_features=n_features

本项目中采用默认参数，具体代码如代码块4-17所示。

```
#代码块4-17
from sklearn.ensemble import RandomForestRegressor
model=ensemble.RandomForestRegressor()
bhpf.load_model(model)
```

（4）SVR-支持向量回归

微课 4-8：
SVR 支持向量
回归

SVM 分类，就是找到一个平面，让两个分类集合的支持向量或者所有的数据（LSSVM）离分类平面最远；SVR 回归，就是找到一个回归平面，让一个集合的所有数据到该平面的距离最近。SVR 在线性函数两侧制造了一个"间隔带"，间距为ε（也叫容忍偏差，是一个由人工设定的经验值），对所有落入到间隔带内的样本不计算损失，也就是只有支持向量才会对其函数模型产生影响，最后通过最小化总损失和最大化间隔来得出优化后的模型。

传统回归问题，例如线性回归中，一般使用$f(x)=w*x+b$的输出与真实值y的差别来计算损失，当$f(x)$与y完全一样时损失才为0。而 SVR 能容忍$f(x)$和y之间最多有ε的偏差，即$|f(x)-y|>\varepsilon$时才计算损失。这相当于以$f(x)=w*x+b$为中心，构建了一个宽度为2ε的间隔带，如果训练样本落在间隔带内部，则认为预测正确，无损失。

则SVR问题可形式化为：

$$\max_{\omega,b} \frac{1}{2}\|\omega\|^2$$

$$\text{s.t.}\quad |(\omega \cdot x_i + b) - y_i| \leqslant \varepsilon, \quad i=1,2,\cdots,N$$

对每个样本点(x_i,y_i)引入一个松弛变量$\xi_i \geqslant 0$，使得约束变为：

$$|w*x+b-y_i| \leqslant \varepsilon+\xi_i$$

同时对每个松弛变量支付一个代价 ξ_i。

这里的代价 ξ_i，其实就是不满足约束的程度。满足约束的即在间隔带内部的，代价为0；勉强满足约束的点，即点落在间隔带外边附近的，代价比较小；完全背离约束的，即点落在间隔带外边而且隔得很远，代价最大。

此时就得到了如下的约束最优化的原始问题。

$$\min_{\omega,b,\xi} \quad \frac{1}{2}\|\omega\|^2 + C\sum_{i=1}^{N}\xi_i$$
$$\text{s.t.} \quad |(\omega \cdot x_i + b) - y_i| \leqslant \epsilon + \xi_i$$
$$\xi_i \geqslant 0, \quad i = 1, 2, \cdots, N$$

若允许间隔带两侧的松弛程度不同，即进入2个松弛变量 $\xi_i \geqslant 0$，$\hat{\xi}_i \geqslant 0$，那么就得到如下的约束最优化的原始问题：

$$\min_{\omega,b,\xi,\hat{\xi}_i} \quad \frac{1}{2}\|\omega\|^2 + C\sum_{i=1}^{N}(\xi_i + \hat{\xi}_i)$$
$$\text{s.t.} \quad (\omega \cdot x_i + b) - y_i \leqslant \epsilon + \xi_i$$
$$y_i - (\omega \cdot x_i + b) \leqslant \epsilon + \hat{\xi}_i$$
$$\xi_i \geqslant 0, \hat{\xi}_i \geqslant 0, \quad i = 1, 2, \cdots, N$$

引入拉格朗日乘子 $\mu_i \geqslant 0, \hat{\mu}_i \geqslant 0, \alpha \geqslant 0, \hat{\alpha} \geqslant 0$，得到下面的拉格朗日函数：

$$L(\omega, b, \alpha, \hat{\alpha}, \xi, \hat{\xi}, \mu, \hat{\mu})$$
$$= \frac{1}{2}\|\omega\|^2 + C\sum_{i=1}^{m}(\xi_i + \hat{\xi}_i) - \sum_{i=1}^{m}\mu_i\xi_i - \sum_{i=1}^{m}\hat{\mu}_i\hat{\xi}_i +$$
$$\sum_{i=1}^{m}\alpha_i(f(x_i) - y_i - \epsilon - \xi_i) + \sum_{i=1}^{m}\hat{\alpha}_i(y_i - f(x_i) - \epsilon - \hat{\xi}_i)$$

把上面的式子代入拉格朗日函数中，得到SVR对偶问题：

$$\max_{\alpha,\hat{\alpha}} \sum_{i=1}^{m} y_i(\hat{\alpha}_i - \alpha_i) - \epsilon(\hat{\alpha}_i + \alpha_i) -$$
$$\frac{1}{2}\sum_{i=1}^{m}\sum_{j=1}^{m}(\hat{\alpha}_i - \alpha_i)(\hat{\alpha}_j - \alpha_j)x_i^{\mathrm{T}}x_j$$
$$\text{s.t.} \sum_{i=1}^{m}(\hat{\alpha}_i - \alpha_i) = 0,$$
$$0 \leqslant \hat{\alpha}_i, \alpha_i \leqslant C.$$

上述过程满足的KKT条件：

$$\alpha_i(f(x_i) - y_i - \varepsilon - \xi_i) = 0,$$
$$\hat{\alpha}_i(y_i - f(x_i) - \varepsilon - \hat{\xi}_i) = 0,$$
$$\alpha_i\hat{\alpha}_i = 0, \xi_i\hat{\xi}_i = 0,$$
$$(C - \alpha_i)\xi_i = 0, (C - \hat{\alpha}_i)\hat{\xi}_i = 0.$$

可以看出当且仅当 $f(x_i) - y_i - \varepsilon - \xi_i = 0$ 时，α_i 能取非零值，当且仅当 $y_i - f(x_i) - \varepsilon - \xi_i = 0$ 时 $\hat{\alpha}_i$ 能取

非零值。换言之，仅当样本不落入 ε 间的间隔带中，相应的 α_i 和 $\hat{\alpha}_i$ 才能取非零值。此外，约束 $f(x_i)-y_i-\varepsilon-\xi_i=0$ 和 $y_i-f(x_i)-\varepsilon-\hat{\xi}_i=0$ 不能同时成立，所以 α_i 和 $\hat{\alpha}_i$ 至少一个为 0。

SVR 解如下：$f(x)=\sum_{i=1}^{m}(\hat{\alpha}_i-\alpha_i)x_i^{\mathrm{T}}x+b$。

能使上式中的 $(\hat{\alpha}_i-\alpha_i)\neq 0$ 的样本即为 SVR 的支持向量，它们落在 ε 间隔带之外。这时候，SVR 的支持向量仅是训练样本的一部分，即其解仍具有稀疏性，这与 SVM 的模型只与支持向量有关不一样。

由 KTT 条件可以看出，对每个样本都有 $(C-\alpha_i)\xi_i=0$ 且 $\alpha_i(f(x_i)-y_i-\varepsilon-\xi_i)=0$。于是，在得到 α_i 后，若 $0<\alpha_i<C$，则必有 $\xi_i=0$，进而有 $b=y_i+\varepsilon-\sum_{j=1}^{m}(\hat{\alpha}_j-\alpha_j)x_j^{\mathrm{T}}x_i$。

与 SVM 算出 b 一样，实践中采用更鲁棒的办法：选取多个或满足条件 $0<\alpha_i<C$ 的样本求解 b 后取平均值。

同样也引出 kernel strick，把 x 用 $\phi(x)$ 代替，得到最终的模型为：

$$f(x)=\sum_{i=1}^{m}(\hat{\alpha}_i-\alpha_i)\phi(x_i)^{\mathrm{T}}\phi(x_i)+b$$

本项目主要使用 scikit-learn 库来实现 SVR 算法预测模型，模型的类对应的是 SVR。该模型的定义函数中相关参数见表 4-7。

表 4-7　SVR 模型参数信息

参数	含义
kernel	{"linear", "poly", "rbf", "sigmoid", "precomputed"}, default="rbf" 指定算法中使用的内核类型
degree	int, default=3 多项式核函数的次数（"poly"）。将会被其他内核忽略。
gamma	float or {"scale", "auto"}, default="scale" 核系数包含 "rbf"，"poly" 和 "sigmoid"
coef0	float, default=0.0 核函数中的独立项。它只在 "poly" 和 "sigmoid" 中有意义
C	float, default= 1.0 正则化参数。正则化的强度与 C 成反比。必须严格为正。此惩罚系数是 L2 惩罚系数的平方

具体代码如代码块 4-18 所示。

```
#代码块4-18
from sklearn.svm import SVR
model= SVR(kernel="linear")
bhpf.load_model(model)
```

（5）梯度提升法

提升树利用加法模型与前向分步算法实现学习的优化过程，当损失函数为平方损失和指数损失函数时，每一步优化都较为简单。但对一般损失函数来说，每一步的优化并不容易，梯度提升（Gradient Boosting）法便是用于解决这一问题。

微课 4-9：
梯度提升法

梯度提升法利用最速下降的近似方法，这里的关键是利用损失函数的负梯度在当前模型的值作为回归问题提升树算法中的残差的近似值，拟合一棵回归树。

该算法的具体描述如下。

输入：训练集 $T = \{(x_1, y_1), (x_2, y_2), \ldots, (x_N, y_N)\}, x_i \in \chi \subseteq R^n, y_i \in \gamma \subseteq R$；损失函数为 $L(y, f(x))$。

输出：回归树 $\hat{f}(x)$。

第一步：初始化 $f_0(x) = \arg\min_c \sum_{i=1}^{N} L(y_i, c)$。

第二步：对 $m=1,2,\cdots,M$，进行迭代。

① 对 $i=1,2,\cdots,N$ 计算损失函数的负梯度在当前模型的值：

$$r_{mi} = -\left[\frac{\partial L(y_i, f(x_i))}{\partial f(x_i)}\right]_{f(x)=f_m(x)}$$

计算得到上述的值将它作为残差的估计。

② 对 r_{mi} 拟合一棵回归树，得到第 m 棵树的叶节点区域 $R_{mj}, j=1,2,\cdots,J$。

估计回归树叶节点区域，以拟合残差的近似值。

③ 对 $j=1,2,\cdots,J$ 计算：

$$c_{mj} = \arg\min_c \sum_{x_i \in R_{mj}} L(y_i, f_{m-1}(x_i) + c)$$

利用线性搜索估计叶节点区域的值，使损失函数最小化。

④更新回归树 $f_m(x) = f_{m-1}(x) + \sum_{j=1}^{J} c_{mj} I(x \in R_{mj})$。

第三步：得到回归树。

$$\hat{f}(x) = f_M(x) = \sum_{m=1}^{M} \sum_{j=1}^{J} c_{mj} I(x \in R_{mj})$$

本项目主要使用 scikit-learn 库来实现梯度提升法预测模型，模型的类对应的是 GradientBoostingRegressor。该模型的定义函数中相关参数说明见表 4-8。

表 4-8　GradientBoostingRegressor 模型参数信息

参数	含义
loss	{"ls", "lad", "huber", "quantile"}, default='ls' 待优化的损失函数。ls 指的是最小二乘回归。"lad"（最小绝对偏差）是一个高度稳健的损失函数，仅基于输入变量的顺序信息。"huber" 是两者的结合。允许 "quantile" 回归（使用 alpha 来指定分位数）

续表

参数	含义
learning_rate	float, default=0.1 学习率通过 learning_rate 缩小每棵树的贡献。learning_rate 和 n_estimators 之间存在权衡
n_estimators	int, default=100 要执行的推进阶段的数量。梯度增强对过拟合具有较强的鲁棒性，因此大量的梯度增强通常能取得较好的效果
subsample	float, default=1.0 用于拟合单个基本学习者的样本比例。如果小于 1.0，会导致随机梯度提升。subsample 与参数 n_estimators 交互。选择 subsample < 1.0 会导致方差的减少和偏差的增加
min_samples_split	int or float, default=2 一个叶节点上所需的最小样本数。只有当它在每个左右分支中都留下至少 min_samples_leaf 训练样本时，任何深度的分割点才会被考虑。这可能会产生平滑模型的效果，特别是在回归中。 • 如果为 int，则认为 min_samples_split 是最小值。 • 如果为 float，min_samples_split 则为分数，是每个拆分的最小样本数
max_depth	int, default=3 单个回归估计量的最大深度。最大深度限制了树中的节点数。优化此参数以获得最佳性能；最佳值取决于输入变量的相互作用
max_features	{"auto", "sqrt", "log2"}, int or float, default=None 寻找最佳分割时要考虑的功能数量： • 如果为 int，则 max_features 在每个分割处考虑特征。 • 如果为 float，max_features 则为小数，并在每次拆分时考虑要素。 • 如果为 auto，则为 max_features=auto(n_features)。 • 如果为 sqrt，则 max_features=sqrt(n_features)。 • 如果为 log2，则为 max_features=log2(n_features)。 • 如果为 None，则 max_features=n_features

本项目使用的是默认参数，具体实现代码如代码块 4-19 所示。

```
#代码块4-19
from sklearn.ensemble import GradientBoostingRegressor
model= GradientBoostingRegressor()
bhpf.load_model(model)
```

任务清单 4-2-1

序号	类别	操作内容	操作过程记录
4.2.1	分组任务	结合项目工程文件 RentPriceForecast.py 中 load_model() 函数的定义代码及代码块 4-13~ 代码块 4-22。分组讨论并回答以下问题： 1. 这几种不同的算法的模型应用代码有什么异同？ 2. bhpf.load_model(model) 这个方法是哪里定义的？它有什么功能	
4.2.2	分组任务	在网上查询资料，讨论并回答以下问题： 1. scikit-learn 库中还有其他常用回归预测算法吗？ 2. 以上几种算法有什么其他调用方式？与本项目的调用方式相比有何优缺点	
4.2.3	个人任务	在项目工作文件 exc04.py 上添加代码，完成以下操作： 1. 创建线性回归模型以备下一步进行训练。 2. 创建 SVR- 支持向量模型以备下一步进行训练	

2. 模型训练

模型构建只是对模型进行了实例化，此时的模型只是一个泛在的意义，没有实际的用途，必须使用数据集对定义好的模型进行训练后才能构建出能够实际应用于特定场景和需求的模型。因此，要进行区域房屋出租价格预测操作，就需要使用预处理后的数据对模型进行训练。

以线性回归模型构建为例，进行区域房屋出租价格预测模型训练操作，见代码块 4-20。

```
#代码块 4-20
from sklearn.linear_model import LinearRegression
model = LinearRegression()
model. fit(self.x_train, self.y_train)
```

任务清单 4-2-2

序号	类别	操作内容	操作过程记录
4.2.4	分组任务	阅读代码块 4-23，分组讨论并回答以下问题： 除线性回归模型外，其他模型该如何训练？	
4.2.5	分组任务	找到项目工程文件 RentPriceForecast.py 中与代码块 4-23 类似的代码，并与代码块 4-23 进行对比。分组讨论并回答以下问题：这两组代码有何区别，是否能实现同一效果？	
4.2.6	个人任务	在项目工作文件 exc04.py 上添加代码，完成以下操作：对创建的两个模型进行模型训练	

3. 模型评估

回归任务的模型评估指标有很多：R^2、RMSE(平方根误差)、MAE（平均绝对误差）、MSE(均方误差)、R2_score。而本项目中使用 R^2 和均方误差作为模型评估指标。

微课 4-10：回归问题常用的模型评估指标

（1）R^2

在统计学中，R^2 指根据算术模型计算出给定变量之间的关系，也被称为共线系数，以及判断任意一次线性回归模型的拟合程度的有效指标。它表达的是变量之间的相关程度，但是不能用来证明因果关系，也不能用来推断它们之间的原因以及结果的方向。R^2 是回归分析中应用最广泛的一个统计量，经常被用来衡量变量之间的相关关系程度，正态分布的统计量和拟合模型。其计算公式如下所示。

$$R^2(y, \hat{y}) = 1 - \frac{\sum_{i=0}^{n_{samples}-1}(y - \hat{y})^2}{\sum_{i=0}^{n_{samples}-1}(y - \bar{y})^2}$$

这一比例越大，模型越精确，回归效果越显著。R^2 介于 0 到 1 之间，越接近 1，回归拟合效果越好，一般认为超过 0.8 的模型拟合优度比较高。

在本项目的模型评估阶段，就采用了 R^2 这一评估指标来观察究竟哪种模型更优。实现的具体代码如代码块 4-21 所示，结果见表 4-9。

```
#代码块 4-21
score = self.rgs.score(self.x_test, self.y_test)
score = round(score, 3)
print("\n【{}】模型 R2 得分为：{}".format(self.model_name, score))
```

表 4-9　各个模型的 R^2

模型	R^2
线性回归	0.657
决策树回归	0.687
随机森林	0.78
支持向量回归	0.628
梯度提升法	0.836

根据表 4-9 可知，从 R^2 这一衡量标准来讲，效果最好的是梯度提升法。

（2）均方误差

最小二乘法（又称最小平方法）是一种数学优化技术。基于均方误差最小化来进行模型求解的方法称为"最小二乘法"，在线性回归中最小二乘法就是试着找出一条直线，使得所有样本到直线上的欧氏距离之和最小。它通过最小化误差的平方和寻找数据的最佳函数匹配。利用最小二乘法可以简便地求得未知的数据，并使得这些求得的数据与实际数据之间误差的平方和为最小。举个例子来理解一下最小二乘法，比如现在有3个温度计来测量一个人的体温（摄氏度），见表4-10。

表 4-10　体　　温

温度计 A	35.9 ℃
温度计 B	36.1 ℃
温度计 C	36.2 ℃

出现不同的测量值可能是因为温度计的精度有细微误差、测量的时候人的状态有变化等，总之就是存在误差，那这个人的体温到底是多少呢？该如何求得呢？

用最小二乘法来计算，先将测量值画到坐标系中来理解，如图4-23，记为A、B、C，再画一条虚线表示这个人的真实体温y，因为目标就是求一个真实体温，此处并不知道真实值，画到此处只是一个猜测初始值，所以这个虚直线可以上下移动进行更新的。

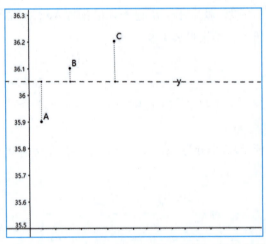

图 4-23　一个人的体温真实值与预测值之间的差值

每个点都向y做垂线，垂线长度就是$|y-y_i|$，其实就可以理解为测量值与真实值之间的误差。这里取绝对值还是比较麻烦的，所以可以直接用$(y-y_i)^2$来表示，它们误差和的平方就是$\sum_{i=1}^{3}(y-y_i)^2$。其实y是不断移动的，也就是y是在改变的，那么这个误差平方和就是不断改变的，因为我们就是为了寻求一个y，那么如何寻求这个y呢？最小二乘法使得$\sum_{i=1}^{3}(y-y_i)^2$最小，此时对应的y值就是真实值。可以看到这个误差和是一个二次函数，对于二次函数来说，最值就是导数为0的点，如图4-24所示，对其求导，并且令导数为0，此时求解出来的y值就是真实值。

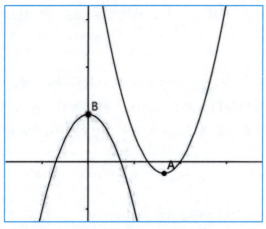

图 4-24　误差和是二次函数时的最值

简而言之，"最小二乘法"是基于均方误差最小化来进行模型求解的方法。那么，均方误差究竟是什么呢？接下来就会详细介绍用于评估模型的衡量标准——均方误差。

均方误差（Mean Squared Error, MSE），是回归任务中最常用的性能度量，它是指参数估计值与参数真值之差平方的期望。f是使用的模型，D是使用的数据集，$f(x_i)$是预测值，y_i是真实值。均方误差的几何意义对应了欧几里得距离。也就是说预测值与真实值之间的误差的平方和，也可以理解为二者的距离的平方和。

$$E(f;D) = \frac{1}{m}\sum_{i=1}^{m}(f(x_i) - y_i)^2$$

在本项目的模型评估阶段，就采用了均方误差这一评估指标来观察究竟哪种模型更优。实现的具体代码如代码块4-22所示。结果如表4-11所示。

```
#代码块4-22
y_test_pre = self.rgs.predict(self.x_test)
mse = metrics.mean_squared_error(y_test_pre, self.y_test)
print("【{}】模型MSE得分为:{}".format(self.model_name, mse))
```

表 4-11　各个模型的均方误差

模型	均方误差
线性回归	13.018568735523958
决策树回归	11.880940170940173
随机森林	8.348608547008551
支持向量回归	14.120020379960664
梯度提升法	6.24334976258019

均方误差是越小越好的。根据表4-11，从均方误差这一衡量标准来讲，效果最好的依然是梯度提升法。

（3）可视化

以上的评估方式都使用一些数字来说明问题，可能不够直观，所以接下来做了可视化，绘制了测试集的真实结果与预测结果的对比图。哪个模型的预测结果的线条走势与真实结果越吻合，就说明该模型的效果越好。实现的具体代码如代码块4-23所示。运行结果如图4-25所示。

```
#代码块4-23
# 可视化：测试集的真实结果与预测结果的对比图
test_size = np.arange(self.x_test.shape[0])
plt.figure(figsize=(18, 10))
plt.plot(test_size, y_test_pre)
plt.plot(test_size, self.y_test)
plt.xlabel(u'测试案例编号', fontsize=15)
plt.ylabel(u'单位面积租金', fontsize=15)
plt.show()
```

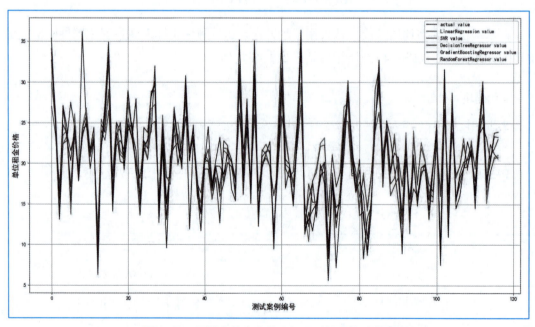

图 4-25   测试集的真实结果与预测结果的对比图

图4-25中，蓝色的线条代表真实值，而其余颜色分别代表线性回归、决策树回归、随机森林、支持向量回归、梯度提升法这5个模型的预测值。整体来看，许多颜色的线条都重合在一起，这说明5个模型不相上下，效果都很好。

任务清单 4-2-3

序号	类别	操作内容	操作过程记录
4.2.7	分组任务	阅读代码块 4-21、代码块 4-22，结合 RentPriceForecast.py 分组讨论并回答以下问题： 　1. 两个评估函数的参数有何区别？为什么？ 　2. self.model_name 在 RentPriceForecast.py 中何处定义，何处赋值？ 　3. 代码中的 self.x_test，self.y_test 两个参数从何而来？代表什么？	
4.2.8	个人任务	在项目工作文件 exc04.py 上添加代码，完成以下操作：对模型分别采用 R^2 及均方差两种评估方法进行评估	

【任务小结】

　　本任务中没有提及模型调优，并不代表预测模型没有调优操作。不同算法的调优方式不一样，可查阅相关资料进行学习。

4-3　模型应用

【任务要求】

　　经过数据分析及预处理以及模型构建、评估后，可以得到一个相对适合本项目的预测模型。接下来就可以试着应用该模型来进行预测操作了。

【任务实施】

　　需要运用模型进行预测的数据须与模型构建时使用的数据相一致，本项目中数据集经过一系列的分析及变换操作，最终只选取了"物业评价""房龄均值""区域内商业活动指数"3 个特征开展模型训练，因此对训练好的模型只需要输入这3个相应特征值就可以进行预测。

　　假设现有一个区域特征数据见表 4-12 所示，由于数据需要与模型训练时一致，所以首先需要进行标准化后再进行预测，具体操作代码如代码块 4-24 所示。

表 4-12　区域特征数据

属性名	特征值
物业评价	9
房龄均值	10
区域内商业活动指数	15

```
#代码块4-24
predict(x_data=np.array([[8,10,15]]))
def predict(self,x_data):
    x_pre =self.nor_scaler.transform(x_data)  #数据归一化处理
    y_pre = self.rgs.predict(x_pre)
    # 对x_pre与y_pre的值进行四舍五入
    x_pre = [[round(x2, 3) for x2 in x1] for x1 in x_pre]
    y_pre = [round(y1, 3) for y1 in y_pre]
    print("\n预测值:\n\t", x_pre)
    print("预测结果:\n\t", y_pre)
    return y_pre
```

代码运行后的结果如图 4-26 所示。

预测值:
    [[0.851, 0.223, 0.528]]
预测结果:
    [23.989]

图 4-26 预测结果

任务清单 4-3-1

序号	类别	操作内容	操作过程记录
4.3.1	分组任务	找到项目工程文件 RentPriceForecast.py 中与代码 4-24 类似的代码,并与文中的代码进行对比。分组讨论并回答以下问题: 1. 这两组代码有何区别,是否能实现同一效果? 2. 模型训练前做了多项的数据预处理工作,为何在运用模型时只需要将给出的数据进行标准化处理? 3. 这里的标准化处理与模型训练前的标准化处理有何区别,为什么?	
4.3.2	个人任务	在项目工作文件 exc04.py 上添加代码,完成以下操作: 自定义数据,应用训练好的模型进行综合分预测	

【任务小结】

应用训练好的模型进行预测时需要注意数据特征与训练数据是否大致相似,例如取值范围是否出入很大,若预测数据与训练数据取值范围相差太多就可能会出现预测结果准确率较低的情况。这种情况也可以理解为训练时没有运用充足的多样性的数据,导致训练出来的模型出现的过拟合的情况。

学习评价

任务	客观评价（40%）	主观评价（60%）			
		组内互评（20%）	学生自评（10%）	教师评价（15%）	企业专家评价（15%）
4-1					
4-2					
4-3					
合计					

根据三个任务的完成度进行学习评价，评价依据为：

● 客观评价（40%）：完成代码并运行成功可取得此项分数。

● 主观评价——组内互评（20%）：由同组组员依据分组任务完成情况及个人在小组中的贡献进行评分。

● 主观评价——学生自评（10%）：个人对自己的学习情况主观进行评价。

● 主观评价——教师评价（15%）：教师根据学生学习情况及课堂表现进行评价

● 主观评价——企业专家评价（15%）：企业专家根据学生代码完成度及规范性进行评价。

项目5

基于聚类的供电站供电特征识别

聚类是指基于研究对象的特征，将它们分门别类，以让同类别的个体之间差异相对小、相似度相对大，不同类别之间的个体差异大、相似度小。聚类是一种探索性分析方法，事先并不知道分类的标准，甚至不知道应该分成几类，而是根据样本数据的特征，自动进行分类，因此聚类是属于机器学习中的无监督学习，而前面学习的分类和预测则属于机器学习中的监督学习。

聚类既能作为一个单独过程，用于找寻数据内在的分布结构，也可作为分类等其他学习任务的前驱过程。例如，在一些商业应用中需对新用户的类型进行判别，但定义"用户类型"对商家来说可能不太容易，此时往往先可对用户数据进行聚类，根据聚类结果将每个簇定义为一个类，然后再基于这些类训练分类模型，用于判别新用户的类型。本项目以供电站供电特征聚类项目为例开展实战操作。

学习目标

知识目标

◆ 能简述散布矩阵图在数据探索中的应用思路。
◆ 能简述主成分分析数据降维技术的基本思路。
◆ 能列举并简述常用的基于聚类算法的数据挖掘模型及其基本工作思路。
◆ 能列举并简述基于聚类算法的数据挖掘模型常用的评估指标及其基本评估方式。
◆ 能简述网格调参的方法和思路。
◆ 能概括基于聚类算法的数据分析和挖掘工作流程及关键技术。

技能目标

◆ 能够应用散布矩阵图进行数据探索及分析。
◆ 能够应用主成分分析法进行数据降维。
◆ 能够应用K-means、DBSCAN、AGNES等常用的基于聚类算法的数据挖掘模型开展数据挖掘工作。
◆ 能够应用调整兰德系数（ARI）、互信息（NMI）、戴维森堡丁指数（DBI）和轮廓系数（SC）和可视化方法对基于聚类算法的数据挖掘模型进行评估，判断模型的适用性。
◆ 能够用网格调参的方法和思路自行编写代码开展调参工作。
◆ 能够灵活运用各项技术开展基于聚类算法的数据分析和挖掘工作。

素养目标

◆ 树立成为大国工匠的坚定信念，培养崇尚技能、追求卓越的良好风貌。
◆ 锻造精益求精、团结协作、开拓进取的工匠品质。
◆ 培养低碳环保意识，提高环保素养和责任感，为可持续发展贡献力量。

项目背景

　　发展数字经济、推动绿色低碳转型，能源大数据是重要支撑。在落实"双碳"目标的背景下，数据要素能为产业结构优化升级、能源低碳转型提供坚强支撑，助力政府提升科学治理能力和服务现代化水平，推动经济社会可持续发展。数字技术已融入电力的各个环节，数据已成为新的生产要素。"能源＋数字技术"将成为引领能源电力产业变革、创新驱动发展的重要引擎，推动绿色低碳发展。"源、网、荷、储、碳、数"将构成新型电力系统的六个维度。从"数"的角度看，数字化转型在提高新型电力系统效率、安全性和可靠性方面具有关键作用；从数据驱动的视角看，大数据分析技术在新型电力系统发、输、配、用等多个环节的智能化运营和决策方面价值显著。

　　为了提升供电效率，减少电力资源浪费，供电站每月的供电量需要根据用户的实际需要来调整，因此电力公司每年都需要收集各供电站的供电数据用于制订年度电力供应计划。但不同区域的用电特点是不一样的，为了方便计划的制订与执行，电力公司需要通过聚类算法寻找全市供电站的供电规律及特点，对所有供电站进行归纳，聚合为不同的几类。这样电力公司就可以根据不同的供电站聚类制定精确的供电计划了。

微课 5-1：
数据挖掘中
的聚类问题

　　本项目中使用的是某市 178 个供电站的 2021 年全年的供电数据。项目对数据进行分析及降维处理后，采用不同的聚类模型对 178 个供电站进行聚类。

工作流程

　　本项目的工作主要分为数据分析及预处理、模型构建和模型应用 3 个任务。工作流程如图 5-1 所示。

　　数据分析和预处理阶段在对数据进行浏览和加载后应用散布矩阵图进行数据探索，然后应用主成分分析法进行数据降维。

　　模型构建阶段首先经过模型定义，然后进行模型训练、模型评估及超参调优，这 3 个操作并不是一过性的操作过程，通常需要循环往复不断才能得到最优的模型效果。

　　模型应用阶段使用已经训练好的模型对新的数据进行分类，这个过程包括数据处理及模型预测。本项目中主要的预处理手段只有数据降维一项。

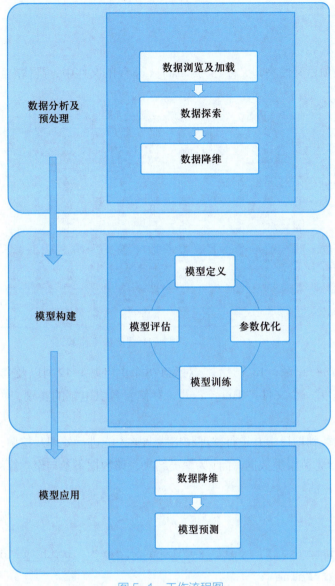

图 5-1　工作流程图

5-1　数据分析及预处理

【任务要求】

对数据集进行浏览及加载后，利用核密度估计图进行数据探索，采用标准化及主成分分析方法对数据进行降维处理，为之后的数据挖掘奠定基础。

【任务实施】

1. 数据浏览及加载

数据集存放在项目文件夹，文件名为"data_x.csv"的文件中，具体内容如图5-2所示。

◢	A	B	C	D	E	F	G	H	I	J	K	L	M
1	一月	二月	三月	四月	五月	六月	七月	八月	九月	十月	十一月	十二月	年总
2	142.3	171	243	156	127	280	306	280	229	564	104	392	1065
3	132	178	214	112	100	265	276	260	128	438	105	340	1050
4	131.6	236	267	186	101	280	324	300	281	568	103	317	1185
5	143.7	195	250	168	113	385	349	240	218	780	86	345	1480
6	132.4	259	287	210	118	280	269	390	182	432	104	293	735
7	142	176	245	152	112	327	339	340	197	675	105	285	1450
8	143.9	187	245	146	96	250	252	300	198	525	102	358	1290
9	140.6	215	261	176	121	260	251	310	125	505	106	358	1295
10	148.3	164	217	140	97	280	298	290	198	520	108	285	1045
11	138.6	135	227	160	98	298	315	220	185	722	101	355	1045
12	141	216	230	180	105	295	332	220	238	575	125	317	1510
13	141.2	148	232	168	95	220	243	260	157	500	117	282	1280
14	137.5	173	241	160	89	260	276	290	181	560	115	290	1320
15	147.5	173	239	114	91	310	369	430	281	540	125	273	1150
16	143.8	187	238	120	102	330	364	290	296	750	120	300	1547
17	136.3	181	270	172	112	285	291	300	146	730	128	288	1310
18	143	192	272	200	120	280	314	330	197	620	107	265	1280
19	138.3	157	262	200	115	295	340	400	172	660	113	257	1130
20	141.9	159	248	165	108	330	393	320	186	870	123	282	1680
21	136.4	310	256	152	116	270	303	170	166	510	96	336	845
22	140.6	163	228	160	126	300	317	240	210	565	109	371	780
23	129.3	380	265	186	102	241	241	250	198	450	103	352	770
24	137.1	186	236	166	101	261	288	270	169	380	111	400	1035
25	128.5	160	252	178	95	248	237	260	146	393	109	363	1015
26	135	181	261	200	96	253	261	280	166	352	112	382	845
27	130.5	205	322	250	124	263	268	470	192	358	113	320	830
28	133.9	177	262	161	93	285	294	340	145	480	92	322	1195

图 5-2　2021 年 1 月到 12 月的供电量数据

数据集共有178行记录，13个属性。对应178个供电站1~12月以及全年汇总的供电量。项目文件夹中还有另一个文件"data_y.csv"，存储着各供电站的类别，可用于聚类结果的评估。

需要将数据加载到项目中并进行整理和格式调整才能进行处理及挖掘，具体操作如代码块5-1所示。其中x为待聚类数据，而y为聚类结果，该数据不参与聚类算法的建模过程，只用于最后对模型的评估。

```
#代码块5-1
def load_data(self, path_x="data_x.csv", path_y="data_y.csv",
  is_visual=False):
    self.x = pd.read_csv(path_x).values
    self.y = pd.read_csv(path_y).values[:, 0]
```

任务清单 5-1-1

序号	类别	操作内容	操作过程记录
5.1.1	个人任务	在项目工程中新建 py 代码文件命名为 exc05.py，参考 Cluster.py 中相应的代码，完成对数据集 test.csv 的聚类分析。本任务为仿照代码块 5-1 完成数据加载。具体要求如下： 1. 加载数据 test.csv。 2. 查看加载后的数据集	

续表

序号	类别	操作内容	操作过程记录
5.1.2	分组任务	结合本节知识点，分组回答以下问题：项目文件夹中不提供 test.csv 数据集对应的类别数据是否可以完成模型创建？	

2. 数据探索

散布矩阵图是分布特征可视化的重要工具，通过散布矩阵图可以了解到数据集的特征哪些是必须的，是否可以作为模型训练的主要特征。总的来说，如果一个特征是必需的，则它和其他特征可能不会显示任何关系；如果不是必需的，则可能和某个特征呈线性或其他关系。

微课 5-2：应用散布矩阵图进行特征分析

本项目绘制核散布矩阵图的具体操作如代码块 5-2 所示。

```python
#代码块 5-2
import matplotlib.pyplot as plt
xx = pd.DataFrame(self.x)
pd.plotting.scatter_matrix(frame=xx, marker="o",figsize=(18, 10),
    diagonal="kde")
plt.show()
```

数据探索的结果图如图 5-3 所示。

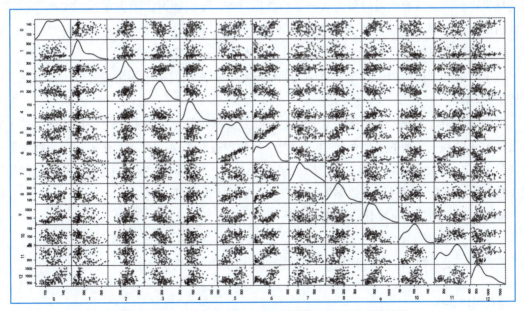

图 5-3　2021 年各月份不同区域的供电量的散点矩阵图

散布矩阵图主要分为对角线部分和非对角线部分。

对角线部分是核密度估计图，用来看某一个变量分布情况，横轴对应着该变量的值，纵轴对应着该变量的出现频次。因此，从左上角到右下角的对角线上分别是2021年1月—2021年12月以及一年的总供电量的核密度估计图。

非对角线部分就是两个变量之间分布的关联散点图。将任意两个变量进行配对，以其中一个为横坐标，另一个为纵坐标，将所有的数据点绘制在图上，用来衡量两个变量的关联度。

从图5-4中可以看到，有部分特征与其他特征的线性相关性较高，可提取出来进行进一步数据挖掘。

任务清单 5-1-2

序号	类别	操作内容	操作过程记录
5.1.3	分组任务	在项目工程文件 Cluster.py 中寻找与代码块 5-2 类似的代码段，并与代码块 5-2 进行对比。分组讨论两者有何区别？	
5.1.4	个人任务	在项目工作文件 exc05.py 上添加代码，仿照代码块 5-2 完成以下操作：绘制散布矩阵图对数据进行特征分布可视化分析	
5.1.5	分组任务	分组查看并分析任务 5-1 中绘制的散布矩阵图	

3. 数据降维处理

使用聚类算法进行建模之前，需要先确定算法的初始参数，例如，scikit-learn库中K-mean算法中的n_clusters参数，该参数表示将数据聚集为几类。因此使用此类算法时，需要优先确定该参数的值，若该值设置得不合理，则会得到一个糟糕的结果；而确定该值的最简单方式就是将数据可视化然后通过肉眼去观察。本文项目使用的数据高达13维，无法进行有效的可视化，若任意取其中2维进行可视化，亦无法看出数据可以分为几类。因此需要对数据进行降维处理。

微课 5-3：数据降维处理—主成分分析

数据降维处理操作属于数据分析中的属性归约，在本项目中采用主成分分析的方法开展数据降维。

在统计学中，主成分分析的方法是一种简化数据集的技术。它是一个线性变换，这个变换把数据变换到一个新的坐标系中，使得任何数据投影的第一大方差在第一个坐标（第一主成分）上，第二大方差在第二个坐标（第二主成分）上，依次类推。主成分分析经常用于减少数据集的维数，同时保持数据集的对方差贡献最大的特征。

操作过程包括数据标准化及主成分分析两个步骤。

（1）数据标准化

首先，需要对数据集进行标准化，具体实现代码如代码块5-3所示。

```
#代码块 5-3
from sklearn.preprocessing import MinMaxScaler
……
```

```
self.mm_scaler = MinMaxScaler()
......

self.x = self.mm_scaler.fit_transform(self.x)
```

标准化之后的结果如图5-4所示。

```
[[ 0.84210526  0.1916996   0.57219251 ...,  0.45528455  0.97069597
   0.56134094]
 [ 0.57105263  0.2055336   0.4171123  ...,  0.46341463  0.78021978
   0.55064194]
 [ 0.56052632  0.3201581   0.70053476 ...,  0.44715447  0.6959707
   0.64693295]
 ...,
 [ 0.58947368  0.69960474  0.48128342 ...,  0.08943089  0.10622711
   0.39728959]
 [ 0.56315789  0.36561265  0.54010695 ...,  0.09756098  0.12820513
   0.40085592]
 [ 0.81578947  0.66403162  0.73796791 ...,  0.10569106  0.12087912
   0.20114123]]
```

图 5-4　标准化数据集的运行结果

（2）主成分分析

数据标准化之后，将使用主成分分析法对其进行降维，找到最主要的特征。部分实现代码如代码块5-4所示。

```
#代码块5-4
from sklearn.decomposition import PCA
......

self.pca_scaler = PCA(n_components=2)     #创新主成分分析保留2个维度
......

self.x = self.pca_scaler.fit_transform(self.x)
print("成分贡献度:", self.pca_scaler.explained_variance_ratio_)
plt.figure()
plt.title("主成分分析结果图")
plt.scatter(self.x[:, 0], self.x[:, 1], marker='o')
plt.show()
```

成分贡献度如图5-5所示。

```
成分贡献度: [ 0.40749485  0.18970352  0.08561671  0.07426678  0.05565301  0.04658837
  0.03663929  0.02408789  0.02274371  0.02250965  0.01381292  0.01273236
  0.00815095]
```

图 5-5　2021年1月到12月以及一年的总供电量的成分贡献度

从图 5-5 中可以看出，只有 2021 年 1 月和 2021 年 2 月的供电量的成分贡献度偏高，分别为 0.40749485 和 0.18970352。其余月份的供电量均小于 0.1，对结果的影响不大，参考意义也不大。

经过主成分分析后，数据由原本的 13 维降为 2 维，可视化结果如图 5-6 所示。从图中可以明显看出，本项目的数据集基本可以聚集为 3 类，因此在后面的建模过程中，可以将类别大致设置为 3 类。

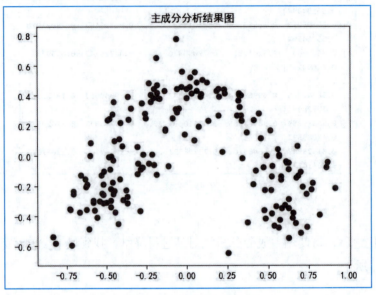

图 5-6   主成分分析结果图

任务清单 5-1-3

序号	类别	操作内容	操作过程记录
5.1.6	分组任务	分组讨论并回答以下问题：不进行数据降维处理是否可以完成聚类？	
5.1.7	个人任务	在项目工作文件 exc05.py 上添加代码，仿照代码块 5-3、代码块 5-4 完成以下操作：采用主成分分析法对数据维数降到两维并以散点图形式展示	
5.1.8	分组任务	查看任务 5.1.4 中生成的图，分组讨论并回答以下问题：数据集 "test.csv" 大概率可以聚为几类？	

【任务小结】

散布矩阵图除了可以用于模型构建前开展数据探索外，也可在维度较高的聚类分析应用中用于模型构建及训练完成聚类结果的显示及对比。

降维操作除了运用主成分分析外，也可以参考散布矩阵图提取相关性较高的特征。

5-2　模型构建

【任务要求】

完成数据探索及预处理后，就可以应用数据挖掘中常用的聚类算法构建模型来开展数据挖掘了。在本任务中需分别使用K-means聚类算法、DBSCAN聚类算法、AGNES凝聚层次聚类算法等对处理后的数据集进行挖掘。本任务分为模型定义、模型训练、模型评估、参数优化4项子任务。

【任务实施】

1. 模型定义

聚类算法主要分为原型聚类、密度聚类、层次聚类三大类别。

- 原型聚类算法假设聚类结构能通过一组原型刻画，在现实聚类任务中极为常用。通常情形下，算法先对原型进行初始化，然后对原型进行更新迭代求解。采用不同的原型表示、不同的求解方式，将产生不同的算法。其中，具有代表性的算法有K-means聚类算法、学习向量量化、高斯混合聚类等。

- 密度聚类算法假定聚类结构能通过样本分布的紧密程度确定。通常情形下，密度聚类算法从样本密度的角度来考察样本之间的可连接性，并基于可连接样本不断扩展聚类簇以获得最终的聚类结果。其中，具有代表性的算法是DBSCAN算法。

- 层次聚类算法试图在不同层次对数据集进行划分，从而形成树形的聚类结构。数据集的划分可采用"自底向上"的聚合策略，也可采用"自顶向下"的分拆策略。其中，具有代表性的算法是AGNES算法。

本项目中主要采用了3类算法中的各自的经典算法K-means算法、DBSCAN算法和AGNES算法开展建模。

（1）K-means聚类算法

K-means算法广泛应用于需要对数据记录进行聚类的场景，它是一种迭代求解的聚类分析算法。该算法原理为：先将数据分为k组，随机选取k个对象作为初始的聚类中心，然后计算每个对象与各个种子聚类中心之间的距离，将每一个对象分配给距离它最近的聚类中心，聚类中心以及分配给它们的对象就代表一个聚类。即K-means算法将输入表的某些列作为特征，根据用户指定的相似度计算方式，将原始数据聚成若干类。

微课 5-4：
K-means 聚
类算法

1）算法原理及步骤

K-means算法有两个重要的概念。

- 簇：所有数据的点集合，簇中的对象是相似的。

- 质心：簇中所有点的中心

以图5-7为例，图中采用了一个二维数据集，从图中明显可以看到，该数据集分为4个簇，而每个簇中间位置的数据则为质心。

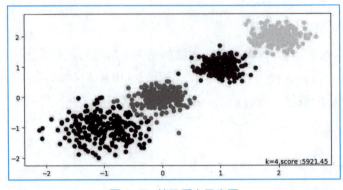

图 5-7　簇及质心示意图

算法的具体步骤为：

① 确定 k 的值，即簇的个数。

② 从 n 个样本数据中随机选取 k 个对象作为初始的质心。

③ 分别计算每个样本点到各个质心的距离，将对象分配到距离最近的聚类中。

④ 所有对象分配完成后，重新计算 k 个质心。

⑤ 与前一次计算得到的 k 个质心比较，如果质心发生变化，转至步骤③，否则转至步骤⑥。

⑥ 当质心不发生变化时，停止并输出聚类结果。

聚类的结果可能依赖于初始质心的随机选择，使得结果严重偏离全局最优分类。实践中，为了得到较好的结果，通常选择不同的初始质心，多次运行K-means算法。

2）K-means聚类算法的优缺点

K-means聚类算法简单、快速，适合常规数据集，比如图5-8当中这种情况，只要选取到合适的 k 值，就可以达到比较良好的结果。

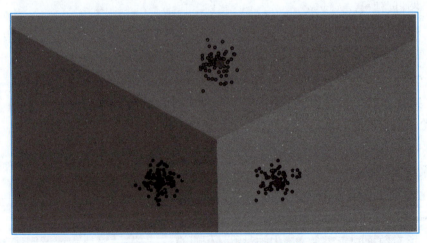

图 5-8　K-means 聚类算法适用的情况

　　但是，它的 k 值难确定；复杂度与样本呈线性关系，如果样本数量特别大的话，复杂度也会极高；也很难发现任意形状的簇。比如说图5-9当中这种情况，其实可以肉眼看到，这是一个笑脸，"眼睛""另一只眼睛""嘴巴"以及"脸的轮廓"分别为一个簇，可是如果采用K-means算法，再怎样选取 k 值，也达不到理想的结果，"脸的轮廓"总是会因为距离被分隔开。除此以外，不同的初始点对聚类结果的影响较大，如果选择了不恰当的初始点，即使后面不断地迭代优化，也很难达到良好的聚类效果。更要紧的是，初始点是随机产生的，所以很难优化。

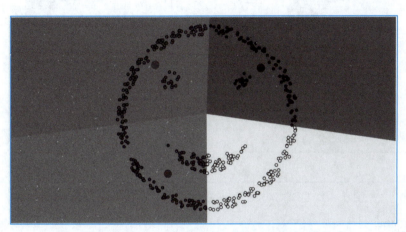

图 5-9 K-means 聚类算法不适用的情况

3）模型定义

　　本项目主要使用scikit-learn库来实现K-means聚类算法模型。K-means聚类算法模型的类对应的是K-means。该模型的定义函数中部分常用参数如表5-1所示。

表 5-1 K-means 模型参数信息

参数	含义
n_clusters	int，default=8 生成的聚类数，即 k 的取值
random_state	int or numpy.RandomState 类型，default=Random 用于初始化质心的生成器，如果值为一个整数，则确定一个质心

具体实现代码如代码块5-5所示。

```
#代码块5-5
from sklearn.cluster import KMeans
model = KMeans(n_clusters=3, random_state=9)
```

（2）DBSCAN聚类算法

微课 5-5：
DBSCAN 聚类
算法

DBSCAN是基于密度空间的聚类算法，与K-means算法不同，它不需要确定聚类的数量，而是基于数据推测聚类的数目，能够针对任意形状产生聚类，从图5-10和K-means聚类算法的对比当中可以看出。

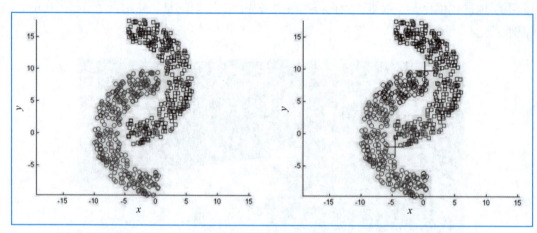

图 5-10　DBSCAN 聚类算法和 K-means 聚类算法的对比图

1）算法原理

DBSCAN算法需要首先确定两个参数：

- epsilon：在一个点周围邻近区域的半径。
- minPts：邻近区域内至少包含点的个数。

DBSCAN算法中参数的示例如图5-11所示。根据以上两个参数，结合epsilon-neighborhood的特征，可以把样本中的点分成3类。

- 核点（Core Point）：满足NBHD（p，epsilon）≥ minPts，则为核样本点。
- 边缘点（Border Point）：NBHD（p，epsilon）<minPts，但是该点可由一些核点获得。
- 离群点（Outlier）：既不是核点也不是边缘点，则是不属于这一类的点。

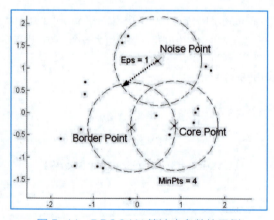

图 5-11　DBSCAN 算法中参数的示例

由图 5-12 可看出 m、p、o、r 都是核心对象，因为它们的内都只是包含 3 个对象。

- 对象 q 是从 m 直接密度可达的。对象 m 从 p 直接密度可达的。
- 对象 q 是从 p（间接）密度可达的，因为 q 从 m 直接密度可达，m 从 p 直接密度可达。
- r 和 s 是从 o 密度可达的，而 o 是从 r 密度可达的，所有 o、r 和 s 都是密度相连的。

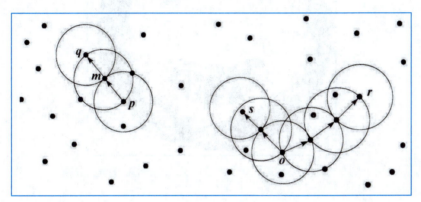

图 5-12　DBSCAN 算法中直接密度可达与密度相连的示例

具体如何用该算法解决问题呢？接下来讲解算法的具体步骤。

① 任意选择一个点（既没有指定到一个类也没有特定为外围点），计算它的 NBHD（p，epsilon）判断是否为核点。如果是，在该点周围建立一个类，否则，设定为外围点。

② 遍历其他点，直到建立一个类。把 directly-reachable 的点加入类中，接着把 density-reachable 的点也加进来。如果标记为外围的点被加进来，修改状态为边缘点。

③ 重复步骤①和②，直到所有的点满足在类中（核点或边缘点）或者为外围点。

就像在 K-means 算法中需要在聚类开始之前输入 k 值一样，在 DBSCAN 算法中，也需要输入一些参数：半径 epsilon 和密度阈值 minPts。其中，半径 epsilon 越大，簇的个数越小；半径 epsilon 越小，簇的个数越大。

该如何选取它们呢？对于半径 epsilon，可以根据 k 距离决定，寻找突变点；对于密度阈值 minPts，会在一开始就取得稍微小一些，在后面迭代优化的过程中再不断地进行调整。

2）DBSCAN 聚类算法的优缺点

DBSCAN 聚类算法无须指定簇的个数，也就是说，在最终的聚类结果运行出来之前，并不知道最终会聚成的簇到底有几个；它也可发现任意形状的簇，比如说在图 5-13 中就可以更好地发挥这个优势，达到极佳的聚类效果；它还擅长找到离群点，在检测任务中可以发挥重要的作用，并且还可以去除一些图片的噪声。

与之相对的，DBSCAN 聚类算法也有一些缺点，它处理高维数据有些困难，不过也可以在此之前对数据进行降维处理；跟 K-means 聚类算法一样，它所需的参数也比较难选择，而且对结果的影响很大；它所用的 scikit-learn 中的效率很慢，但是也可以使用数据消减策略进行调整。

3）模型定义

本项目主要使用 scikit-learn 库来实现 DBSCAN 聚类算法模型。DBSCAN 算法模型的类对应的是 DBSCAN。该模型的定义函数中部分常用参数信息见表 5-2。

图 5-13　DBSCAN 聚类算法可发现任意形状的簇的证据

表 5-2　DBSCAN 模型参数信息

参数	含义
eps	float, default=0.5 ϵ – 邻域的距离阈值，即前文中的 epsilon
min_samples	int, default=5 样本点要成为核心对象所需要的 ϵ – 邻域的样本数阈值，即前文中的 minPts

　　由于 DBSCAN 聚类算法的结果对参数比较敏感，通常需要进行参数优化。本项目使用默认参数，训练后根据结果再进行优化。具体代码如代码块 5-6 所示。

```
#代码块5-6
from sklearn.cluster import DBSCAN
model = DBSCAN()
```

（3）AGNES 算法

　　层次聚类算法（Hierarchical Clustering Method）又称为系统聚类法、分级聚类法。层次聚类算法又分为两种形式：凝聚层次聚类和分裂层次聚类。

　　凝聚层次聚类：首先将每个对象作为一个簇，然后合并这些原子簇为越来越大的簇，直到某个终结条件被满足。

　　分裂层次聚类：首先将所有对象置于一个簇中，然后逐渐细分为越来越小的簇，直到达到了某个终结条件。

　　本项目中应用的主要是凝聚层次聚类中的 AGNES 算法。

　　1）算法原理

　　算法的具体步骤如下，如图 5-14 所示。

微课 5-6：
AGNES 算法

① N个初始模式样本自成一类，即建立N类：

$$G1(0),G2(0),\cdots,Gn(0)(G\_Group)$$

计算各类之间（即各样本间）的距离（相似性、相关性），得一$N\times N$维距离矩阵。"0"表示初始状态。

② 假设已求得距离矩阵$D(n)$（n为逐次聚类合并的次数），找出$D(n)$中的最小元素，将其对应的两类合并为一类。由此建立新的分类：

$$G1(n+1),G2(n+1),\cdots$$

③ 计算合并后新类别之间的距离，得$D(n+1)$。

④ 跳至步骤②，重复计算及合并。

⑤ 结束条件：取距离阈值T，当$D(n)$的最小分量超过给定值T时，算法停止。所得即为聚类结果；或不设阈值T，一直将全部样本聚成一类为止，输出聚类的分级树。

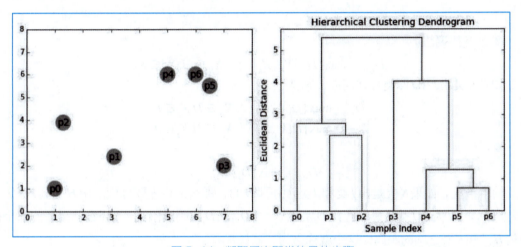

图 5-14　凝聚层次聚类的具体步骤

2）聚类距离间距的计算

在步骤①中提到要计算每个聚类之间的距离，在层次聚类算法中，计算聚类距离间距的计算方法主要有以下 5 种。

① 最短距离法。

假设 H、K 是两个聚类，如图 5-15 所示，则两类间的最短距离定义为：

$$D_{hk} = \min\{D\left(X_h,X_k\right)\}\quad X_h\in H,X_k\in K$$

D_{hk}：H类中所有样本与K类中所有样本之间的最小距离。

$D(X_h,X_k)$：H类中的某个样本X_h和K类中的某个样本X_k之间的欧氏距离。

如果K类由I和J两类合并而成，如图 5-27 所示，则：

$$D_{hi} = \min\{D(X_h,X_i)\}\quad X_h\in H,X_i\in I$$
$$D_{hj} = \min\{D(X_h,X_j)\}\quad X_h\in H,X_j\in J$$

得到递推公式：

$$D_{hk} = \min\{D_{hi},D_{hj}\}$$

简单来说，如果K类是由I类和J类合并而成的，那么，首先要分别求出H类到I类的最

短距离 D_{HI}，H 类到 J 类的最短距离 D_{HJ}，然后将 D_{HI} 和 D_{HJ} 进行比较，选择距离更短的那个值作为 H 类和 K 类之间的距离，这个就称之为"最短距离法"。

在图 5-16 中，假设 D_{HJ} 是 H 类到 J 类的最短距离，D_{HI} 是 H 类到 I 类的最短距离，而 D_{HJ} 小于 D_{HI}，所以根据"最短距离法"，D_{HJ} 将作为 H 类和 K 类之间的距离。

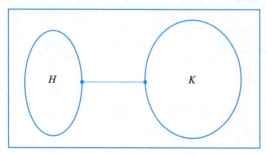

图 5-15　最短距离的示例 1

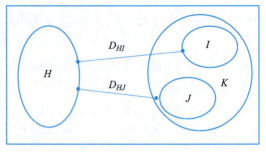

图 5-16　最短距离的示例 2

② 最长距离法。

$$D_{HK} = \max\{D(X_H - X_K)\} \quad X_H \in H, X_K \in K$$

如果 K 类由 I 和 J 两类合并而成，则：

$$D_{HI} = \max\{D(X_H, X_I)\} \quad X_H \in H, X_I \in I$$
$$D_{HJ} = \max\{D(X_H, X_J)\} \quad X_H \in H, X_J \in J$$

有：

$$D_{HK} = \max\{D_{HI}, D_{HJ}\}$$

简单来说，如果 K 类是由 I 类和 J 类合并而成的，那么，首先要分别求出 H 类到 I 类的最长距离 D_{HI}，H 类到 J 类的最长距离 D_{HJ}，然后将 D_{HI} 和 D_{HJ} 进行比较，选择距离更长的那个值作为 H 类和 K 类之间的距离，这个就称之为"最长距离法"。

在图 5-17 中，假设 D_{HJ} 是 H 类到 J 类的最长距离，D_{HI} 是 H 类到 I 类的最长距离，而 D_{HI} 大于 D_{HJ}，所以根据"最长距离法"，D_{HI} 将作为 H 类和 K 类之间的距离。

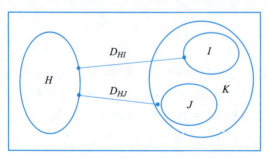

图 5-17　最长距离的示例

③ 中间距离法。

介于最长与最短的距离之间。如果 K 类由 I 类和 J 类合并而成，则 H 和 K 类之间的距离如下：

$$D_{HK} = \sqrt{\frac{1}{2}D_{HI}^2 + \frac{1}{2}D_{HJ}^2 - \frac{1}{4}D_{IJ}^2}$$

④ 重心法。

将每类中包含的样本数考虑进去。若 I 类中有 n_I 个样本，J 类中有 n_J 个样本，则类与类之间的距离递推式为：

$$D_{HK} = \sqrt{\frac{n_I}{n_I + n_J} D_{HI}^2 + \frac{n_J}{n_I + n_J} D_{HJ}^2 - \frac{n_I n_J}{(n_I + n_J)^2} D_{IJ}^2}$$

⑤ 类平均距离法。

$$D_{HK} = \sqrt{\frac{1}{n_H n_K} \sum_{i \in H, j \in K} d_{ij}^2}$$

其中，d_{ij}^2 是 H 类任一样本 X_i 和 K 类任一样本 X_j 之间的欧氏距离平方。

若 K 类由 I 类和 J 类合并产生，则递推式为：

$$D_{HK} = \sqrt{\frac{n_I}{n_I + n_J} D_{HJ}^2 + \frac{n_J}{n_I + n_J} D_{HJ}^2}$$

定义类间距离的方法不同，分类结果会不太一致。实际问题中常用几种不同的方法，比较分类结果，从而选择出相对切合实际的分类方法。

3）模型定义

本项目主要使用 scikit-learn 库来实现 AGNES 算法模型。AGNES 算法模型的类对应的是 AgglomerativeClustering。该模型的定义函数中部分常用参数信息见表 5-3。

表 5-3　AgglomerativeClustering 模型参数信息

参数	含义
n_clusters	int，default=2 生成的聚类数，即簇的个数

具体实现代码如代码块 5-7 所示。

```
#代码块 5-7
from sklearn.cluster import AgglomerativeClustering
model = AgglomerativeClustering(n_clusters=3)
```

任务清单 5-2-1

序号	类别	操作内容	操作过程记录
5.2.1	分组任务	在网上查询资料，讨论并回答以下问题：常用聚类算法还有哪些？如何运用	
5.2.2	个人任务	在项目工作文件 exc05.py 上添加代码，完成以下操作： 1. 创建 K-means 模型以备下一步进行训练。 2. 创建 DBSCAN 模型以备下一步进行训练	

2. 模型训练

模型定义只是对模型进行了实例化，此时的模型只是一个泛在的意义，没有实际的用途，必须使用数据集对定义好的模型进行训练后才能构建出能够实际应用于特定场景和需求的模型。因此要进行聚类操作就需要使用数据对模型进行训练。

以 K-means 聚类算法模型构建为例进行聚类模型训练操作，见代码块 5-8。

```
#代码块5-8
from sklearn.cluster import KMeans
model = KMeans(n_clusters=2, random_state=9)
y_pred =model.fit_predict(x)
```

经过训练后的模型就是可以用来进行聚类的模型，而 y_pred 则是这个模型的分类结果。

为了更直接地了解训练结果，本项目对模型训练的结果进行了可视化，具体实现代码如代码块 5-9 所示。

```
#代码块5-9
plt.figure(figsize=(18, 10))
plt.subplot(121, title="Result of True")
plt.scatter(x[:,0],x[:,1],c=self.y)
plt.subplot(122,title="Result of Forecast")
plt.scatter(x[:,0], x[:,1],c=y_pre)
plt.show()
```

K-means 聚类的结果图如图 5-18 所示。

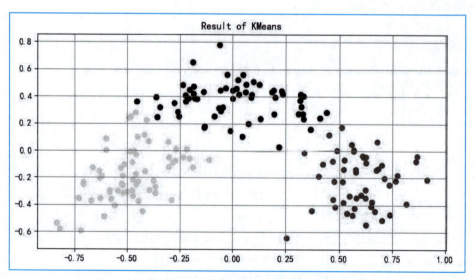

图 5-18   K-means 聚类的结果图

DBSCAN聚类的结果图如图5-19所示。

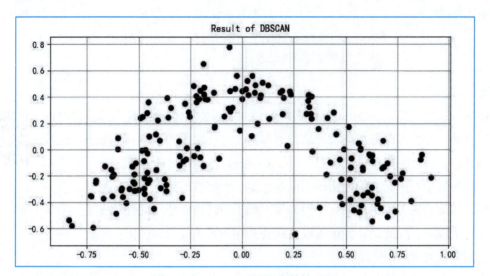

图 5-19　DBSCAN 聚类的结果图

AGNES聚类的结果图如图5-20所示。

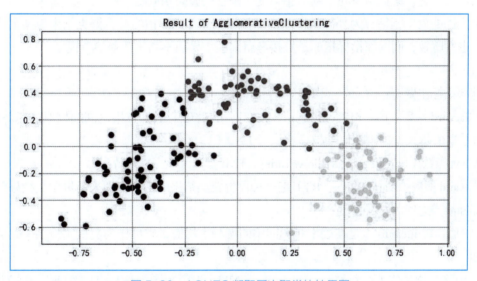

图 5-20　AGNES 凝聚层次聚类的结果图

任务清单 5-2-2

序号	类别	操作内容	操作过程记录
5.2.3	分组任务	阅读代码块 5-8，分组讨论并回答以下问题：除 K-means 模型外，其他模型该如何训练？	
5.2.4	分组任务	找到项目工程文件 Cluster.py 中与代码块 5-8 类似的代码，并与代码块 5-8 进行对比。分组讨论并回答以下问题：这两组代码有何区别，是否能实现同一效果？	

续表

序号	类别	操作内容	操作过程记录
5.2.5	个人任务	在项目工作文件 exc05.py 上添加代码，完成以下操作：对创建的两个模型进行模型训练	

3. 模型评估

K-means 聚类算法、DBSCAN 聚类算法、AGNES 凝聚层次聚类算法都可以完成聚类的工作，可以通过模型评估找到最适合进行聚类的模型。根据不同的数据集的分布，适合的聚类算法也不一样，要根据具体问题具体分析。

微课 5-7：
聚类问题模型评估

在无监督学习中，人们最头疼的问题就是在无标签的情况下，如何评估模型的好坏，在聚类任务中也是如此。但如果明确了最终将要使用的性能度量，就可以解决这个问题，除此之外，还可以直接将其作为聚类过程的优化目标，从而更好地得到符合要求的聚类结果。

聚类是将样本集 D 划分成若干互不相交的子集，即样本簇。那么，理想的聚类结果是什么呢？简单来说，人们希望"物以类聚"，即同一簇的样本尽可能相似，不同簇的样本尽可能不同。换言之，聚类结果的"簇内相似度"高且"簇间相似度"低。

聚类性能度量指标分为外部指标和内部指标。外部指标指的是将聚类结果与某个"参考模型"进行比较；而内部指标指的是直接考察聚类结果而不利用任何参考模型。

（1）外部指标

外部指标主要有：

- Jaccard 系数（Jaccard Coefficient，JC），用于比较有限样本集之间的相似性与差异性。Jaccard 系数值越大，样本相似度越高。

- FM 指数（Fowlkes and Mallows Index，FMI）。

- Rand 指数（Rand Index，RI）是一种评价聚类结果的指标，用来衡量聚类结果与数据的外部标准类之间的一致程度。

- F 值（F-measure）是准确率和召回率的调和平均值，它可作为衡量实验结果的最终评价指标。

- 调整兰德系数（Adjusted Rand Index，ARI）取值范围为[-1，1]，值越大意味着聚类结果与真实情况越吻合。从广义的角度来讲，ARI 衡量的是两个数据分布的吻合程度。

- 互信息（Normalized Mutual Information，NMI）是用来衡量两个数据分布的吻合程度。它指的是两个事件集合之间的相关性。互信息越大，词条和类别的相关程度也越大。

上述性能度量的结果值除了调整兰德系数以外，均在[0，1]区间，值越大越好，值越大表明聚类结果和参考模型（有标签的、人工标准或基于一种理想的聚类的结果）直接的聚类结果越吻合，聚类结果就相对越好。

其中，在外部指标中，本项目主要使用了调整兰德系数（ARI）和互信息（NMI）对各种聚类算法进行模型评估。

1）调整兰德系数（ARI）

具体实现代码如代码块5-10所示。

```
#代码块5-10
from sklearn.metrics.cluster import adjusted_rand_score
ari = round(adjusted_rand_score(y,y_pre),3)
print("【{}】ARI值:{}".format(self.model_name,ari))
```

运行结果如表5-4所示。

表5-4　各个聚类算法的调整兰德系数

模型	调整兰德系数（ARI）
K-means 聚类算法	0.847
DBSCAN 聚类算法	0.0
凝聚层次聚类算法	0.755

调整兰德系数取值范围为[-1，1]，值越大意味着聚类结果与真实情况越吻合。由表5-1可以看出，此时的聚类效果最好的是K-means聚类算法，其次是凝聚层次聚类算法。

2）互信息（NMI）

具体实现代码如代码块5-11所示。

```
#代码块5-11
from sklearn.metrics.cluster import normalized_mutual_info_score
nmi = round(normalized_mutual_info_score(y,y_pre),3)
print("【{}】NMI值:{}\n".format(self.model_name,nmi))
```

运行结果如表5-5所示。

表5-5　各个聚类算法的互信息

模型	互信息（NMI）
K-means 聚类算法	0.835
DBSCAN 聚类算法	0.0
凝聚层次聚类算法	0.773

互信息取值范围为在[0，1]区间，值越大越好。由表5-2可以看出，此时的聚类效果最好的是K-means聚类算法，其次是凝聚层次聚类算法。

（2）内部指标

内部指标是无监督的，无须基准数据集，不需要借助于外部参考模型，利用样本数据集中样本点与聚类中心之间的距离来衡量聚类结果的优劣。

内部指标主要有：

- 紧密度（Compactness）：每个聚类簇中的样本点到聚类中心的平均距离。对应聚类结果，需要使用所有簇的紧密度的平均值来衡量聚类算法和聚类各参数选取的优劣。紧密度越小，表示簇内的样本点月集中，样本点之间聚类越短，也就是说簇内相似度越高。

- 分割度（Seperation）：是个簇的簇心之间的平均距离。分割度值越大说明簇间间隔越远，分类效果越好，即簇间相似度越低。

- 戴维森堡丁指数（Davies-Bouldin Index，DBI）：该指标用来衡量任意两个簇的簇内距离之后与簇间距离之比。该指标越小表示簇内距离越小，簇内相似度越高，簇间距离越大，簇间相似度低。

- 邓恩指数（Dunn Validity Index，DVI）：任意两个簇的样本点的最短距离与任意簇中样本点的最大距离之商。该值越大，聚类效果越好。

- 轮廓系数（Silhouette Coefficient）：对于一个样本集合，它的轮廓系数是所有样本轮廓系数的平均值。轮廓系数的取值范围是[-1，1]，同类别样本距离越相近不同类别样本距离越远，分数越高。

其中，在内部指标中，本任务使用了戴维森堡丁指数（DBI）和轮廓系数（SC）来对各种聚类算法进行模型评估。

1）戴维森堡丁指数（DBI）

具体实现代码如代码块5-12所示。

```
#代码块5-12
from sklearn.metrics.cluster import davies_bouldin_score,
dbi = 0
if len(set(y_pre))> 1:
    dbi = round(davies_bouldin_score(self.x, y_pre),3)
print("【{}】DBI值:{}".format(self.model_name,dbi))
```

运行结果如表5-6所示。

表 5-6   各个聚类算法的戴维森堡丁指数

模型	戴维森堡丁指数（DBI）
K-means 聚类算法	0.585
DBSCAN 聚类算法	0
凝聚层次聚类算法	0.614

戴维森堡丁指数越小表示簇内距离越小，簇内相似度越高，簇间距离越大，簇间相似度低，聚类效果越好。由表5-3可以看出，此时的聚类效果最好的是DBSCAN聚类算法，其次

是K-means聚类算法。

2）轮廓系数（SC）

具体实现代码如代码块5-13所示。

```
#代码块5-13
from sklearn.metrics.cluster import silhouette_score
sc = -1
if len(set(y_pre))> 1:
    sc = round(silhouette_score(self.x, y_pre),3)
print("\n【{}】SC值:{}".format(self.model_name,sc))
```

运行结果如表5-7所示。

表5-7　各个聚类算法的轮廓系数

模型	轮廓系数（SC）
K-means 聚类算法	0.568
DBSCAN 聚类算法	-1
凝聚层次聚类算法	0.543

轮廓系数的取值范围是[-1，1]，同类别样本距离越相近，不同类别样本距离越远，分数越高，聚类效果越好。由表5-4可以看出，此时的聚类效果最好的是K-means聚类算法，其次是凝聚层次聚类算法。

（3）可视化评估

以上的评估方式都是使用一些数字来说明问题，可能不够直观，所以接下来做了可视化，绘制了真实结果与预测结果的聚类对比图。哪个模型的预测结果的聚类结果与真实结果越吻合，就说明该模型的效果越好。

具体实现代码如代码块5-14所示。

```
#代码块5-14
plt.figure(figsize=(20,10))
# 循环可视化展示预测结果
for i,model in enumerate(model_list):
    plt.subplot(2,2,i + 1,title="Result of" + model)
    plt.grid()   # 网格化
    plt.scatter(c.x[:,0],c.x[:,1],c=y_pre_list[i])
# 可视化真实结果
```

```
plt.subplot(2,2,4,title="Result of Real")
plt.grid()
plt.scatter(c.x[:,0],c.x[:,1],c=c.y)
plt.show()
```

运行结果如图5-21所示。

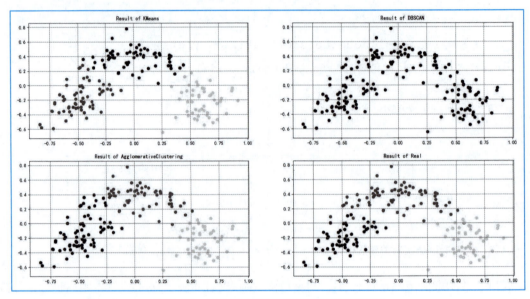

图 5-21　真实结果与预测结果的聚类对比图

任务清单 5-2-3

序号	类别	操作内容	操作过程记录
5.2.6	分组任务	阅读代码块 5-10~ 代码块 5-14，结合 Cluster.py 分组讨论并回答以下问题：代码中的 self.x、y_pre 和 y 3 个参数从何而来？代表什么	
5.2.7	个人任务	在项目工作文件 exc05.py 上添加代码，完成以下操作：选择一种评估方式对生成的两个模型进行评估	

4. 参数调优

算法参数的选择也会影响算法的效果，针对不同的数据和情景对参数进行调整可以提升模型的效果。

（1）DBSCAN聚类算法优化

从评估结果来看，DBSCAN聚类算法的各个评估指标都不太理想，所需要对该聚类算法的eps与min_sample这两个参数进行调整，试图让该聚类算法的效果更好。

首先，确定eps与min_sample的大致范围，使用arange将两个参数进行网格化，然后使用两层for循环对两个参数进行一一遍历，遍历好之后将遍历参数导入模型进行初始化，之后进行训练评估，并将训练结果形成散点图。其中，散点图中标题4个数字分别代表eps、min_sample、ari、dbi，其中ari值越大，代表效果越好。最后，通过评估结果挑选最优参数，并输出。

具体实现代码如代码块5-15所示。

```
#代码块5-15
def ops_dbscan():
    """使用循环优化DBSCAN的参数"""
    c = Cluster()
    c.load_data()    # 数据导入
    c.nor_data()     # 标准化，主成分分析必要步骤
    c.pca_data()     # 主成分分析


    plt.figure(figsize=(25,13))
    plt.suptitle("[eps],[min_sample],[ari],[dbi]",fontsize=20)
    eps_list = np.arange(0.08,0.17,0.02)
    min_sam_list = np.arange(3,13,1)
    cnt = 1
    max_ari = [0,0,0,0]  # eps,min_sample,ari,nmi
    for eps in eps_list:
        for min_sam in min_sam_list:
            eps,min_sam = round(eps,2),round(min_sam)
            print("eps={},min_sample={}".format(eps,min_sam),end="")
            c.load_model(DBSCAN(eps=eps,min_samples=min_sam))
            y_pre = c.train(False)
            _,dbi,ari,_ = c.evaluate()
            if max_ari[2] < ari:
                max_ari = [eps,min_sam,ari,dbi]
            # 可视化展示预测结果
            plt.subplot(5,10,cnt,
                    title="[{}],[{}],[{}],[{}]".format(
                        eps,min_sam,ari,dbi))
            plt.grid()  # 网格化
            plt.scatter(c.x[:,0],c.x[:,1],c=y_pre)
            cnt += 1
```

```
print("最优参数为:eps={},min_sample={}".format(max_ari[0],max_
ari[1]))
plt.tight_layout()   # 子标题与子坐标轴不重叠
```

运行结果如图5-22所示。

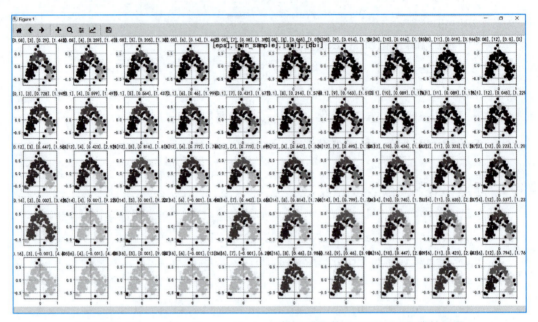

图 5-22　对 eps 与 min_sample 一一遍历后得到的 DBSCAN 聚类结果图

其中，得到的最优参数为：eps=0.12，min_sample=5，此时的各项评估指标如图5-23所示。

```
eps=0.12, min_sample=5
【DBSCAN】SC值: 0.466
【DBSCAN】DBI值: 1.816
【DBSCAN】ARI值: 0.816
【DBSCAN】NMI值: 0.784
```

图 5-23　eps=0.12，min_sample=5 的各项评估指标

调整参数之前和调整参数之后的各项评估指标见表5-8。

表 5-8　调整参数之前和调整参数之后的各项评估指标

eps	min_sample	调整兰德系数（ARI）	互信息（NMI）	戴维森堡丁指数（DBI）	轮廓系数（SC）
0.45	10	0.0	0.0	0	−1
0.12	5	0.816	0.784	1.816	0.466

调整参数之前和调整参数之后的聚类结果图如图5-24和图5-25所示。

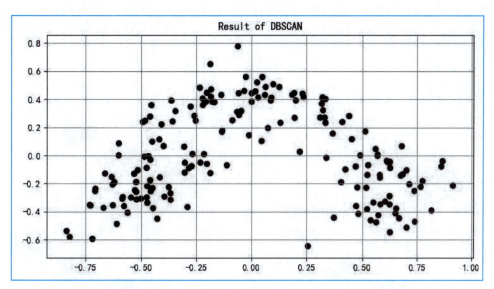

图 5-24　调整参数之前的聚类结果图

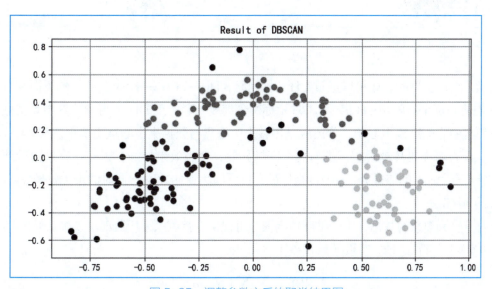

图 5-25　调整参数之后的聚类结果图

很明显，无论是从评估指标还是从聚类结果的角度上来看，在调整参数之后，聚类效果提升了很多。

（2）K-means聚类算法优化

k值是K-means算法最重要的参数，该参数的选择正确与否直接影响聚类结果，确定k值最简单的方法是根据对数据的先验经验选择一个合适的k值。但如果对数据不熟悉或先验经验不足，就需要使用其他方法。

1）可视化比较法与CH指标

对于维数较低的数据，可通过可视化比较法可确认最优的k值，主要思路为根据现有经

微课 5-8：
K-means 聚
类算法优化

验对数据的 k 值确定一定的取值范围，将范围内的数据循环代入程序中进行聚类并可视化，根据聚类结果及数据分布可大致确定最优的 k 值。图5-26对是对同一个二维数据集采用2~4范围内的 k 值进行聚类后的可视化效果。明显看出，对于这级数据的聚类， k 值的最优取值为4。

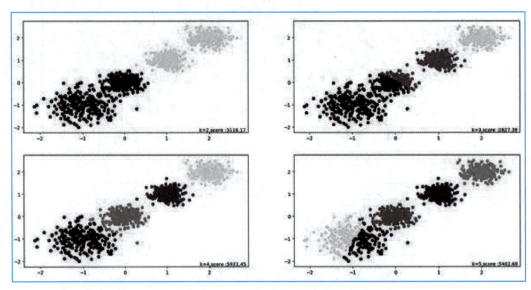

图 5-26　k=2、k=3、k=4、k=5 的聚类效果图

除了图形上判断，还可以通过CH指标判断，图5-9中每一个聚类结果的下面都有一个score的值，那个值就是CH指标。CH指标由分离度与紧密度的比值得到，其中紧密度是指各点与类中心的距离平方和，分离度是指各类中心点与数据集中心点距离平方和。CH指标越大，代表着类自身越紧密，类与类之间越分散，聚类效果越好。因此，在这四种结果当中，k=4时，score的值最大，即CH指标最大，可以达到5921.45，此时的聚类效果最好。

2）肘部法

对于较为复杂的数据，由于维度较高很难可视化，就可以采用肘部法来确认最优 k 值。

在学习肘部法之前，先要了解误差平方和SSE。

$$SSE = \sum_{i=1}^{k}\sum_{p \in C_i} | p - m_i |^2$$

其中，C_i 是第 i 个类，p 是 C_i 类中的所有样本点，m_i 是 C_i 类的质心（C_i 中所有样本的均值）。SSE图最终的结果，对图松散度的衡量。SSE随着聚类迭代，其值会越来越小，直到最后趋于稳定。

肘部法的核心思想是分类数 k 越大，样本划分会更加精细，每个类的聚合程度会逐渐提高，那么误差平方和SSE自然会逐渐变小。

具体步骤如下：

① 对于 n 个点的数据集，迭代计算 k from 1 to n，每次聚类完成后计算每个点到其所属的簇中心的距离的平方和。

② 平方和是会逐渐变小的，直到 $k==n$ 时平方和为 0，因为每个点都是它所在的簇中心本身。

③ 在这个平方和变化过程中，会出现一个拐点，即"肘"点，下降率突然变缓时被认为是最佳的 k 值。

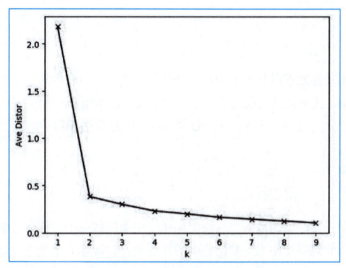

图 5-27　不同 k 值聚类偏差图

如图 5-27，应该选取的是 $k=3$。因为下降率突然变缓时被认为是最佳的 k 值。

通俗地说，图像拐点说明再增加 k 值，类内误差变化已经很小了，已经不能比当前 k 值更好地区分样本了。

任务清单 5-2-4

序号	类别	操作内容	操作过程记录
5.2.8	个人任务	在项目工作文件 exc05.py 上添加代码，完成以下操作： 仿照本知识点的内容，结合评估结果，选择生成的两个模型中的其中一个进行优化	
5.2.9	分组任务	上网查阅资料，结合项目 3 及本项目的参数调优内容，分组讨论并回答以下问题： 1. 参数调优的一般思路是什么？ 2. 还有什么常用的参数调优方法	

【任务小结】

分类和聚类的目标虽然都是分出类别，但两者有质的区别。分类是已经知道目标值有几个具体的类别，属于机器学习中的监督学习；聚类是只有需要进行分类的数据，但是并不知道分几种类别，属于机器学习中的无监督学习。聚类除了单独进行数据挖掘应用外，也常常用于其他数据挖掘工作的预处理阶段。

本项目虽然提供了数据集的分类标签但并没有将其应用于数据挖掘过程，只是应用于模型评估。

5-3　模型应用

【任务要求】

经过数据探索及预处理以及模型构建、评估及调优后，可以得到一个相对适合供电站供电特征聚类的模型。接下来就可以试着应用该模型来进行操作了。

模型应用主要分为两个子任务，一是数据准备，二是数据预测。

【任务实施】

1. 数据准备

需要运用模型进行预测的数据须与模型构建时使用的数据相一致，包括数据预处理的方法都应该一致。因此只需要使用之前任务中的降维操作，即标准化及主成分分析再重新做就可以了。

MinMaxScaler 是 scikit-learn 库定义好的模型，需要经过创建、训练生成模型后就可以将模型应用于同类的数据了。代码块 5-16 是本项目数据预处理阶段的标准化过程，其中就经过了创建、训练两个步骤，此时已经生成了用于标准化的模型 self.mm_scaler，再次应用模型进行分类时，只需要调用模型即可完成标准化操作。

```
#代码块 5-16
from sklearn.preprocessing import MinMaxScaler
......
self.mm_scaler = MinMaxScaler()     #创建
......
self.x = self.mm_scaler.fit_transform(self.x)     #训练
```

标准化及主成分分析操作具体实现代码如代码块 5-17 所示。

```
#代码块 5-17
    x_tran = self.mm_scaler.transform(x_pre)     # 标准化模型应用
    x_tran = self.pca_scaler.transform(x_tran)    # 主成分分析
```

2. 数据预测

数据预测使用的函数为 scikit-learn 库中自带的函数 predict()。

假设现在有一个新的供电站数据有已经训练好的模型model，需要预测的数据为data，预测的具体实现代码如代码块5-18所示。

```
#代码块5-18
    x_pre = [[141.3,410,274,245,96,205,76,560,135,920.0,61.0,160,
    560]]
    pre = model.predict(x_pre)
```

其中data作为参数传到predict()函数中，pre为预测结果。结果如图5-28所示。

```
预测值：
    [[141.3, 410, 274, 245, 96, 205, 76, 560, 135, 920.0, 61.0, 160, 560]]
预测结果：|
    [1]
```

图 5-28　模型应用结果

任务清单 5-3-1

序号	类别	操作内容	操作过程记录
5.3.1	分组任务	找到项目工程文件Cluster.py中与代码块5-17、代码块5-18类似的代码，并与文中的代码进行对比。分组讨论并回答以下问题： 这两组代码有何区别？是否能实现同一效果	
5.3.2	个人任务	在项目工作文件exc05.py上添加代码，完成以下操作： 依据数据集"test.csv"特征，设计新的数据运用训练好的模型进行聚类	

【任务小结】

本项目只采用了178条记录进行模型训练，数据量较小，聚类的效果有待提高，可以通过增加训练数据集的数据量，持续优化模型。

学习评价

任务	客观评价 （40%）	主观评价（60%）			
		组内互评 （20%）	学生自评 （10%）	教师评价 （15%）	企业专家评价 （15%）
5-1					
5-2					

续表

任务	客观评价（40%）	主观评价（60%）			
		组内互评（20%）	学生自评（10%）	教师评价（15%）	企业专家评价（15%）
5-3					
合计					

根据3个任务的完成度进行学习评价，评价依据为：

- 客观评价（40%）：完成代码并运行成功可获得此项分数。

- 主观评价——组内互评（20%）：由同组组员依据分组任务完成情况及个人在小组中的贡献进行评分。

- 主观评价——学生自评（10%）：个人对自己的学习情况主观进行评价。

- 主观评价——教师评价（15%）：教师根据学生学习情况及课堂表现进行评价。

- 主观评价——企业专家评价（15%）：企业专家根据学生代码完成度及规范性进行评价。

基于关联规则的数码产品关联性分析

关联规则是反映一个事物与其他事物之间的相互依存性和关联性，关联规则挖掘是数据挖掘中研究较早而且至今仍活跃的研究方法之一。数据库中的数据关联是现实世界中事物联系的表现，关联知识挖掘的目的就是找出数据库中隐藏的关联信息。最早关联规则是为了发现超市销售数据库中不同商品之间的关联关系，这些关联并不总是事先知道的，而是通过数据库中数据的关联分析获得的，挖掘出顾客的购物习惯，因而对商业决策具有新价值。迄今为止，关联规则的挖掘工作成果颇丰，例如，关联规则的挖掘理论、算法设计、算法的性能以及应用推广、并行关联规则挖掘以及数量关联规则挖掘等。

本项目以数码产品关联分析为例开展实战操作。

学习目标

知识目标

◆ 能说出数据分布分析技术的分类及应用场景。
◆ 能概述关联规则挖掘所需的数据格式及其预处理技术思路。
◆ 能列举并简述常用的关联规则数据挖掘模型及其基本工作思路。
◆ 能列举并简述关联规则数据挖掘模型常用的评估指标及其基本评估方式。
◆ 能概括关联规则挖掘工作流程及关键技术。

技能目标

◆ 能够应用定量分析、定性分析等相关技术开展数据分布分析工作。
◆ 能够通过编程将数据的格式进行转换，转换为关联规则挖掘所需的数据格式。
◆ 能够应用Apriori算法及FP-Tree算法进行关联挖掘。
◆ 能够对Apriori算法及FP-Tree算法的挖掘结果进行解读、评估及应用。
◆ 能够灵活运用各项技术开展关联规则挖掘工作。

素养目标

◆ 规范编码习惯，提升质量意识。
◆ 培养全面考虑问题，追求尽善尽美的工作态度。
◆ 培养科学思维方法和创新精神，不断追求卓越，提高实践能力和综合素质。

项目背景

某数码产品专营店希望通过对手机、充电线、充电头、耳机、触控笔、移动电源这些数码产品的销售数据进行关联性分析，把关联性较大的产品进行捆绑销售从而增加手机及周边产品销售额。具体来说，通过发现顾客在一次购买行为中放入购物篮中不同商品之间的关联，研究顾客的购买行为，从而辅助零售企业制定营销策略。

结合数据分析与挖掘相关工作岗位实践，可以通过数据关联的分析思维，挖掘出不同事物之间的联系，并制定相应的解决方案。关联分析是一种非常实用的数据分析方法，适用于商品售卖、交通管理、经济政策等各个领域。通过数据关联的分析思维，可以挖掘出不同事物之间的联系，并制定相应的解决方案。在工作中，学会触类旁通，也能让我们更加高效地解决问题。

微课 6-1：
数据挖掘中
的关联规则
问题

本项目的数据集为该数码产品专营店2013—2016年的关于手机、充电线、充电头、耳机、触控笔、移动电源这些数码产品的4万多条购物记录信息，包括17个数据属性。项目对数据进行分析及预处理后，使用常用的关联规则模型挖掘出不同商品之间的关联关系。

工作流程

本章项目的工作主要分为数据分析及预处理、关联规则挖掘及关联规则解读、评估及应用3个任务。工作流程如图6-1所示。

数据分析和预处理阶段对数据集浏览及加载后开展数据分布分析，然后依关联规则数据要求进行数据预处理。

关联规则挖掘阶段无须像其他数据挖掘工作一样事先进行训练，只需要使用现有的模型进行挖掘即可。

由于挖掘出来的关联规则里面就有评估指标，而应用的主要工作就是依据评估指标提取关联规则，因此关联规则解读、评估及应用阶段的3项工作，是相互依托，密不可分的。

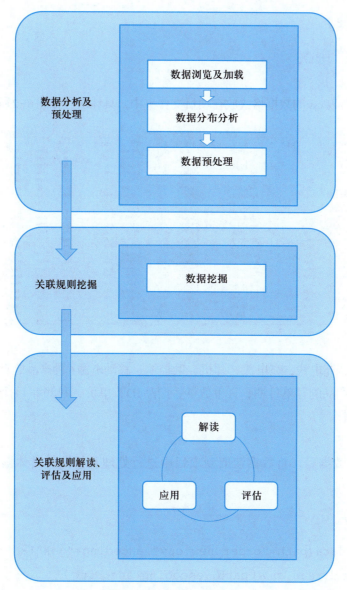

图 6-1　项目 6 工作流程

6-1　数据分析及预处理

【任务要求】

在获取到数据之后，需要对数据进行探索进一步了解数据的属性，针对本项目的数据集，主要对其进行数据质量分析和数据特征分析，包括数据的缺失值分析以及异常值分析。对数据进行质量分析以后，接下来通过绘制图表进行数据的特征分析。数据探索之后对数据进行预处理，使之符合算法的要求。

【任务步骤】

1. 数据浏览与加载

（1）数据浏览

本项目数据集以csv的数据格式放在项目文件夹中，具体内容如图6-2所示。

	A	B	C	D	E	F	G	H	I	J	K	L	M	N
1	订单日期	年价	订单数量	产品ID	客户ID	交易类型	销售大区	国家	区域	产品名称	产品成本	利润	单价	销售金额
2	2016/1/1	2016	1	528	14432BA	1	西南区	中国	大中华区	手机	500	1199	1699	1699
3	2016/1/2	2016	1	528	18741BA	1	西南区	中国	大中华区	手机	500	1199	1699	1699
4	2016/1/2	2016	1	528	27988BA	1	西南区	中国	大中华区	手机	500	1199	1699	1699
5	2016/1/5	2016	1	528	25710BA	1	西南区	中国	大中华区	手机	500	1199	1699	1699
6	2016/1/6	2016	1	528	14999BA	1	西南区	中国	大中华区	手机	500	1199	1699	1699
7	2016/1/7	2016	1	528	14461BA	1	西南区	中国	大中华区	手机	500	1199	1699	1699
8	2016/1/8	2016	1	528	13713BA	1	西南区	中国	大中华区	手机	500	1199	1699	1699
9	2016/1/8	2016	1	528	13725BA	1	西南区	中国	大中华区	手机	500	1199	1699	1699
10	2016/1/9	2016	1	528	17186BA	1	西南区	中国	大中华区	手机	500	1199	1699	1699
11	2016/1/12	2016	1	528	16472BA	1	西南区	中国	大中华区	手机	500	1199	1699	1699
12	2016/1/13	2016	1	528	13816BA	1	西南区	中国	大中华区	手机	500	1199	1699	1699
13	2016/1/14	2016	1	528	16750BA	1	西南区	中国	大中华区	手机	500	1199	1699	1699
14	2016/1/14	2016	1	528	28537BA	1	西南区	中国	大中华区	手机	500	1199	1699	1699
15	2016/1/14	2016	1	528	13195BA	1	西南区	中国	大中华区	手机	500	1199	1699	1699
16	2016/1/14	2016	1	528	21756BA	1	西南区	中国	大中华区	手机	500	1199	1699	1699
17	2016/1/15	2016	1	528	16421BA	1	西南区	中国	大中华区	手机	500	1199	1699	1699
18	2016/1/16	2016	1	528	18377BA	1	西南区	中国	大中华区	手机	500	1199	1699	1699
19	2016/1/16	2016	1	528	20963BA	1	西南区	中国	大中华区	手机	500	1199	1699	1699
20	2016/1/19	2016	1	528	24385BA	1	西南区	中国	大中华区	手机	500	1199	1699	1699
21	2016/1/19	2016	1	528	17185BA	1	西南区	中国	大中华区	手机	500	1199	1699	1699
22	2016/1/19	2016	1	528	16635BA	1	西南区	中国	大中华区	手机	500	1199	1699	1699
23	2016/1/20	2016	1	528	18084BA	1	西南区	中国	大中华区	手机	500	1199	1699	1699
24	2016/1/20	2016	1	528	17793BA	1	西南区	中国	大中华区	手机	500	1199	1699	1699
25	2016/1/20	2016	1	528	14952BA	1	西南区	中国	大中华区	手机	500	1199	1699	1699

图6-2　数据浏览

统计了手机、充电线、充电头、耳机、触控笔、移动电源6种产品的订单销售信息，订单明细包括购买产品的订单日期、订单数量、产品ID、单价、利润等14个属性，每个属性包括48 123条样本。

（2）数据读取

大致了解了数据后，将数据读取到项目中进行处理及挖掘，具体操作如代码块6-1所示。

```
#代码块6-1
def load_data(path="order_new.csv",encoding="gbk"):
    df = pd.read_csv(path, encoding=encoding)
    return df
```

通过pandas库中的read_csv()函数读取数据，读取出来的数据运行结果如图6-3所示。

```
           订单日期   年份  订单数量  产品ID     客户ID  ...  产品名称  产品成本     利润     单价   销售金额
0       2016/1/1  2016     1   528  14432BA  ...    手机  500.0  1199.0  1699.0  1699.0
1       2016/1/2  2016     1   528  18741BA  ...    手机  500.0  1199.0  1699.0  1699.0
2       2016/1/2  2016     1   528  27988BA  ...    手机  500.0  1199.0  1699.0  1699.0
3       2016/1/5  2016     1   528  25710BA  ...    手机  500.0  1199.0  1699.0  1699.0
4       2016/1/6  2016     1   528  14999BA  ...    手机  500.0  1199.0  1699.0  1699.0
...          ...   ...   ...   ...      ...  ...   ...    ...     ...     ...     ...
48118  2016/7/28  2016     1   528  27198BA  ...    手机  500.0  1199.0  1699.0  1699.0
48119  2016/7/29  2016     1   528  27087BA  ...    手机  500.0  1199.0  1699.0  1699.0
48120  2016/7/29  2016     1   528  23385BA  ...    手机  500.0  1199.0  1699.0  1699.0
48121  2016/7/30  2016     1   528  15444BA  ...    手机  500.0  1199.0  1699.0  1699.0
48122  2016/7/30  2016     1   528  15196BA  ...    手机  500.0  1199.0  1699.0  1699.0

[48123 rows x 17 columns]
```

图6-3　数据加载结果

任务清单 6-1-1

序号	类别	操作内容	操作过程记录
6.1.1	个人任务	在项目工程中新建 py 代码文件命名为 exc06.py，参考 AssociationRules.py 中相应的代码，完成对数据集 sports.csv 的关联规则挖掘。本任务为仿照代码块 6-1 完成数据加载。具体要求如下： 　1. 加载数据 sports.csv。 　2. 查看加载后的数据集	

2. 数据分布分析

本项目利用饼图以及直方图进行数据特征的分布分析，能揭示数据的分布特征和分布类型，以了解数据的规律和趋势。在此，分析目标就是描述商品热销情况。

（1）定性数据分布分析

本项目中通过绘制饼图来分析不同产品总销量的占比情况。饼图的每一个扇形部分代表每一类型所占的百分比或频数，根据定性变量的类型数目将饼图分成几部分，每一部分的大小与每一类型的频数成正比。通过 matplotlib 库中的 pie 函数实现饼图的绘制，在此，主要是为了分析出各类产品的订单数量占比，所以绘制之前对各个产品订单数量进行了统计。

具体操作如代码块 6-2 所示。

```
#代码块 6-2
df = dat[['产品名称','订单数量']]
plt.figure(figsize=(22,12))
df_goods = df.groupby(['产品名称']).sum()
df_area = df_goods.reset_index()
# 可视化
plt.pie(df_area['订单数量'],labels=df_area['产品名称'],rotatelabels=
    True)
plt.title("所有地区",position=(0,0),color="red",fontsize=15)
plt.show()
```

运行结果如图 6-4 所示。

根据图 6-4 可知各类商量的销量差距不大，但总的来说手机的总销量是 6 类商品里面最高的，可在进行关联分析的时候多关注这类商品与其他商品的关联。

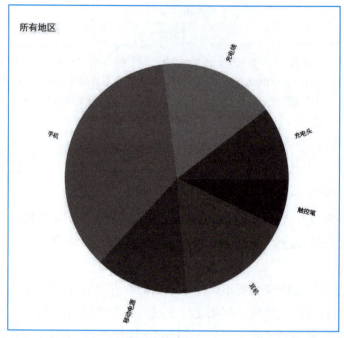

图 6-4　饼图

（2）定量数据的分布分析

本项目中通过绘制直方图对各个价格段的订单数量进行分布分析。直方图有一些划分规则，如下：

- 各组之间必须是相互排斥的。
- 各组必须将所有的数据包含在内。
- 各组的组宽最好相等。

为了绘制更直观的直方图，需要先对数据进行属性规约、连续属性离散化和数值归约。

1）属性规约

属性归约通过属性合并创建新属性维数，或者通过直接删除不相关的属性（维）来减少数据维数，从而提高数据挖掘的效率，降低计算成本。属性归约的目标是寻找最小的属性子集并确保新数据子集的概率分布尽可能接近原来数据集的概率分布。

假设同一客户在同一天内购买的商品为同一个订单，所以需要进行属性规约，将订单日期和客户 ID 这两个属性进行合并，并且对每个订单的金额进行求和计算。具体实现代码见代码块 6-3。

```
#代码块 6-3
df = dat[["订单日期","客户ID","销售金额"]]
# 属性归约：假定同一客户在同一天内购买的商品为同一张订单
df["订单号"] = df["订单日期"] + "-" + df["客户ID"]
df = df[["订单号","销售金额"]]
```

```
# 对每张订单的金额进行求和计算
order_sum = df.groupby(["订单号"]).sum().reset_index()
```

2）连续属性离散化

连续属性离散化，顾名思义，就是将连续的数据进行划分，在其取值范围内，通过设置若干个离散划分点，将取值范围划分为一些离散化的区间，第一步就是要确定分类数，第二步是将连续属性值映射到这些分类值。在上一步属性规约里面产生了这个连续属性，在这一步对其进行离散化操作，首先第一步指定价格区间，第二步，通过 cut() 函数对销售金额进行离散化，将具体的价格离散到某一个价格区间。具体操作如代码块 6-4 所示。

```
#代码块 6-4
# 价格区间制定
bins = list(range(0,10120,500))
# 通过 cut 函数对【销售金额】进行离散化，将具体的价格离散到某一个价格区间
order_sum = pd.cut(order_sum["销售金额"],bins)
```

3）数值归约

有了区间分类后对每个价格区间进行统计，由于有的价格区间的订单数很少，例如，10000~10500 区间只有一个订单，于是需要过滤订单数少于 10 的价格区间。具体操作如代码块 6-5 所示。

```
#代码块 6-5
# 对离散化后的价格区间进行计数
order_sum = order_sum.value_counts()
# 过滤订单数少于 10 的价格区间，例如，10000~10500 区间只有一个订单
order_sum = order_sum[order_sum >= 10]
```

4）直方图绘制

为了更直观体现各个价格段的订单数量分布，需要首先对数据进行降序排序，然后对 X 轴的标题进行处理，再通过 bar() 函数绘制直方图。具体操作如代码块 6-6 所示。

```
#代码块 6-6
order_sum = pd.DataFrame(order_sum.sort_index())
order_sum.index = order_sum.index.astype(str)# 将类别类型转为字符串
plt.figure(figsize=(22,12))
plt.bar(order_sum.index,order_sum["销售金额"])
```

```
plt.title("各价格区间的订单量柱状图",fontsize=18)
plt.grid()
plt.show()
```

运行结果如图6-5所示。

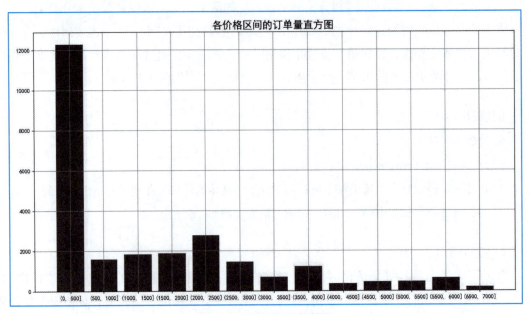

图 6-5   订单数量直方图

直方图的 y 轴代表商品的订单量，x 轴代表各个价格区间段。可以看到0~500价格段的订单是最多的。

任务清单 6-1-2

序号	类别	操作内容	操作过程记录
6.1.2	个人任务	在项目工作文件 exc06.py 上添加代码完成以下操作：完成数据分布分析	

3. 数据预处理

本项目中要进行关联分析的数据是以"天"为单位的，即订单日期，所以需要对同一个区域的同一天的数据进行汇总，以销售大区的订单数据进行关联规则的挖掘，需要的数据列为订单日期、销售大区、产品名称。同时可以选择对全部的区域数据进行挖掘，也可以设置数据筛选，对某个销售区域的数据进行挖掘。在这里使用的 Apriori 算法接口所接受的数据是一个类似于 [['A'，'B']，['B'，'C']] 的可迭代数据类型，其实也就是列表类型，所以最后将数据转换为关联规则挖掘算法可以接受的数据。具体操作如代码块6-7所示。

```
#代码块6-7
def pre_data(df,area=None):
    """
    数据预处理  1 将同一区域、同一天的数据进行汇总，置于list中
               2 筛选相应销售区域的数据
               3 转化数据类型
    :param df:
    :param area:挖掘哪个区域的数据，None时取所有数据
    :return:type=list(list())
    """
    df = df[["订单日期","销售大区","产品名称"]]
    # 汇总数据，汇总出某个地区具体一天的产品销售情况
    df = df.groupby(['销售大区','订单日期']).agg(
        lambda x:sorted(list(set (x.tolist())))).reset_index()
    print(df)
    # 筛选数据：筛选出要求的销售区域，否则使用全部数据
    if area in df["销售大区"].unique():
        df = df[df["销售大区"] == area]
    # print(df["产品名称"].value_counts())
    # 将数据转换为Apriori可以接受的类型
    df = df["产品名称"].tolist()    #将数据转换为列表类型
    # print(df)
    return df
```

运行结果如图6-6所示。

	销售大区	订单日期	产品名称
0	东北区	2015/11/23	[充电线, 移动电源]
1	东北区	2015/12/11	[手机, 移动电源]
2	东北区	2015/12/31	[手机, 移动电源]
3	东北区	2015/5/9	[充电头]
4	东北区	2015/8/6	[手机]
...	...	...	...
5669	重庆	2016/7/5	[手机, 移动电源, 耳机, 触控笔]
5670	重庆	2016/7/6	[手机, 移动电源, 耳机, 触控笔]
5671	重庆	2016/7/7	[手机, 移动电源]
5672	重庆	2016/7/8	[手机, 移动电源, 耳机, 触控笔]
5673	重庆	2016/7/9	[手机, 耳机]

图6-6　数据汇总结果

任务清单 6-1-3

序号	类别	操作内容	操作过程记录
6.1.3	个人任务	在项目工作文件 exc06.py 上添加代码完成以下操作：以客户为单位对数据进行关联分析，模仿代码块 6-7 对数据进行关联规则挖掘前的预处理	

【任务小结】

数据分析及数据预处理都不仅仅只是为最终的数据挖掘服务，也可以扮演相互支撑的角色，以本任务中的定量分布分析为例，在进行定量分布分析之前做了属性归约、离散化、数值归约等一系列数据预处理工作，都是为了更好地呈现直方图服务的。

对于不同的数据集的预处理方式是不一样的，但不管对什么样的数据集用什么样的方式进行预处理，其目标都是将数据集最终处理为一个类似于 [['A'，'B']，['B'，'C']] 的可迭代数据类型，这是关联规则挖掘的基本要求。

6-2　关联规则挖掘

【任务要求】

完成数据探索及预处理后，就可以应用数据挖掘中常用的关联规则算法构建模型来开展数据挖掘了。在本任务中需分别使用 Apriori 算法、FP-Tree 算法对处理后的数据集进行挖掘。

【任务步骤】

1. 关联规则相关概念认知

开展关联规则挖掘之前，需要先了解几个关联规则常用的概念。用本项目的数据集举例说明相关概念，部分本项目预处理后的数据集，简称为事务库，见表6-1。

微课 6-2：
关联规则相
关概念认知

表6-1 事 务 库

订单编号	购买商品
1	手机、充电线、充电头、耳机、触控笔
2	移动电源、充电线、充电头、耳机、鼠标
3	手机、充电头、耳机、移动硬盘、手机壳
4	充电线、手机、充电头、耳机、电脑
5	充电线、手机、充电头、移动电源键盘

① 事务。每一条交易称为一个事务，多条交易记录组成一个事务库，如表6-1中的5条交易记录。

② 项。交易中的每一个商品称为一个项，例如：第1条交易中购买了手机、充电线、充电头、耳机、触控笔，其中手机就是一个项。

③ 项集。包含零个或者多个项的集合叫作项集，例如{手机，充电头}、{充电线，移动电源，触控笔}。

④ $k-$项集。包含k个项的项集叫作$k-$项集。例如{手机}叫作1-项集，{充电线，移动电源，触控笔}叫作3-项集。

⑤ 支持度。是指在事务库中，某个商品组合出现的次数与总次数之间的比例。

在上述的事务库中，"手机"出现了4次，分别出现在订单1、订单3、订单4以及订单5中，那么5笔订单中{手机}支持度就是4/5=0.8。同理{手机，充电线}出现了3次，分别出现在订单1、订单4及订单5中，这5笔订单中{手机，充电线}的支持度就是3/5=0.6，同理也可以得到其他项集的支持度，大家可以动手计算{充电头，耳机}的支持度。若此时设置最小支持度为0.5，{手机}支持度大于0.5，则称为频繁项集。

⑥ 频繁项目集。人为设定一个支持度阈值，称该阈值为最小支持度，当某个项集的支持度大于等于这个阈值时，就把它称为频繁项集，小于最小支持度的项目就是非频繁项集。

⑦ 置信度。指包含项集1和项集2的事务数与包含项集1的事务数之比，通俗的解释就是购买了商品A，继续购买商品B的概率，比如{手机→充电线}的置信度=（支持度{手机，充电线}/支持度{手机}）=3/4，即75%。

继续以上述事务库举例理解，{手机→耳机}的置信度=（支持度{手机→耳机}/支持度{手机}=3/4=0.75），表示购买了手机，继续购买耳机的概率为0.75；{耳机→充电头}的置信度=（支持度（耳机→充电头）/支持度（耳机））=4/4=1，表示购买了耳机继续购买充电头的概率为1。

⑧ 提升度。在关联规则挖掘时，重点需要考虑的是提升度，因为提升度代表的是商品A的出现，对商品B的出现概率提升的程度。计算方法为提升度（A→B）=置信度（A→B）/支持度（B）。所以提升度有3种可能，提升度大于1，表示存在正相关，代表概率有提升；提升度等于1，表示没有相关性，代表概率没有提升也没有下降；提升度小于1，表示存在负相关，代表概率有下降，商品之间具有相互排斥的作用，不建议捆绑销售。

{耳机→充电头}的提升度=置信度（{耳机→充电头}）/支持度（{充电头}）=1/0.8=1.25，表示耳机对充电头是有提升作用的，提升度为1.15，同理可以得到其他项集的提升度。

2. 基于Apriori算法的关联规则挖掘

（1）关联规则挖掘的基本过程

规则挖掘问题可划分为两个子问题。

① 发现频繁项目集：通过用户给定最小支持度，寻找所有频繁项目集或者最大频繁项目集。这个子问题是关联规则挖掘算法研究的重点。

微课6-3：
基于Apriori
算法的关联
规则挖掘

② 生成关联规则：通过用户给定最小可信度，在频繁项目集中，寻找关联规则。

（2）Apriori 算法流程

Apriori 算法流程如图 6-7 所示。

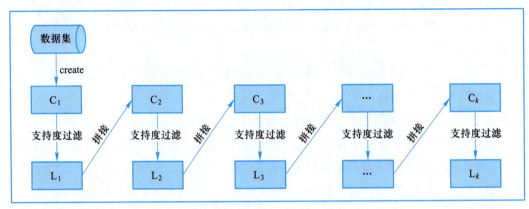

图 6-7　Apriori 算法流程

发现频繁项目集的过程如图 6-7 所示。

① 由数据集生成候选集 C_1（1表示每个候选项仅有一个数据项）。

② 再由 C_1 通过支持度过滤，生成频繁项目集 L_1（1表示每个频繁项仅有一个数据项）。

③ 将 L_1 的数据项两两拼接产生候选集 C_2。

④ 从候选项集 C_2 开始，通过支持度过滤生成 L_2。

⑤ L_2 根据 Apriori 原理拼接成候选集 C_3。

⑥ C_3 通过支持度过滤生成 L_3……直到 L_k 中仅有一个或没有数据项为止。

利用下面的例子来理解一下这个算法，首先根据数据集来生成只含有一个数据项的候选集 C_1，见表6-2、6-3：

表 6-2　Database D

TID	items
001	1　3　4
002	2　3　5
003	1　2　3　5
004	2　5

表 6-3　候 选 集 C_1

项目集	支持数	支持度 /%
{1}	2	50
{2}	3	75
{3}	3	75
{4}	1	25

项目集	支持数	支持度 /%
{5}	3	75

再由 C_1 通过支持度过滤，生成频繁项目集 L_1，可以看到只有项目集 {4} 小于最小支持度 50%，见表 6-4。

表 6-4　频繁项目集 L_1

项目集	支持数	支持度 /%
{1}	2	50
{2}	3	75
{3}	3	75
{5}	3	75

将频繁项目集 L_1 的数据项两两拼接产生候选集 C_2，见表 6-5。

表 6-5　候 选 集 C_2

项目集	支持数	支持度 /%
{1，2}	1	25
{1，3}	2	50
{1，5}	1	25
{2，3}	2	50
{2，5}	3	75
{3，5}	2	50

继续由 C_2 通过支持度过滤，可以看到项目集 {1，2}，{1，5} 支持度小于最小支持度。于是过滤后得到频繁项目集 L_2，见表 6-6。

表 6-6　频繁项目集 L_2

项目集	支持数	支持度 /%
{1，3}	2	50
{2，3}	2	50
{2，5}	3	75
{3，5}	2	50

依照上面的流程继续生成候选集 C_3 和频繁项目集 L_3，见表 6-7、6-8。

依照上面的流程继续生成候选集 C_3 和频繁项目集 L_3。在这里要注意，最后生成的候选集 C_3 是只包含一个 {2，3，5} 项集的，这是因为项目集格空间理论：如果项目集 X 是频繁项目集，那么它的所有非空子集都是频繁项目集；如果项目集 X 是非频繁项目集，那么它的所有超集都是非频繁项目集。

依据上述的项目集格空间理论进行分析，会发现拼接之后的项目集 {1，2，3} 的非空子集 {1，2} 不是频繁项目集，所以项目集 {1，2，3} 也就不是频繁项目集，那么它不具备入选候选集 C_3 的资格；同样的道理，项目集 {1，3，5} 的非空子集 {1，5} 不是频繁项目集，那么也不可以入选候选集 C_3，所以最终的候选集 C_3 只包含项目集 {2，3，5}。

表 6-7 候 选 集 C_3

项目集	支持数	支持度 /%
{1，2，3}	1	25
{1，3，5}	1	25
{2，3，5}	2	50

表 6-8 频繁项目集 L_3

项目集	支持数	支持度 /%
{2，3，5}	2	50

根据上面介绍的关联规则挖掘的两个步骤，在得到了所有频繁项目集后，按照下面的步骤生成关联规则：

- 对于每一个频繁项目集 L，生成其所有的非空子集；
- 对于 L 的每一个非空子集 x，计算 Confidence（x），如果 Confidence（x）大于等于最小可信度（minconfidence），那么 "$x \Rightarrow (L-x)$" 成立。

现在知道最小支持度为 50%，最小可信度为 80%，可知已知最大频繁项目集为 {2，3，5}，{1,3}，接下来生成强关联规则。

对于项目集 L={2，3，5} 的非空子集有 {2}，{3}，{5}，{2，3}，{2，5}，{3，5}，得到关联规则，见表 6-9。

表 6-9 关 联 规 则

序号	L	非空子集	置信度	规则（是否是强规则）
1	{2，3，5}	{2}	67%	2 ⇒ 35（否）
2	{2，3，5}	{3}	67%	3 ⇒ 25（否）
3	{2，3，5}	{5}	67%	5 ⇒ 23（否）
4	{2，3，5}	{2，3}	100%	23 ⇒ 5（是）
5	{2，3，5}	{2，5}	67%	25 ⇒ 3（否）
6	{2，3，5}	{3，5}	100%	35 ⇒ 2（是）

可得到规则 "23 ⇒ 5" 满足最小支持度和最小置信度，于是可以认为该规则是强关联规则，它们之间存在一定的关系。同样对于规则 "35 ⇒ 2（是）" 也是这样。

（3）模型构建及挖掘

本项目的目标是探索商品之间的关联关系，因此采用关联规则算法，以挖掘它们之间的关联关系。关联规则算法主要用于寻找数据中项集之间的关联关系，揭示数据项间的未知关系。基于样本的统计规律，进行关联规则分析。根据所分析的关联关系，可通过一个属性的信息来推断另一个属性的信息。当置信度达到某一阈值时，就可以认为规则成立。Apriori 算法是常用的关联规则算法之一，也是最经典的分析频繁项集的算法，它是第一次实现在大数据集上可行的关联规则提取的算法，该算法流程图如图 6-8 所示。

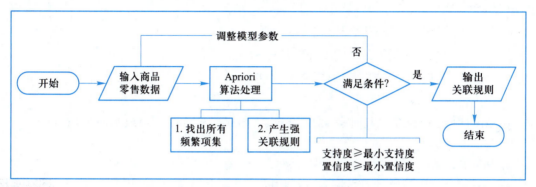

图 6-8　Apriori 算法的流程图

由图 6-8 可知，模型主要由输入、算法处理、输出 3 部分组成。输入部分包括建模样本数据的输入和建模参数的输入。算法处理部分采用 Apriori 关联规则进行处理。输出部分为采用 Apriori 算法输出处理后的结果。

模型具体实现步骤：首先设置建模参数最小支持度、最小置信度，输入建模样本数据；然后采用 Apriori 关联规则算法对建模的样本数据进行分析，以模型参数设置的最小支持度、最小置信度以及分析目标作为条件；如果所有的规则都不满足条件，则需要重新调整模型参数，否则输出关联规则结果。

目前如何设置最小支持度与最小置信度并没有统一的标准。大部分都是根据业务经验设置初始值，然后经过多次调整，获取与业务相符的关联规则结果。本项目选取模型的输入参数：最小支持度为 0.5，最小置信度为 0.35。

直接调用 apyori 库中的 Apriori 算法接口，apyori 是使用 Python 2.7 和 3.3~3.5 的 Apriori 算法的简单实现，以 API 和命令行界面的形式提供。模块功能仅由一个文件组成，不依赖其他任何库，这使学习者可以方便地使用它，能够用作 API。从以下方式中选择一种安装方式：第一用命令行 pip install apyori；第二将 apyori.py 放入项目中，然后运行命令行 python setup.py install。项目第一步，导入该库，接着调用 apriori() 接口，这里重点学习一下参数的使用，见表 6-10。

表 6-10　Apriori 算法参数信息

参数	含义
transactions	需要处理的数据
min_support	最小支持度
min_confidence	最小置信度

具体操作如代码块6-8所示。

```
#代码块6-8
from apyori import apriori
start_time = time.time()
res_apriori = apriori(
        transactions=df,
        min_support=min_support,
        min_confidence=min_confidence
    )
print("Apriori算法耗时:{}s".format(time.time() - start_time))
```

3. FP-Tree 算法构建

Apriori算法需要频繁地对数据库进行扫描，而每次扫描的目的则是为了计数，并且会产生大量的候选集，所以Apriori算法的时间复杂度和空间复杂度相对都很高，算法执行效率不高。而FP-Tree算法在进行频繁模式挖掘时，只需要对数据库进行两次扫描，并且不会产生候选项集。它的效率相比于Apriori算法有很大的提高。接下来介绍FP-Tree算法实现流程，主要可以分为建立项头表、建立FP-Tree树形结构、频繁项集的挖掘3步。

微课 6-4：基于FP-Growth算法的关联规则挖掘

（1）项头表的建立

首先设置最小支持度为0.3，对数据库进行第一次的扫描，对数据进行统计，会得到频繁1项集，然后通过最小支持度过滤掉低于阈值的项集，将频繁1项集放入项头表，并按照支持度从大到小的顺序排列；接着第二次也是最后一次扫描数据，将读到的原始数据剔除非频繁1项集，比如第一条数据中2和6是非频繁项集，因此剔除掉这两项，剩下{1 3 5}，其他数据类似处理，同样也按照支持度从大到小的顺序排列。举个例子，假设有5条数据，分别是{1 2 3 5 6 9}、{1 7 8}、{1 3 5 0}、{7 0}、{1 3 5}，通过两次扫描，项头表成功建立。

第一次扫描数据，得到所有频繁1项集的计数。然后删除支持度低于阈值的项，将1项频繁集放入项头表，并按照支持度降序排列。

表6-11　第一次扫描结果

1:0.8	支持度大于0.3，留下
2:0.2	支持度小于0.3，删掉
3:0.6	支持度大于0.3，留下
5:0.6	支持度大于0.3，留下
6:0.2	支持度小于0.3，删掉
7:0.4	支持度大于0.3，留下

续表

8:0.2	支持度小于 0.3，删掉
9:0.2	支持度小于 0.3，删掉
0:0.4	支持度大于 0.3，留下

接着第二次也是最后一次扫描数据，将读到的原始数据剔除非频繁1项集，并按照支持度降序排列，就得到了项头表，见表6-12。

表6-12 项 头 表

1：0.8
3：0.6
5：0.6
7：0.4
0：0.4

（2）FP-Tree的建立

有了项头表和排序后的数据集，就可以开始FP-Tree的建立了。开始时FP-Tree没有数据，建立FP-Tree时一条条地读入排序后的数据集，插入FP-Tree，插入时按照排序后的顺序，插入FP-Tree中，排序靠前的节点是祖先节点，而靠后的是子孙节点。如果有共用的祖先，则对应的公用祖先节点计数加1。插入后，如果有新节点出现，则项头表对应的节点会通过节点链表链接上新节点。直到所有的数据都插入到FP-Tree后，FP-Tree的建立完成。

首先插入第一条数据，此时FP树没有节点，因此135是一个独立的路径，所有节点计数为1，项头表通过节点链表链接上对应的新增节点，如图6-9所示。

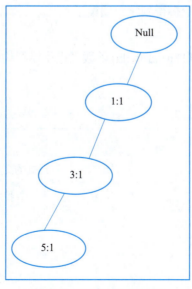

图 6-9 构建 FP-Tree1

接着插入数据 17，如图 6-10 所示。由于 17 和现有的 FP-Tree 可以有共有的祖先节点序列 1，因此只需要增加一个新节点 7，将新节点 7 的计数记为 1。同时 1 和 3 的计数加 1 成为 2。

用同样的办法可以更新后面 3 条数据，如图 6-11 所示。

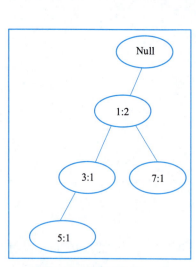

图 6-10　构建 FP-Tree2

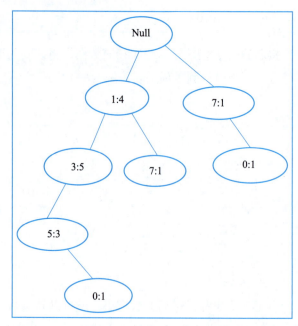

图 6-11　构建 FP-Tree3

（3）频繁项集的挖掘

下面介绍如何从 FP-Tree 里挖掘频繁项集。得到了 FP-Tree 和项头表以及节点链表，首先要从项头表的底部项依次向上挖掘。对于项头表对应于 FP-Tree 的每一项，要找到它的条件模式基。所谓条件模式基是以要挖掘的节点作为叶子节点所对应的 FP 子树。得到这个 FP 子树，将子树中每个节点的计数设置为叶子节点的计数，并删除计数低于支持度的节点。从这个条件模式基，就可以递归挖掘得到频繁项集了。

（4）模型构建及挖掘

本项目用到了 PyFim 库中的 Fp-growth() 函数来进行模型构建与挖掘。该算法的参数介绍见表 6-13。

表 6-13　Fp-growth 算法参数信息

参数	含义
tracts	挖掘的交易数据库，为可迭代对象
target	查找的常用项目集的类型
supp	最小支持度
conf	最小置信度
report	表示使用项目集报告的值

具体操作如代码块6-9所示。

```
#代码块6-9
from fim import fpgrowth
start_time = time.time()
res_fpgrowth = fpgrowth(tracts=df,target="r",report="SCL",
                supp=min_support * 100,conf=min_confidence)
print("Fp-growth算法耗时:{}s".format(time.time() - start_time))
```

4. Apriori 算法及 FP-Tree 算法效率对比

（1）Apriori算法

对于Apriori算法，其属于经典算法，原理简单，易实现；并且适合事务数据库的关联规则挖掘，扩展性较好，可以用于并行计算等领域。但Apriori算法有两个致命的性能缺陷：

① 多次扫描事务数据库，需要很大的I/O负载。对每次 k 循环，候选集 C_k 中的每个元素都必须通过扫描数据库一次来验证其是否加入 L_k。假如有一个频繁大项目集包含10个项的话，那么就至少需要扫描事务数据库10遍。

② 可能产生庞大的候选集。由 L_{K-1} 产生 $K-$ 候选集 C_k 是指数增长的，例如 10^4 个1-频繁项目集就有可能产生接近 10^7 个元素的2-候选集。如此大的候选集对时间和主存空间都是一种挑战。

（2）FP-Tree算法

基于上面的问题，引出了FP-Tree算法，FP-Tree算法只需对事务数据库进行两次扫描，这样就会避免产生大量候选集，在效率上和耗时上都会有提升，使用FP-Tree算法可以高效发现频繁项集。

任务清单 6-2-1

序号	类别	操作内容	操作过程记录
6.2.1	分组任务	查看项目文件 AssociationRules.py，从中找到与代码块 6-8、代码块 6-9 相似的代码进行对比，结合上下文，回答以下问题： 1. min_support 和 min_confidence 两个变量从何而来？具体的取值是多少？ 2. 为何两个代码块都使用 min_support 和 min_confidence 两个变量作为参数？	
6.2.2	分组任务	分组查阅资料、讨论并回答以下问题：关联规则挖掘为何不像其他数据挖掘一样需要经过模型训练这一步？	
6.2.3	个人任务	在项目工作文件 exc07.py 上添加代码，完成以下操作：选择 Apriori 算法及 FP-Tree 算法中其中一种算法开展关联规则挖掘	

【任务小结】

关联规则挖掘不需要进行模型训练，可以理解为模型是现成的，只需要将不同的数据放到不同算法中即可得出该数据集的关联规则。

6-3   关联规则解读、评估及应用

【任务要求】

上一个任务分别应用两个算法在最小支持度为30%的基础上对订单数据进行关联规则的挖掘得到了关联规则，需要进一步对关联规则进行解读及评估才可以应用。支持度、置信度和提升度是关联规则评估的关键指标，与其他模型的评估指标不一样，这3个数据不是外部指标，而是直接体现在挖掘结果中的，与解读及应用直接相关。本任务分别对两种算法生成的关联规则进行解读、评估及应用。

【任务步骤】

1. 基于 Apriori 挖掘的关联规则解读、评估及应用

对于Apriori算法来说，如果数据量太大的话，这个结果所占用内存会巨大，所以Apriori返回的是一个生成器generator，会根据调用动态生成数据。比如有1万个数据，它会按照一个函数来生成，要多少个就生成多少个。而使用函数list()之后，就相当于将所有内容的生成完毕并存储下来，所以容易爆炸，生成器本身是不会爆炸的。可以看到返回结果的一条记录如RelationRecord[items，support，ordered_statistics[item_base，item_add，confidence，lift]]，可以一层一层地剥开，获取里层的信息，因为关联规则的结果是一个多维列表。通过嵌套循环来读取结果，首先读出频繁项集，然后通过利用i变量读取出关联规则，最后将结果输出，见表6-14。

微课 6-5：基于 Apriori 挖掘的关联规则解读、评估及应用

表 6-14   返回结果说明

属性	说明
items	频繁项集
support	频繁项集的支持度
ordered_statistics	存在的强关联规则
items_base	关联规则中的前件
items_add	关联规则中的后件
confidence	关联规则的可信度
lift	关联规则的提升度

算法返回的是关系记录（RelationRecord），也就是频繁项集的基本信息，每个关系记录反映了与具有相关规则的特定项集（项）相关联的所有规则。频繁项集的支持度（Support），考虑到它只是这些项一起出现的计数，对于涉及这些项的任何规则都是一样的，因此每个RelationRecord只出现一次。有序统计量反映了满足最小置信度和最小提升度要求的所有规则的列表。每个强关联规则（OrderedStatistic）包含规则的前项（项基数）和结果（项添加），以及相关的支持度、置信度和提升度。

Apriori算法挖掘关联规则结果输出实现过程具体操作如代码块6-10所示，结果示例如图6-12所示。

```python
#代码块6-10
print('{:*^50}'.format("Apriori结果集"))
for num,i in enumerate(list(res_apriori)):
    print(" - {} -:".format(num))
    temp_item = "、".join(i.items)
    for j in i.ordered_statistics:
        temp_base = "、".join(j.items_base)
        temp_add = "、".join(j.items_add)
        print("\t最终结果集:{}\n".format(temp_item)+
            "\t\t支持度:{:.2f}%\n".format(i.support * 100)+
            "\t\t基础项集:{}\n".format(temp_base)+
            "\t\t添加项集:{}\n".format(temp_add)+
            "\t\t置信度:{:.2f}%\n".format(j.confidence * 100)+
            "\t\t提升度:{:.2f}%".format(j.lift * 100))
```

```
RelationRecord(items=frozenset({'手机', '触控笔'}), support=0.3052520267888615, ordered_statistics=[OrderedStatistic(items_base=frozenset({'手机'}),
items_add=frozenset({'触控笔'}), confidence=0.6682098765432098, lift=2.1051764794592853), OrderedStatistic(items_base=frozenset({'触控笔'}),
items_add=frozenset({'手机'}), confidence=0.9616879511382566, lift=2.1051764794592853)])
 - 9 - :
    最终结果集: 手机、触控笔
    支持度: 30.53%
    基础项集: 手机
    添加项集: 触控笔
    置信度: 66.82%
    提升度: 210.52%
```

图 6-12　Apriori 关联规则挖掘结果示例

分析上面结果，其中有一条规则是{手机，触控笔}，并且手机是基础项集，触控笔是添加项集，由前件关联挖掘出后件就是算法挖掘出来的一条规则，为{手机}->{触控笔}，即{手机}是关联规则中的前件，{触控笔}是关联规则的后件。支持度就是体现两种产品同时被购买的概率，注意这里不存在商品购买顺序之分，是这两个商品同时被购买的概率，也就是说在买这两个产品的同时还可以买其他产品，需要通过这个来佐证两种产品有关联，支持度越大说明同时买这两个东西的人越多。在这条关联规则的分析结果中，同时买触控笔和手机的概率是 30.53%。置信度就涉及了商品购买顺序，表示在所有购买手机的订单中，触控笔出现了多少次，该规则的置信度为 66.82%，说明在购买了手机后，有约 67% 的用户去购买触控笔。置信度越大，说明这条关联规则存在很强的因果关系。该条规则的提升度为 210.52%，说明这两个商品有很强的关联，因为当提升度大于 1 时，才能说明二者有关联，提升度越大，关联关系越强，见表 6-15。

表 6-15　Apriori 算法结果输出

序号	最终结果集	支持度 / %	基础项集	添加项集	置信度 / %	提升度 / %
1	充电头	50.92	无	充电头	50.92	100
2	充电线	75.70	无	充电线	75.70	100
3	手机	45.68	无	手机	45.68	100
4	移动电源	41.73	无	移动电源	41.73	100
5	耳机	37.73	无	耳机	37.73	100
6	充电线、充电头	35.09	无	充电线、充电头	35.09	100
7	充电线、充电头	35.09	充电头	充电线	68.92	91.4
8	充电线、充电头	35.09	充电线	充电头	46.36	91.04
9	手机、充电线	30.37	充电线	手机	40.12	87.82
10	手机、充电线	30.37	手机	充电线	66.47	87.82
11	手机、移动电源	40.06	无	手机、移动电源	40.06	100.00
12	手机、移动电源	40.06	手机	移动电源	87.69	210.12
13	手机、移动电源	40.06	移动电源	手机	95.99	210.12
14	手机、耳机	36.13	无	手机、耳机	36.13	100.00
15	手机、耳机	36.13	手机	耳机	79.09	209.60
16	手机、耳机	36.13	耳机	手机	95.75	209.60
17	触控笔、手机	30.53	手机	触控笔	66.82	210.52
18	移动电源、耳机	34.24	移动电源	耳机	82.05	217.45
19	移动电源、耳机	34.24	耳机	移动电源	90.75	217.45
20	手机、移动电源、耳机	33.20	手机	移动电源、耳机	72.69	212.26
21	手机、移动电源、耳机	33.20	移动电源	手机、耳机	79.56	220.21
22	手机、移动电源、耳机	33.20	耳机	手机、移动电源	88.00	219.66

序号	最终结果集	支持度 / %	基础项集	添加项集	置信度 / %	提升度 / %
23	手机、移动电源、耳机	33.20	手机、移动电源	耳机	82.89	219.66
24	手机、移动电源、耳机	33.20	手机、耳机	移动电源	91.90	220.21
25	手机、移动电源、耳机	33.20	移动电源、耳机	手机	96.96	212.26

以上是针对所有地区的订单数据的关联规则 Apriori 算法的挖掘结果，共有 25 条规则，其中有的规则不存在基础项集，选择将其删掉，因为这样的规则毫无意义。分析所有数据可知，有 13 条关联规则的提升度大于 200%，其中规则 { 手机，耳机 } → { 移动电源 } 的支持度为 33.20%，置信度为 79.56%，提升度为 220.21%，提升度最高。提升度越高关联关系越强，所以可以将该条规则应用于市场进行检验，其余的提升度超过 200% 的关联规则也可以应用于市场，提升度小于或等于 100% 的规则放弃使用。

2. 基于 FP-Tree 树挖掘的关联规则解读、评估及应用

FP-Tree 算法返回的结果是一个列表类型，每一个列表元素表示一条规则。列表中的元素是元组类型，元组中是每一条规则的输出内容，输出内容包括关联规则的前件、后件、支持度、置信度以及提升度，可以直接通过循环来访问每一条关联规则，然后通过索引进一步访问关联规则的详细内容，内容解释见表 6-16，挖掘结果示例如图 6-13 所示。

微课 6-6：基于 FP-Tree 树挖掘的关联规则解读、评估及应用

表 6-16　结果解释

属性	说明
item[0]	关联规则中的前件
item[1]	关联规则中的后件
item[2]	支持度
item[3]	置信度
item[4]	提升度

具体操作如代码块 6-11 所示。

```
#代码块6-11
print('{:*^50}'.format("Fp-growth结果集"))
for item in res_fpgrowth:
    print(item)
    if item[2] < 30:
        continue
```

```
print("\t\t基础项集:{}\n".format(item[0])+
    "\t\t添加项集:{}\n".format(list(item[1]))+
    "\t\t支持度:{:.2f}%\n".format(item[2])+
    "\t\t置信度:{:.2f}%\n".format(item[3])+
    "\t\t提升度:{:.2f}%\n".format(item[4])
    )
```

```
('手机', ('触控笔',), 30.52520267888615, 96.16879511382565, 210.51764794592853)
        基础项集: 手机
        添加项集: ['触控笔']
        支持度: 30.53%
        置信度: 96.17%
        提升度: 210.52%
```

图 6-13 FP-Tree 关联规则挖掘结果示例

在此,留下支持度＞30%的关联规则,并输出其详细信息,选择其中一条关联规则{手机}→{触控笔}进行分析,基础项集{手机}就是关联规则的前件,添加项集{触控笔}就是关联规则的后件,该条规则的支持度为30.53%、置信度为96.17%、提升度为210.52%。

针对所有地区的订单数据的关联规则FP-Tree算法的挖掘结果见表6-17,共有21条规则,同样删除没有基础项集的关联规则。分析所有数据可知,有11条关联规则的提升度大于200,其中规则{移动电源}→{耳机,手机}的提升度为220.21%,提升度最高。提升度越高关联关系越强,所以可以将该条规则应用于市场进行检验,其余的提升度超过200的关联规则也可以应用于市场,提升度≤100的规则放弃使用。

表 6-17 FP-Tree 输出结果

序号	基础项集	添加项集	支持度 /%	置信度 /%	提升度 /%
1	充电线	无	75.70	75.70	100.00
2	充电线	手机	30.37	66.47	87.82
3	手机	充电线	30.37	40.12	87.82
4	手机	无	45.68	45.68	100
5	手机	移动电源	40.06	95.99	210.12
6	移动电源	手机	40.06	87.69	210.12
7	移动电源	无	41.73	41.73	100
8	充电线	充电头	35.09	68.92	91.04
9	充电头	充电线	35.09	46.36	91.04

续表

序号	基础项集	添加项集	支持度 /%	置信度 /%	提升度 /%
10	充电头	无	50.92	50.92	100
11	手机	耳机	36.13	95.75	209.60
12	耳机	手机	36.13	79.09	209.60
13	手机	耳机，移动电源	33.20	96.96	212.26
14	移动电源	耳机，手机	33.20	91.90	220.21
15	耳机	移动电源，手机	33.20	82.89	219.66
16	移动电源	耳机	34.24	90.75	217.45
17	耳机	移动电源	34.24	82.05	217.45
18	耳机	无	37.73	37.73	100.00
19	手机	触控笔	30.53	96.17	210.52
20	触控笔	手机	30.53	66.82	210.52
21	触控笔	无	31.74	31.74	100.00

任务清单 6-3-1

序号	类别	操作内容	操作过程记录
6.3.1	分组任务	查看项目文件 AssociationRules.py，从中找到与代码块 6-10、代码块 6-11 相似的代码进行对比，结合上下文，回答以下问题：res_apriori, res_fpgrowth 两个变量从何而来？	
6.3.2	个人任务	在项目工作文件 exc06.py 上添加代码，完成以下操作：将任务 6.2.3 中关联规则挖掘结果进行输出	
6.3.3	分组任务	分组并完成以下任务：分析任务 6.3.2 的输出结果，找到可以应用的关联规则	

【任务小结】

关联规则挖掘的目的是得到目标数据集的关联规则，而不是预测出一个特定的数据，所以关联规则的应用也没有预测这一步骤，只需要结合评估指标对关联规进行解读后即可应用。

学习评价

任务	客观评价（40%）	主观评价（60%）			
		组内互评（20%）	学生自评（10%）	教师评价（15%）	企业专家评价（15%）
6-1					
6-2					
6-3					
合计					

根据三个任务的完成度进行学习评价，评价依据为：

● 客观评价（40%）：完成个人任务代码并运行成功可取得此项分数。

● 主观评价——组内互评（20%）：由同组组员依据分组任务完成情况及个人在小组中的贡献进行评分。

● 主观评价——个人评价（10%）：个人对自己的学习情况主观进行评价。

● 主观评价——教师评价（15%）：教师根据学生学习情况及课堂表现进行评价

● 主观评价——企业专家评价（15%）：企业专家根据学生代码完成度及规范性进行评价。

基于时间序列的生鲜农产品销量预测

时间序列就是将同一统计指标的数值按其发生的时间先后顺序排列而成的数列，是按照一定的时间间隔排列的一组数据，其时间间隔可以是任意的单位，如小时、日、周、月等。比如，每天某产品的用户数量，每个月的销售额，这些数据形成了以一定时间间隔的数据。时间序列分析的主要目的就是根据已有的历史数据来对未来进行预测，时间序列预测算法就是以时间序列为分析对象而进行预测的一种预测方法。它的特点就是"内生性"，考虑的仅仅是过去历史的需求数据，通过深入分析一段时间形成的实际需求序列来发现和识别历史需求的隐藏模式，从而进行预测。在许多重要的领域，都需要基于时间序列进行预测，如预测销售量、酒店的入住量、股市行为等。

本项目以生鲜农产品销量预测为例开展实战操作。

学习目标

知识目标

◆ 能说出平稳性检验、白噪声检验、差分操作等时间序列数据的分析及预处理技术的作用和关联。

◆ 能列举并简述常用的时间序列数据挖掘模型及其基本工作思路。

◆ 能说出时间序列数据挖掘模型参数确认方法。

◆ 能列举并简述适用于时间序列预测模型的评估指标及其基本评估方式。

◆ 能概括时间序列预测的工作流程及关键技术。

技能目标

◆ 能够应用平稳性检验、白噪声检验、差分操作等技术对时间序列数据进行分析及预处理。

◆ 能够应用常用的基于时间序列算法的数据挖掘模型开展数据挖掘工作。

◆ 能够应用BIC原则确定时间序列数据挖掘模型的参数。

◆ 能够应用MAE（平均绝对值误差）、MSLE（均方对数误差）及可视化方法对时间序列数据挖掘模型进行评估，判断模型的适用性。

◆ 能够灵活运用各项技术开展时间序列数据挖掘工作。

素养目标

◆ 遵守工作标准和劳动纪律，养成严谨敬业的职业态度。

◆ 加强对农村发展和乡村振兴的认识和理解，提高社会责任感。

◆ 增强创新意识和实践能力，鼓励探索新的技术和方法，为农业数字化转型贡献力量。

项目背景

发展"三农"、服务"三农"一直是我国国民经济和社会发展工作中的重中之重。大数据对乡村建设发展起到了很好地助推作用，其中呈现的数字价值越来越明显、越来越广泛。广西乡村数字经济加速发展，培育了一批本土电商企业和网红销售达人，电子商务进农村综合示范覆盖面不断扩大。2021年以来广西获批新增全国电子商务进农村示范县8个，新建服务站点607个、物流配送网点582个，农村电商业务带动就业5.65万人，农产品网络零售额达88.92亿元，培育农产品网销单品4 678个。在电商平台迅速发展的背景下，农业产品的销量有了巨大的提升，但生鲜农产品由于物流成本较高且不易保存，虽然销量在提高，但成本及耗损也巨大。为了改善这一问题，某生鲜农产品销售企业需要对每天的生鲜农产品销量进行预测，根据预测的数据进行合理地备货及配送安排。

微课 7-1：
数据挖掘中
的时间序列
问题

本项目中用到的数据集是该企业2023年1月1日到2023年2月6日樱桃的销量数据，包括具体日期以及当天的真实销量。项目在对数据经过必要的数据预处理后，使用常用的时间序列模型预测未来5天的销售量。

工作流程

生鲜农产品销量预测项目的工作主要分为数据分析及预处理、模型构建、模型预测及评估3个任务。工作流程如图7-1所示。

数据分析和预处理阶段对数据集进行浏览和加载后开展平稳性检验，对非平稳时间序列进行差分操作后进行白噪声检验。

模型构建阶段首先需要确认模型参数，再进行模型定义及训练。

模型预测及评估阶段使用已经训练好的模型对目标序列进行预测，然后评估不同模型的预测结果。

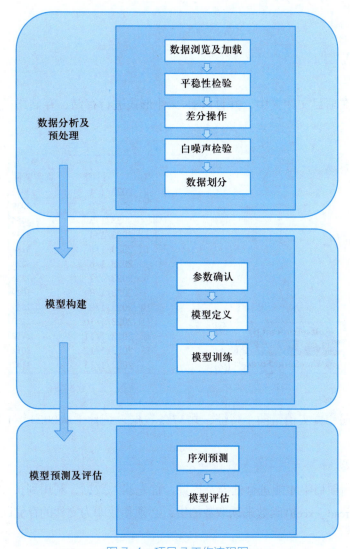

图 7-1　项目 7 工作流程图

7-1　数据分析及预处理

【任务要求】

对数据集进行探索与浏览，采用程序对数据集进行数据读取，数据划分，数据平稳性检验、差分操作、白噪声检验，为之后的数据挖掘奠定基础。

【任务实施】

1. 数据浏览及加载

（1）数据浏览

数据集存放在项目文件夹中，并且以 xls 文件形式进行存储，存储路径及具体内容如图 7-2、7-3 所示。

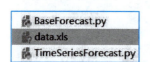

	A	B
1	日期	真实销量
2	2023/1/1	3023
3	2023/1/2	3039
4	2023/1/3	3056
5	2023/1/4	3138
6	2023/1/5	3188
7	2023/1/6	3224
8	2023/1/7	3226
9	2023/1/8	3029
10	2023/1/9	2859
11	2023/1/10	2870
12	2023/1/11	2910
13	2023/1/12	3012
14	2023/1/13	3142

图 7-2   数据存储路径   图 7-3   数据集浏览

数据包括日期和真实销量两个特征，共 37 条数据，统计了从 2023 年 1 月 1 日到 2 月 6 日每天的销量信息。

（2）数据加载

将数据加载到项目中才能进行处理及挖掘，首先读入数据，利用到 pandas 库来进行数据分析操作，用 pd.read_excel() 函数来读取数据集，必须参数即为文件的存储路径。具体操作如代码块 7-1 所示。

```
# 代码块 7-1
def load_data(self,path="data.xls"):
    """加载数据"""
    self.data = pd.read_excel(path,index_col=u"日期")
```

任务清单 7-1-1

序号	类别	操作内容	操作过程记录
7.1.1	个人任务	在项目工程中新建 py 代码文件命名为 exc07.py，参考 TimeSeriesForecast.py 中相应的代码，完成对数据集 data1.xls 的时间序列预测，预测之后 5 天销量的数据。本任务为仿照代码块 7-1 完成数据加载。具体要求如下： 1. 加载数据 data1.xls 2. 查看加载后的数据集	

2. 平稳性检验

平稳性是时间序列中最重要的概念之一，时间序列就是将某种现象的指标数值按照时间顺序排列而成的数值序列，所以一个平稳的序列说明它的均值、方差和协方差不随时间的变化而变化。如果数据不具有平稳性，没有规律可言，并且经过挖掘得到的拟合曲线在未来的一段期间不具有延续的特点，在未来一段时间内不能够以现有的形态和趋势发展下去，这样预测结果没有什么意义。所以需对数据进行平稳性检测，以保证预测结果更加准确。

微课 7-2：
平稳性检验

平稳性检测的方法可以笼统地分为两类，一类是可视化方法，也就是通过肉眼观察的方法，包括时序图、自相关图、偏相关图；另一类是ADF检验，也叫单位根检验，是比较严格的一个检测方法。

本项目中采用以上两种方法进行了平稳性检验，具体实现代码如代码块7-2所示。

```
#代码块 7-2
import matplotlib.pyplot as plt
from statsmodels.graphics.tsaplots import plot_acf,plot_pacf
from statsmodels.tsa.stattools import adfuller as adf
def analysis_data(self,is_visual=True):
    fig,axes = plt.subplots(nrows=2,ncols=3,figsize=(18,10))
    self.data.plot(ax=axes[0][0],title="原始序列时序图")#绘制时序图
    plot_acf(self.data,ax=axes[0][1],title="原始序列自相关图").
show()     #绘制自相关图
    plot_pacf(self.data,ax=axes[0][2],title="原始序列偏自相关图").
show()     #绘制偏相关图
    print('原始序列的ADF检验结果为:',adf(self.data[u'真实销量']))
    #ADF检验
```

4种检验方式的检验结果解析如下。

（1）时序图

时序图，顾名思义，就是随着时间的变化某个变量的变化规律。如果数据的变化趋势是围绕着一个常数上下波动，那就是平稳数据；如果数据的变化趋势是很明显的增长或者降低，数据就是非平稳数据。

时序图可被看作一个折线图，使用plot()函数绘制。本项目中的时序图绘制结果如图7-4所示，它整体是向上增长的趋势，在一个平稳的序列里，它不应该有任何的变化趋势，所以得出结论，此序列是一个非平稳序列。

（2）自相关和偏自相关图

相关性指的是不同变量之间的相关程度，而自相关性就是数据自身在不同时间点的相关

性，也就是说是针对一个变量而言的；也就是任意时间 t（$t=1$，2，3，$\cdots$，n）的序列值 x_t 与其自身的一阶滞后值 x_{t-1} 之间的线性关系，如图 7–5 所示，也可以是二阶滞后值 x_{t-2} 或 n 阶滞后值。是用来描述指出不同时间点之间的规律，比如重复规律。

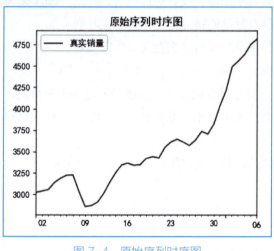

图 7-4　原始序列时序图

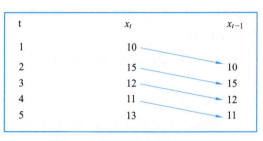

图 7-5　自相关性

自相关图指的是滞后值为 x 轴，x_t 与滞后值 x_{t-n} 之间的相关系数为 y 轴做出的图。平稳序列一般具有短期相关性。可以理解为随着序列的增加，平稳序列的自相关系数会很快地衰减向 0；反过来说也就说非平稳序列的自相关系数衰减向 0 的速度通常比较慢。或者也可以用截尾或者拖尾来进行判断，截尾就是在某阶之后，系数都为 0 或者都趋于 0；拖尾就是有一个衰减的趋势，但是都不是 0。

偏自相关是在自相关的基础上，去除中间变量影响后的相关程度。

自相关图和偏自相关图利用 statsmodels 库的专门工具进行绘制，分别使用的是函数 plot_acf() 和 plot_pacf()。本项目中的自相关图和偏自相关图绘制结果如图 7–6、图 7–7 所示。自相关图显示的自相关系数是缓慢地趋向于 0，也就是长期大于 0，说明序列间具有很强的长期相关性，可判定为非平稳序列。

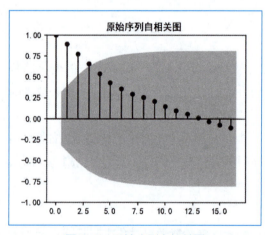

图 7-6　原始序列自相关图

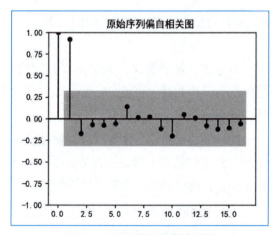

图 7-7　原始序列偏自相关图

（3）ADF检验

ADF（Augmented Dickey‐Fuller test）检验，又称为扩展迪基‐福勒检验，也可用来检测当前序列是否平稳，目的是判断序列是否存在单位根。如果序列平稳，就不存在单位根；序列不平稳，就会存在单位根。观察检测返回的结果，第一个值是ADF检验的结果，简称为T值，表示t统计量。第二个简称为p值，表示t统计量对应的概率值。第三个表示时延。第四个表示测试的次数。第五个是配合第一个一起看的，是在99%、95%、90%置信区间下的临界的ADF检验的值。

本项目的原始序列检验结果关键数据见表7-1。

表 7-1　原始序列检验结果关键数据

返回项目	返回值
T值	1.813771015094526
p值	0.9983759421514264
时延	10
测试次数	26
99% 置信区间下的临界 ADF 值	'1%':−3.7112123008648155
95% 信区间下的临界 ADF 值	'5%':−2.981246804733728
95% 信区间下的临界 ADF 值	'10%':−2.6300945562130176

上述结果可以这样来看，如果T值大于某个临界值，那么在这个临界值以内序列的不平稳性比较显著；或者，p值大于某个临界值的百分位（即1%，5%，10%），那么序列的不平稳性比较显著。可以看到单位根检验统计量对应的p值显著大于0.05，最终将该序列判断为非平稳序列。

任务清单 7-1-2

序号	类别	操作内容	操作过程记录
7.1.2	个人任务	在项目工作文件 exc07.py 上添加代码，仿照代码块 7-2 完成以下操作。 1. 为数据集绘制时序图、自相关图及偏自相关图进行平稳性检验。 2. 采用 ADF 检验法进行平稳性检验	
7.1.3	分组任务	查看任务 7.1.2 中检验结果，分组讨论并回答以下问题：该数据集是否为平稳性时间序列？如何看出？	

3. 差分操作

经平稳性检测后若得知时间序列不平稳，就需要进行数据平稳化操作，也就是进行差分操作。差分运算具有强大的确定性信息提取能力，作用是减轻数据之间的不平稳波动，使其不平稳的曲线更加平稳。简单理解就是当间距相等的时候，用下一个数值减去上一个数值，这种情况就叫"一阶差分"，做两次相同的动作，即再在一阶差分的基础上用后一个数值再减上一个数值一次，就叫"二阶差分"。在此利用diff()函数对数据进行一阶差分，差分操作之后再一次对数据进行平稳性检测。

　　由于本项目的原始时间序列为非平稳序列，所以需要进行差分操作，差分操作后，再次进行平稳性检验。具体实现代码如代码块7-3所示。

```
#代码块 7-3
self.data_diff = self.data.diff().dropna()   # 一阶差分
self.data_diff.columns = [u' 销量差分 ']
self.data_diff.plot(ax=axes[1][0],title="差分序列-时序图")
plot_acf(self.data_diff,ax=axes[1][1],title="差分序列-自相关图").
    show()
plot_pacf(self.data_diff,ax=axes[1][2],title="差分序列-偏自相关图").
    show()
```

　　差分后的时序图、自相关图、偏相关图如图7-8、图7-9、图7-10所示，观察到自相关图和偏自相关图都是拖尾情况良好，并且ADF的结果中p值小于0.05，可以认为经过一阶差分后，该数据序列为平稳序列。

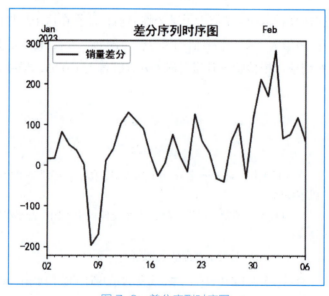

图 7-8　差分序列时序图

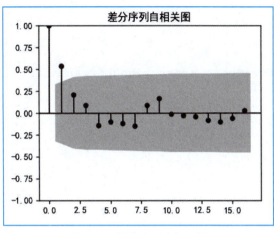

图 7-9　差分序列自相关图

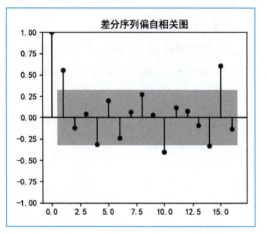

图 7-10　差分序列偏自相关图

任务清单 7-1-3

序号	类别	操作内容	操作过程记录
7.1.4	个人任务	在项目工作文件 exc07.py 上添加代码，仿照代码块 7-3 完成以下操作：对数据集进行一阶差分，查看差分后的结果	
7.1.5	分组任务	查看任务 7.1.2 中检验结果，分组讨论并回答以下问题： 1. 该数据集是否为平稳性时间序列？如何看出？ 2. 如果进行一阶差分不能将序列平稳化，如何进行二阶差分？	

4. 白噪声检验

白噪声检验的主要目标是检验序列数据之间是否具有相关性而不是随机的。不是所有的平稳序列一定会存在有效的信息，于是需要分析这个序列中是否真的存在有效信息。因为只有历史数据对未来的发展有一定影响的序列，才值得人们花时间去挖掘历史数据中的有效信息，用来预测序列未来的发展。如果序列值彼此之间没有任何相关性，就意味着该序列是一个没有记忆的序列，过去的行为对将来的发展没有丝毫影响，这样的序列称为白噪声序列。

微课 7-4：
白噪声检验

白噪声检验也称为纯随机性检验，是在平稳序列的基础上进行的，也就是白噪声检验必须针对证明为平稳的时间序列，对于不平稳序列，需要经过平稳化处理后再进行白噪声检测。

白噪声满足均值为 0、方差为 σ^2、协方差为 0 的条件，也就是满足这 3 种条件的序列称为白噪声序列。白噪声检验用到的方法是 acorr_ljb() 函数，该函数返回值是一个 p 值，如果 p 值大于 0.05，那么接受原假设，也就是说该数据序列为白噪声序列；如果 p 值小于 0.05，那么拒绝原假设，也就是说可以认为出现显著的自回归关系，且序列为非白噪声，具有分析意义，否则不具有分析意义。

在本项目中，通过调用 acorr_ljungbox () 函数实现白噪声检验。具体实现代码如代码块 7-4 所示，结果如图 7-11 所示。

```
#代码块 7-4:
# 白噪声检验：返回统计量和p值
from statsmodels.stats.diagnostic import acorr_ljungbox as acorr_
    ljb
print('差分序列的白噪声检验结果为：',acorr_ljb(self.data_diff,
    lags=1))
```

```
差分序列的白噪声检验结果为：       lb_stat  lb_pvalue
1  11.304022    0.000773
```

图 7-11　差分序列的白噪声检验结果

主要看第二列的 p 值，p 值小于 0.05，说明该数据不是白噪声序列，数据有价值，可以继续分析。反之如果大于 0.05，则说明是白噪声序列。

结果表明，本项目的数据集的白噪声检验结果的 p 值为 0.000 773，远远小于 0.05，属于非白噪声序列。

任务清单 7-1-4

序号	类别	操作内容	操作过程记录
7.1.6	个人任务	在项目工作文件 exc07.py 上添加代码，仿照代码块 7-4 完成以下操作：对差分后数据进行白噪声检验	
7.1.7	分组任务	查看任务 7.1.2 中检验结果，分组讨论并回答以下问题： 1. 该数据集是否为白噪声序列？如何看出？ 2. 如果数据为白噪声序列，该序列是否能够进行时间序列数据挖掘？	

5. 数据划分

根据机器学习与数据挖掘的一般流程，需要将数据集划分为训练集和测试集，在此对 37 条数据进行划分，通过 iloc() 函数对数据进行切片操作。选择前 32 条数据作为训练集用于模型的训练，剩下的 5 条数据作为测试集用于模型的评估。数据集划分具体实现代码如代码块 7-5 所示。

```
#代码块 7-5
def split_dataset(self,test_size=5):
    self.data_train = self.data.iloc[:-test_size,:]
    self.data_test = self.data.iloc[-test_size:,:]
```

self.data_train、self.data_test 这两个变量就是划分后的数据集，其意义如下。

- self.data_train：用于训练的原始数据。
- self.data_test：用于评估或验证的原始数据。

任务清单 7-1-5

序号	类别	操作内容	操作过程记录
7.1.8	分组任务	分组讨论并回答以下问题： 1. 进行数据挖掘时数据划分工作是不是必要的数据预处理工作？ 2. 数据划分的方法分别有哪些？说说它们各自的优缺点	
7.1.9	个人任务	在项目工作文件 exc07.py 上添加代码，完成以下操作： 1. 将数据集分割为训练集和测试集，其中 8 条数据用作测试集，剩下的作为训练集。 2. 分别查看训练集和测试集，看是否划分成功	

【任务小结】

本任务中的平稳性检验及白噪声检验是时间序列预测模型构建前必不可少的数据分析工作，平稳性检验的结果可以确定使用哪一类模型，白噪声检测的结果可以确定该序列是否适合进行预测。

7-2　模型构建

【任务要求】

完成数据探索及预处理后，就可以应用数据挖掘中常用的时间序列算法构建模型来开展数据挖掘了。在本任务中需分别使用 ARIMA 算法、朴素法、简单平均法、移动平均法、指数平滑法等对处理后的数据集进行挖掘。

【任务步骤】

1. 模型认知

时间序列是按照一定的时间间隔排列的一组数据，其时间间隔可以是任意的单位，如小时、日、周、月等。比如，每天某产品的用户数量，每个月的销售额，这些数据形成了以一定时间间隔的数据。通过对这些时间序列的分析，从中发现和揭示现象发展变化的规律，并将这些知识和信息用于预测，比如销售量是上升还是下降，销售量是否与季节有关，是否可以通过现有的数据预测未来一年的销售额是多少等。对于时间序列的预测，由于很难确定它与其他变量之间的关系，这时就不能用回归去预测，而应使用时间序列方法进行预测。采用时间序列分析进行预测时需要一系列的模型，这种模型称为时间序列模型。

常见的时间序列模型有平滑法、趋势拟合法、组合模型、AR 模型、MA 模型、ARMA 模型、ARIMA 模型、ARCH 模型、GARCH 模型及其衍生模型。

- 平滑法：平滑法常用于趋势分析和预测，利用修匀技术，削弱短期随机波动对序列的影响，使序列平滑化。根据所用平滑技术的不同，可具体分为移动平均法和指数平滑法。

- 趋势拟合法：趋势拟合法把时间作为自变量，相应的序列观察值作为因变量，建立回归模型。根据序列的特征，可具体分为线性拟合和曲线拟合。

- 组合模型：时间序列的变化主要受到长期趋势（T），季节变动（S），周期变动（C）和不规则变动（ε）这4个因素的影响。根据序列的特点，可以构建加法模型和乘法模型，加法模型：$x_t=T_t+S_t+C_t+\varepsilon_t$；乘法模型：$x_t=T_t\times S_t\times C_t\times \varepsilon_t$。

- AR 模型：$x_t=\phi_0+\phi_1 x_{t-1}+\phi_2 x_{t-2}+\cdots+\phi_p x_{t-p}+\varepsilon_t$，以前 p 期的序列值 $x_{t-1},x_{t-2},\cdots,x_{t-p}$ 为自变量、随机变量 X_t 的取值为因变量建立线性回归模型。

- MA 模型：$x_t=\mu+\varepsilon_t-\theta_1\varepsilon_{t-1}-\theta_2\varepsilon_{t-2}\cdots-\theta_q\varepsilon_{t-q}$，随机变量 X_t 的取值与以前各期的序列值无关，建立 x_t 与前 q 期的随机扰动 $\varepsilon_{t-1},\varepsilon_{t-2},\cdots,\varepsilon_{t-q}$ 的线性回归模型。

- ARMA 模型：$x_t=\phi_0+\phi_1 x_{t-1}+\cdots+\phi_p x_{t-p}+\varepsilon_t-\theta_1\varepsilon_{t-1}\cdots-\theta_q\varepsilon_{1-q}$，随机变量 X_t 的取值 x_t 不仅与以前 p 期序列值有关，还与前期的随机扰动有关。

- ARIMA 模型：许多非平稳序列差分后会显示出平稳序列的性质，称这个非平稳序列为差分平稳序列。对差分平稳序列可以使用 ARIMA 模型进行拟合。

- ARCH 模型：ARCH 模型能准确地模拟时间序列变量波动性的变化，适用于序列具有异方差性并且异方差函数短期自相关。

- GARCH 模型：GARCH 模型称为广义 ARCH 模型，是 ARCH 模型的拓展。相比于 ARCH 模型，GARCH 模型及其衍生模型更能反映实际序列中的长期记忆性、信息的非对称性等性质。

在数据分析中，得知时间序列可以分为平稳性序列和非平稳性序列，以上这时间序列模型可以进一步区分应用场景，对于 AR 模型、MA 模型、ARMA 模型来说，更适合用于平稳序列的分析；ARIMA 模型、ARCH 模型、GARCH 模型适合用于非平稳序列的分析。

本项目中使用了 AR 和 ARIMA 两个模型开展时间序列预测。

（1）自回归模型 AR

自回归模型 AR（Auto Regressive Mode）是线性时间序列分析模型中最简单的模型，更适合应用于平稳的时间序列，是描述当前值与历史值之间的关系，用变量自身的历史数据对自身进行预测。其原理是利用观测点前若干时刻的变量的线性组合来描述观测点后若干时刻变量的值，属于线性回归模型。

微课 7-5：
自回归模型
AR

AR 模型认为，任意时刻的观测值 x_t 取决于前面 p 个时刻的观测值加上一个误差，服从 p 阶的自回归方程表达式如下式：

$$y_t = \mu + \sum_{i=1}^{p} \gamma_i y_{t-i} + e_t$$

表示为 AR（p），y_t 是当前时刻的值，μ 是常数项，p 是阶数，γ 是自回归系数，e_t 是误差。很明显，当只有一个时间记录点的时候，称为一阶自回归模型，表达式简写为：

$$x_t = \phi_1 x_{t-1} + \mu_t$$

平稳 AR 模型性质分析。

1）均值

若时间序列满足平稳性，此时对 AR（p）模型的方程等式两边同时取期望，得到的均值为一个常数值。

2）方差

平稳的 AR（p）模型的方差是有界的，等于常数。

3）自相关系数（ACF）

平稳 AR（p）模型的自相关系数呈现指数的速度衰减，始终有非零取值，不会在 k 大于某个常数之后就恒等于零，说明此时自相关系数具有拖尾性。

4）偏自相关系数（PACF）

在自相关系数里实际掺杂了其他变量对当前时刻 x_t 与 x_{t-k}（k 为延迟期数）的相关影响，为了单纯的测度 x_{t-k} 对 x_t 的影响，引进偏自相关系数的概念，可以证明平稳 AR（p）模型的偏自相关系数具有 p 阶截尾性。

自回归模型必须满足平稳性，首先 AR 模型的限制有如下几个方面，自回归模型是自身的数据进行预测；数据必须具有平稳性；如果自相关系数小于 0.5，则不适合采用该模型；自回归只适用于预测与自身前期相关的现象。

（2）ARIMA 模型

介绍 ARIMA 模型之前，先介绍一下 MA 模型 ARMA 模型。

1）MA 模型

微课 7-6：
ARIMA 模型

在 t 时刻的随机变量 X_t 的取值 x_t 是前 q 期的随机扰动的项的多元线性函数，认为当前时刻的序列值主要是受到过去 q 期的误差项的影响，也就是使用历史预测误差来建立一个类似回归的模型。

2）ARMA 模型

自回归移动平均模型 ARMA（Auto Regressive and Moving Average Model）是由自回归模型 AR 和移动平均模型 MA 模型相结合，得到了自回归移动平均 ARMA（p,q），计算公式如下：

$$y_t = \mu + \sum_{i=1}^{p} \gamma_i y_{t-i} + e_t + \sum_{i=1}^{q} \theta_i e_{t-i}$$

p 是自回归阶数，q 是移动平均阶数。可以理解为 AR 部分解决当前数据与前期数据之间的关系，MA 部分则是解决数据之间的误差问题，两者的结合就是 ARMA 模型。对于 ARMA（p,q）模型来说，当 $q=0$ 的时候，模型就是 AR（p）模型；当 $p=0$ 时，是 MA（q）模型。

差分自回归移动平均模型 ARIMA（Auto Regressive Integrate Moving Average Model）是在 ARMA 模型的基础上进行改造的，只需要自变量无需因变量就可以预测后续的值。ARMA 模型是针对 t 期值进行建模的，而 ARIMA 是针对 t 期与 $t-d$ 期之间差值进行建模的，这种不同期之间的差称为差分。ARIMA模型的实质是差分运算和ARMA模型的结合，因为许多非平稳序列差分后可变为平稳序列。

当某个时间序列是非平稳序列，求它的 k 阶平稳序列（k 从1开始取），这样得到的平稳序列也叫差分平稳序列，然后进一步对差分平稳序列使用ARMA模型进行拟合。也就是说，其实ARIMA模型的工作就是在ARMA模型上增加了一步差分工作，如果数据是非平稳序列，那就采用ARIMA模型；如果是平稳序列，也就不用进行差分操作，直接用ARMA模型进行预测即可。

ARIMA模型表示为ARIMA（p,d,q）。p 为自回归阶数，q 为移动平均阶数，d 为时间成为平稳时所做的差分次数，也就是说ARIMA模型要求时序数据是稳定的，经过差分处理后稳定也适用。

2. 模型定义

（1）模型与参数

Python中主要使用statsmodels库进行AR和ARIMA两个模型的定义。在定义之前，需要先确定模型的参数，由于这两个模型解决问题的思路有共通性，所以它们的参数也有一定的共通性。在AR模型中，有一个需要确定的参数，即选择用几期的历史值来预测当前值，也就是阶数 p 的值；ARIMA模型用到参数（p,d,q）。

首先需要确定参数 p 和 q，需要找一个度量工具，来确定最佳的阶数。用得较为广泛的工具为赤池信息量准则（Akaike information criterion，AIC）以及贝叶斯信息量准则（Bayesian information criterion，BIC），采用BIC准则或AIC准则时，模型中的AIC值或BIC值越小，说明模型就越好。在此选择通过计算BIC矩阵，确定 p 值与 q 值，通过循环来确定 p 值和 q 值。

微课 7-7：使用贝叶斯信息量准则对时间序列模型定参

具体实现代码如代码块7-6所示。结果如图7-12所示。

```
#代码块7-6
def cal_bic(self):
    """计算bic矩阵,确定p值与q值"""
    pmax = int(len(self.data_diff)/ 10)# 一般阶数不超过length/10
    qmax = int(len(self.data_diff)/ 10)# 一般阶数不超过length/10
    bic_matrix = []  # bic矩阵
    for p in range(pmax + 1):
        tmp = []
        for q in range(qmax + 1):
            try:# 存在部分报错,所以用try来跳过报错
                tmp.append(ARIMA(self.data,order=(p,1,q)).fit().bic)
            except BaseException:
```

```
        tmp.append(None)
    bic_matrix.append(tmp)
bic_matrix = pd.DataFrame(bic_matrix)# 从中可以找出最小值
# 先用stack展平，然后用idxmin找出最小值位置
self.p,self.q = bic_matrix.stack().astype(float).idxmin()
print(u'BIC最小的p值和q值为:%s,%s' %(self.p,self.q))
```

BIC最小的p值和q值为：1, 0

图 7-12　BIC 计算结果

分析结果可知，p 值为 1，q 值为 0。

在数据分析阶段，检测出来时间序列为非平稳序列，接着进行了一阶差分操作，差分后的数据集变成了平稳序列，因此可以确定参数 d 的值为 1。

确定了参数之后，紧接着就进行模型定义。

（2）模型定义

1）AR 模型定义

具体实现代码如代码块 7-7 所示。

```
#代码块 7-7
from statsmodels.tsa.ar_model import AutoReg
self.model = AutoReg(self.data_train,self.p)
```

2）ARIMA 模型定义

具体实现代码如代码块 7-8 所示。

```
#代码块 7-8
from statsmodels.tsa.ar_model import ARIMA
model = ARIMA(self.data_train, order=(self.p, self.d, self.q))
tsf.load_model("ARIMA")
```

任务清单 7-2-1

序号	类别	操作内容	操作过程记录
7.2.1	分组任务	分组查阅资料，讨论并回答以下问题： 1. 除了 AR 及 ARIMA 外，其他时间序列模型如何定义和实现？ 2. 如果不事先确定参数，直接使用 AR 及 ARIMA 模型，会有什么问题？	

序号	类别	操作内容	操作过程记录
7.2.2	分组任务	查看项目文件 TimeSeriesForecast.py，从中找到与代码块 7-7、7-8 相似的代码进行对比，结合上下文，回答以下问题：函数中的 3 个参数 self.p、self.d、self.q 在哪里定义了？	
7.2.3	个人任务	在项目工作文件 exc07.py 上添加代码，完成以下操作： 1. 确定针对数据集的 p、d、q 3 个参数的选择。 2. 定义 ARIMA 模型以备下一步进行训练	

3. 模型训练

模型定义只是对模型进行了实例化，此时的模型只是一个泛在的意义，没有实际的用途，必须使用数据集对定义好的模型进行训练后才能构建出能够实际应用于特定场景和需求的模型。因此要进行预测操作就需要使用预处理后的销量数据训练集对模型进行训练。

以 ARIMA 模型构建为例进行销量预测时间序列模型训练操作，具体实现代码如代码块 7-9 所示。

```
#代码块 7-9
from statsmodels.tsa.ar_model import ARIMA
model = ARIMA(self.data_train, order=(self.p, self.d, self.q))
model = model.fit()
```

经过训练后的模型就是可以用来进行做销量预测的模型了。

任务清单 7-2-2

序号	类别	操作内容	操作过程记录
7.2.4	分组任务	分组讨论并回答以下问题：这里的 fit() 函数是否需要参数？它与之前几个项目的 fit() 函数有何不同？	
7.2.5	个人任务	在项目工作文件 exc07.py 上添加代码，完成以下操作：使用定义的模型进行模型训练	

【任务小结】

ARIMA 模型在 AR 模型的基础上增加了一个差分操作，可以直接将非平稳序列变换为平稳序列；而 ARIMA 模型又是 AR 模型和 MA 模型的结合，是以 AR 模型为基础发展下来的。实际生活中，大部分时间序列都是非平稳序列，因此 ARIMA 模型更为常用。

7-3　预测及评估

【任务要求】

经过数据分析及预处理和模型构建后得到了两个不同的时间序列预测模型，本任务选用其中一个模型进行应用。

【任务实施】

1. 序列预测

本项目中的 AR 模型和 ARIMA 模型都是运用 statsmodels 库来构建，因此本项目中的模型预测也是运用 statsmodels 库中的函数 forecast() 来进行。该函数只有一个关键参数 steps，表示预报多少个时间点（fit 样本数据后）。

本项目中预测工作具体的实现代码如代码块 7-10 所示。pre 即为预测后的数据。

```
#代码块7-10
pre =model.forecast(self.data_test.shape[0])
```

任务清单 7-3-1

序号	类别	操作内容	操作过程记录
7.3.1	分组任务	分组讨论并回答以下问题： 1. forecast() 函数中的参数为何取值为 self.data_test.shape[0] ？ 2. 本项目中的预测与项目 3、项目 4、项目 5 中的预测有何不一样?	
7.3.2	个人任务	在项目工作文件 exc07.py 上添加代码，完成以下操作：使用任务 7.2.5 创建好的模型进行预测，预测 6 天的人流量	

2. 模型评估

回归任务的模型评估指标有很多，在前面的项目中已经介绍了一部分，而本项目中使用了两种评估方式，第一种是评估指标，即 MAE（平均绝对值误差）、MSLE（均方对数误差）作为模型评估指标；第二种是可视化方法，将预测结果直接绘制出来，直观地观察分析。

（1）评估指标

1）平均绝对值误差

它表示预测值和观测值之间绝对误差的平均值。

$$\text{MAE} = \frac{1}{n} \sum_{i=1}^{n} |y_i - \hat{y}_i|$$

平均绝对误差是一个非负值，值越接近零说明模型越好。

2）均方对数误差

$$MSLE = \frac{1}{n} \sum_{i=1}^{n} (\log(y_i + 1) - \log(\hat{y}_i + 1))^2$$

均方对数误差是一个非负值，值越接近零说明模型越好。

具体实现代码如代码块7-11所示。

```
# 代码块 7-11
from sklearn.metrics import mean_absolute_error,mean_squared_
    log_error
def  test_score(self,is_visual=True):
    """评估模型"""
    pre = self.model.forecast(self.data_test.shape[0])
    # 平均绝对值误差
    mae = mean_absolute_error(self.data_test["真实销量"],pre)
    print("\n【{}】模型MAE得分为:{}".format(self.model_name,mae))
    # 均方对数误差
    msle = mean_squared_log_error(self.data_test["真实销量"],pre)
    print("【{}】模型MSLE得分为:{}".format(self.model_name,msle))
```

对不同的模型进行评估后，其结果见表7-2。

表 7-2 模型评估结果

模型	MAE	MLSE
AR	111.58758640729793	0.0007459732194742795
ARIMA	245.19798299747382	0.003118253124448098

（2）可视化评估

首先定义了一个函数 visualize_predict()，该函数主要功能就是对预测结果进行可视化。构造出一个预测销量的特征，找出预测销量为空部分，并使用原始数据进行覆盖。用5天的测试数据进行预测，可以直观地看到真实销量和预测销量的差别。

具体实现代码如代码块7-12所示，结果如图7-13所示。

```
# 代码块 7-12
def visualize_predict(true_data,predict,is_train=True):
    """对预测结果进行可视化"""
```

```
if is_train:
    true_data["预测销量"] = predict
    # 找出【预测销量】为空部分，并使用原始数据进行覆盖
    flag = true_data["预测销量"].isna()
    true_data.loc[flag,"预测销量"] = true_data.loc[flag,"真实销量"]
    # 为方便绘图，将列名进行倒序排列
    true_data = true_data[true_data.columns.tolist()[::-1]]
    true_data.plot(title="模型训练",figsize=(12,8),marker="o")
else:
    true_data.plot(title="模型应用",figsize=(12,8),marker="o")
    predict.plot(marker="o",label="预测销量")
    plt.legend()    # 更新图例
plt.grid()
plt.show()
```

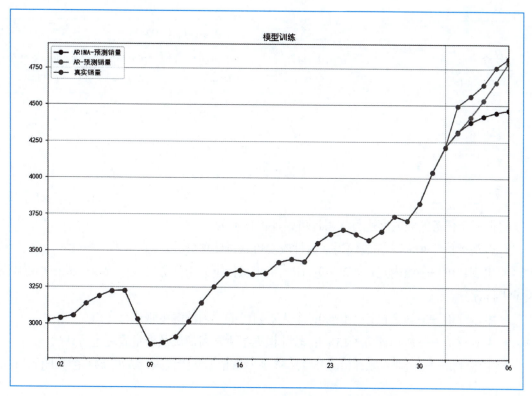

图 7-13　可视化结果

分析模型评估结果发现 AR 模型的评估指标小于 ARIMA 模型的评估指标，因为这里的评估指标用的是误差，误差越小说明模型准确率越高，所以可以得出结论，本次试验所实现

的模型中，AR 模型的性能相较 ARIMA 模型更好一些。

任务清单 7-3-2

序号	类别	操作内容	操作过程记录
7.3.3	分组任务	阅读代码块 7-11 分组讨论并回答以下问题： 代码中的 mean_absolute_error () 和 mean_squared_log_error () 两个函数来自哪个库？它们与准确率计算函数 score() 的参数有何 不同？	
7.3.4	个人任务	在项目工作文件 exc07.py 上添加代码，完成以下操作：选择 一种评估方式对生成的两个模型进行评估	

【任务小结】

本项目中使用的数据集数据量较少，如果数据量更大的话会有更高的准确率。

学习评价

任务	客观评价 （40%）	主观评价（60%）			
		组内互评 （20%）	学生自评 （10%）	教师评价 （15%）	企业专家评价 （15%）
7-1					
7-2					
7-3					
合计					

根据三个任务的完成度进行学习评价，评价依据为：

- 客观评价（40%）：完成代码并运行成功可获得此项分数。
- 主观评价——组内互评（20%）：由同组组员依据分组任务完成情况及个人在小组中的贡献进行评分。
- 主观评价——学生自评（10%）：个人对自己的学习情况主观进行评价。
- 主观评价——教师评价（15%）：教师根据学生学习情况及课堂表现进行评价
- 主观评价——企业专家评价（15%）：企业专家根据学生代码完成度及规范性进行评价。

提高篇

项目8

基于 Text-CNN 的电影推荐系统

推荐系统基于一些用户信息和用户行为信息等数据，利用推荐算法来构建模型以实现对用户的"个性化推荐"。推荐系统通过研究用户的行为记录，分析用户画像，发现用户的兴趣点和需求，将用户感兴趣的信息、产品等推荐给用户，从而帮助用户快速地找到想要的信息和产品。推荐系统凭借其个性化推荐的优势大大地减少了筛选信息的时间成本，提高了信息的利用率，已经被广泛应用于很多领域，如电商、社交、音乐、视频、阅读以及一些服务类领域。

本项目以电影推荐系统为例，开展基于 Text-CNN（文本卷积网络）的电影推荐系统实战操作。整个项目包括数据分析及预处理、模型构建及训练、模型应用三个环节。

学习目标

知识目标

◆ 能简述 Text-CNN 的工作原理。
◆ 能简述 Text-CNN 模型构建的流程。
◆ 能简述 Text-CNN 模型训练的流程。
◆ 能简述 Text-CNN 模型的评估方式。
◆ 能简述 Text-CNN 模型应用的流程。

技能目标

◆ 能够依次应用嵌入层构建、全连接层构建、优化损失三大工作步骤构建面向对电影数据的 Text-CNN 模型。
◆ 能够采用迭代的方式，结合训练损失和测试损失数据开展 Text-CNN 模型训练工作。
◆ 能够应用训练好的 Text-CNN 模型进行电影推荐。

素养目标

◆ 具有勇于创新、敬业乐业的工作作风与质量意识。
◆ 关注社会文化现象，培养审美意识和文化素养。

项目背景

　　大数据在推测题材、锁定受众、精准营销、获得反馈、制造爆点等方面有其不可替代的作用，可以帮助人们在这个不确定的市场中寻找相对确定性。利用大数据最大的一个优势就是掌握了数以亿计的用户数据，可以总结出什么样的观众爱看什么样的作品，甚至可以深入到影像风格、剧情走向等更微观的创作中。多部成功影片的背后在于利用数据寻找项目，影片所使用的数据库包含了上千万用户的收视选择、数百条万条评论、主题搜索、评论、暂停、回放、快进等动作信息，用户评分、用户搜索数据、演员导演受喜爱程度，电视节目收看行为，剧集播放设置、剧情导向选择，剧播放时间等，其海量的用户数据积累和分析，为制作方决策提供了精准的依据。大数据技术在电影行业的创新应用是解决该行业痛点的关键技术，有助于电影产业加快迈进新发展道路，带来电影产业的整体升级。为未来中国电影的数字化发展和推进国家文化的数字化战略实施奠定坚实基础。

　　在互联网的各类网站和 App 中都可以看到推荐系统的应用，而个性化推荐系统在其中的主要作用是通过分析大量用户行为日志，给不同用户提供不同的个性化页面展示，来提高网站的点击率或商品的购买率。推荐系统凭借其"个性化推荐"的优势，已经被国内外许多知名企业广泛应用。

　　本项目将使用 TensorFlow 1.12 版来开展，探索如何利用 TensorFlow 生态系统中的开源库和工具构建推荐系统。使用的数据集为该电影系统关于用户、电影、电影评分等 100 万多条观影信息，包括用户 ID、用户性别、年龄、职业、邮编、电影 ID、电影名称、电影类型、电影评分、时间戳 10 个数据属性。项目对数据进行分析及预处理后，使用 Text-CNN 来进行推荐模型的构建，并应用模型进行电影推荐。

工作流程

　　推荐系统项目按工作流程可分为数据分析和预处理、模型构建及训练、模型应用 3 个任务，每个任务中又包含若干子任务。该项目的工作流程如图 8-1 所示。

　　数据分析和预处理阶段将对该项目中所使用的数据集进行浏览、探索和分析，选取数据集中可以使用的属性，根据项目需求，对数据进行预处理。

　　模型构建及训练阶段，使用深度学习库 TensorFlow，基于文本卷积网络原理来进行电影推荐模型的构建；使用训练集来训练模型，并使用测试集来测试模型；根据训练损失和测试损失来评估模型。

　　模型应用阶段，应用构建好的推荐模型来进行电影推荐。

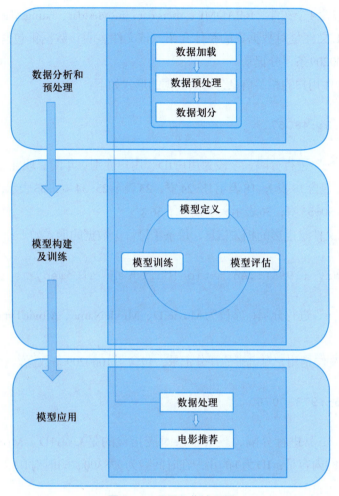

图 8-1　项目工作流程图

8-1　数据分析及预处理

【任务要求】

对数据集进行探索与浏览，采用程序对数据集进行读取、数据转换、关键信息提取、预处理等操作，为之后的模型构建及训练奠定基础。

【任务实施】

1. 数据探索与浏览

本项目所使用的数据集为推荐系统中常用的 MovieLens 数据集。MovieLens 数据集是一个关于电影评分的数据集，里面包含了用户对电影的评分记录、电影的相关信息、用户的相关信息。

该数据集中包含4个文件：README、users.dat、movies.dat、ratings.dat。

① README文件是对数据集的整体介绍，该文件表明该数据集包含了6040个用户对3900部电影的1000209条评分记录。

② users.dat文件用户的相关信息，每条数据的形式如下：

```
1::F::1::10::48067
```

数据列是以"::"进行分隔，字段为用户ID、用户性别、年龄、职业、邮编。其中年龄1表示1~18岁（不包含18岁），18表示18~24岁，25表示25~34岁，35表示35~44岁，45表示45~49岁，50表示50~55岁，56表示大于或等于56岁。

③ movies.dat文件是电影的相关信息，每条（每行）数据的形式如下：

```
1::Toy Story (1995)::Animation|Children's|Comedy
```

数据列是以"::"进行分隔，字段为MovieID、MovieName、MovieType。电影类型间以"|"分隔。

④ ratings.dat文件是用户对电影的评分记录，包含了1000209条数据，数据格式如下：

```
1::1193::5::978300760
```

数据列是以"::"进行分隔，该条记录对应指代的是UserID、MovieID、Rating、TimeStamp，传达的内容是：ID为1的用户在时间戳为9783000760时对ID为1193这部电影打了5分。

其中，UserID的范围为1~6040，MovieID的范围是1~3 952，评分最高为5分。

2. 数据读取

（1）读取users.dat文件

具体实现代码如代码块8-1所示。

```
# 代码块8-1
import numpy as np
import pandas as pd


users_title = ['UserID','Gender','Age','OccupationID','Zip-code']
users = pd.read_table('./ml-1m/users.dat',sep='::',header=None,
    names=users_title,engine = 'python')
print(users.head())
```

运行结果见表8-1。

表 8-1　users 数据

	UserID	Gender	Age	OccupationID	Zip-code
0	1	F	1	10	48067
1	2	M	56	16	70072
2	3	M	25	15	55117
3	4	M	45	7	02460

（2）读取 movies.dat 文件

具体实现代码如代码块 8-2 所示。

```
# 代码块 8-2
movies_title = ['MovieID','Title','Genres']
movies = pd.read_table('./ml-1m/movies.dat',sep='::',header=None,
names=movies_title,engine = 'python')
movies.head()
```

运行结果见表 8-2。

表 8-2　movies 数据

	MovieID	Title	Genres
0	1	Toy Story (1995)	Animation|Children's|Comedy
1	2	Jumanji (1995)	Adventure|Children's|Fantasy
2	3	Grumpier Old Men (1995)	Comedy|Romance
3	4	Waiting to Exhale (1995)	Comedy|Drama
4	5	Father of the Bride Part II (1995)	Comedy

（3）读取 ratings.dat 文件

具体实现代码如代码块 8-3 所示。

```
# 代码块 8-3
ratings_title = ['UserID','MovieID','Rating','timestamps']
ratings = pd.read_table('./ml-1m/ratings.dat',sep='::',header=None,
    names=ratings_title,engine = 'python')
ratings.head()
```

运行结果见表 8-3。

表 8-3 ratings 数据

	UserID	MovieID	Rating	timestamps
0	1	1193	5	978300760
1	1	661	3	978302109
2	1	914	3	978301968
3	1	3408	4	978300275
4	1	2355	5	978824291

3. 数据预处理

通过研究数据集的字段类型，发现有一些是类别字段，将其转换成独热编码（One-Hot），但是这会使得 UserID、MovieID 字段变得稀疏，处理数据的维度急剧膨胀，导致构建的矩阵变得稀疏，所以需要在预处理数据的时候将这些字段转换成数字。操作如下。

- Gender 字段：将 F 和 M 转换成 0 和 1。
- Age 字段：转换成 7 个连续数字 0~6。
- Genres 字段：电影分类字段，需要转换成数字。将 Genres 中的类别转成字符串到数字的字典，由于有些电影是多个 Genres 的组合，将每个电影的 Genres 字段转成数字列表。
- Title 字段：处理方式与 Genres 字段一样，首先，创建文本到数字的字典；其次，将 Title 中的描述转成列表，删除 Title 中的年份。

注意统一 Genres 字段和 Title 字段长度，这样在神经网络中方便处理。

数据预处理具体实现代码如代码块 8-4 所示。

```python
# 代码块 8-4
def load_data():
    """
    数据预处理函数
    """
    # 处理 users.dat
    users_title = ['UserID','Gender','Age','JobID','Zip-code']
    users = pd.read_table('./ml-1m/users.dat',sep='::',names=users_title,engine='python',encoding='utf-8')
    # 去除邮编
    users = users.filter(regex='UserID|Gender|Age|JobID')
    users_orig = users.values
    # 处理数据中的性别和年龄
    # 性别 F 转换成 0,性别 M 转换成 1
```

```
gender_map = {'F':0,'M':1}
users['Gender'] = users['Gender'].map(gender_map)
# 将年龄转换成 0~6(分为 7 个年龄段)
age_map = {val:ii for ii,val in enumerate(set(users['Age']))}
users['Age'] = users['Age'].map(age_map)


# 处理 movies.dat
movies_title = ['MovieID','Title','Genres']
movies = pd.read_table('./ml-1m/movies.dat',sep='::',names=
movies_title,engine='python',encoding='utf-8')
movies_orig = movies.values
# 将 Title 中的年份去掉
pattern = re.compile(r'^(.*)\((\d+)\)$')
title_map = {val:pattern.match(val).group(1)for ii,val in enumerate
(set(movies['Title']))}
movies['Title'] = movies['Title'].map(title_map)
# 电影类型转数字字典
genres_set = set()
for val in movies['Genres'].str.split('|'):
    genres_set.update(val)
genres_set.add('<PAD>')
genres2int = {val:ii for ii,val in enumerate(genres_set)}
# 将电影类型转成等长数字列表
genres_map = {val:[genres2int[row] for row in val.split('|')]
for ii,val in enumerate(set(movies['Genres']))}
for key in genres_map:
    for cnt in range(max(genres2int.values())- len(genres_
map[key])):
    genres_map[key].insert(len(genres_map[key])+ cnt,genres2int
['<PAD>'])
movies['Genres'] = movies['Genres'].map(genres_map)
# 电影 Title 转数字字典
title_set = set()
for val in movies['Title'].str.split():
```

```
        title_set.update(val)
  title_set.add('<PAD>')
  title2int = {val:ii for ii,val in enumerate(title_set)}
  # 将电影Title转成等长数字列表，长度是15
  title_count = 15
  title_map = {val:[title2int[row] for row in val.split()] for
ii,val in enumerate(set(movies['Title']))}
  for key in title_map:
      for cnt in range(title_count - len(title_map[key])):
          title_map[key].insert(len(title_map[key])+ cnt,title2int
['<PAD>'])
  movies['Title'] = movies['Title'].map(title_map)


  # 处理 ratings.dat
  ratings_title = ['UserID','MovieID','ratings','timestamps']
  ratings = pd.read_table('./ml-1m/ratings.dat',sep='::',names=
ratings_title,engine='python',encoding='utf-8')
  ratings = ratings.filter(regex='UserID|MovieID|ratings')


  # 合并3个表
  data = pd.merge(pd.merge(ratings,users),movies)


  # 将数据分成x和y两张表
  target_fields = ['ratings']
  features_pd,targets_pd = data.drop(target_fields,axis=1),data
[target_fields]


  features = features_pd.values
  targets_values = targets_pd.values


  return title_count,title_set,genres2int,features,targets_values,
ratings,users,movies,data,movies_orig,users_orig
```

将预处理后的数据序列化保存，具体实现代码如代码块8-5所示。

```
# 代码块8-5
# 调用数据处理函数
title_count,title_set,genres2int,features,targets_values,ratings,
    users,movies,data,movies_orig,users_orig = load_data()

# 保存预处理结果
pickle.dump((title_count,title_set,genres2int,features,
        targets_values,ratings,users,movies,data,
        movies_orig,users_orig),open('preprocess.p','wb'))
```

预处理后的数据结果见表8-4、8-5。

表8-4　预处理结果 1

	UserID	Gender	Age	JobID
0	1	0	0	10
1	2	1	5	16
2	3	1	6	15
3	4	1	2	7
4	5	1	6	20

表8-5　预处理结果 2

	MovieID	Title	Gender
0	1	4683, 383, 4244, 4244, 4244, 4244, 4244, 4244…	18, 11, 2, 9, 9, 9, 9, 9, 9, 9, 9, 9, 9, 9, 9…
1	2	4557, 4244, 4244, 4244, 4244, 4244, 4244, 424…	16, 11, 0, 9, 9, 9, 9, 9, 9, 9, 9, 9, 9, 9, 9…
2	3	404, 2953, 3549, 4244, 4244, 4244, 4244, 4244…	2, 17, 9, 9, 9, 9, 9, 9, 9, 9, 9, 9, 9, 9, 9,…
3	4	4775, 4603, 951, 4244, 4244, 4244, 4244, 4244…	2, 6, 9, 9, 9, 9, 9, 9, 9, 9, 9, 9, 9, 9, …
4	5	1002, 3967, 4132, 815, 3907, 2600, 4244, 4244…	2, 9, 9, 9, 9, 9, 9, 9, 9, 9, 9, 9, 9, 9, …

任务清单 8-1-1

序号	类别	操作内容	操作过程记录
8.1.1	个人任务	仔细阅读数据集的 README 文件，简单了解数据集，并对数据集进行简单浏览和分析	
8.1.2	分组任务	对数据集文件夹的文件其进行简单浏览、探索、分析。分组讨论并回答：数据集中的哪些属性可以用来评判、预测用户的兴趣爱好？	

【任务小结】

数据探索和预处理是推荐系统工程必经的操作，在预处理时，要根据数据集和推荐模型来进行不同的操作。

8-2 模型构建及训练

【任务要求】

完成数据分析及预处理后，就可以进行推荐模型的构建和训练了。这里将数据集划分成训练集和测试集，使用 Text-CNN（文本卷积网络）来进行推荐模型的构建，再使用测试集对模型进行测试和评估。

【任务实施】

1. 模型原理

Text-CNN 是用来做文本分类的卷积神经网络，由于其结构简单、效果好，在文本分类、推荐等自然语言处理（Natural Language Processing，NLP）领域应用广泛。

微课 8-1：Text-CNN 简介

Text-CNN 的结构比较简单，输入数据首先通过一个嵌入层（embedding layer），得到输入语句的 embedding 的表示；然后通过一个卷积层（convolutional layer），提取语句的特征；最后通过一个最大池化层（fully connected layer）得到最终的输出，整个模型的结构如图 8-2 所示。

（1）嵌入层

嵌入层（embedding layer）需要输入一个定长的文本序列，需要通过分析语料及样本的长度指定一个输入序列的长度 L，比 L 短的样本序列需要填充（自己定义填充符），比 L 长的序列需要截取。最终输入层输入的是文本序列中各个词汇对应的分布式表示，即词向量。

嵌入层是大小固定的，所以对于不同文本，找出最大的文本序列，其他的进行填补。

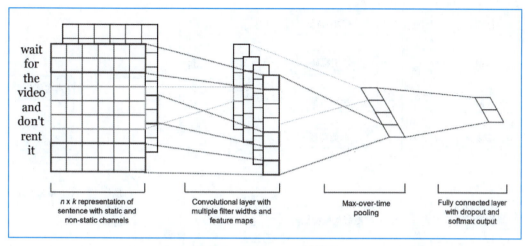

图 8-2　Text-CNN 结构图

（2）卷积层

卷积层（convolutional layer）主要是通过卷积，提取不同的 N-gram 特征。在 NLP 领域一般卷积核只进行一维的滑动，即卷积核的宽度与词向量的维度等宽，卷积核只进行一维的滑动。

在 Text-CNN 模型中一般使用多个不同尺寸的卷积核，以提取到更多的特征。卷积核的高度，即窗口值，可以理解为 N-gram 模型中的 N，即利用的局部词序的长度，窗口值也是一个超参数，需要在任务中尝试，一般选取 2~8 之间的值。

（3）最大池化层

最大池化层（max-over-pooling layer）对卷积后得到的若干一维向量取最大值，然后拼接在一块，作为本层的输出值。池化层的意义在于对卷积提取的 N-gram 特征，提取最大的特征。在 Text-CNN 模型的池化层中使用了 Max-pool（最大值池化），既减少模型的参数，又保证了在不定长的卷基层的输出上获得一个定长的全连接层的输入。

卷积层与池化层在分类模型的核心作用就是提取特征，从输入的定长文本序列中，利用局部词序信息，提取初级的特征，并组合初级的特征为高级特征，通过卷积与池化操作，省去了传统机器学习中的特征工程的步骤。

（4）全连接层

全连接层（fully-connected layer）将最大池化层再拼接一层，作为输出结果。全连接层的作用就是分类器，原始的 Text-CNN 模型使用了只有一层隐藏层的全连接网络，相当于把卷积层与池化层提取的特征输入到一个分类器中进行分类。

实际中为了提高网络的学习能力，可以拼接多个全连接层。

2. 模型构建

该项目的模型结构如图 8-3 所示。

微课 8-2：
Text-CNN 模型构建

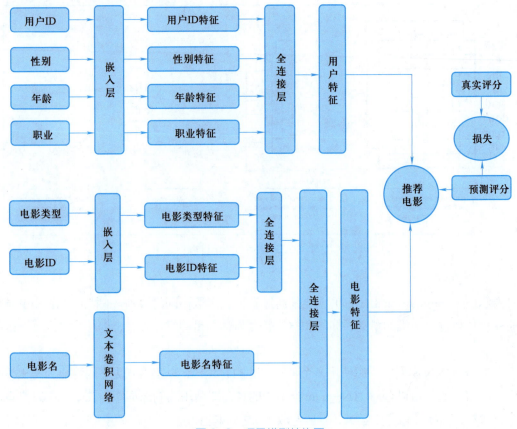

图 8-3　项目模型结构图

处理了数据后，就可以进行嵌入层的构建了。

① 定义神经网络的模型结构。因为嵌入层大小是固定的，所以对于不同文本，找出最大的文本序列，其他的进行填补。同时，在这里定义文本卷积滑动窗口的大小和卷积核的数量。

具体实现代码如代码块 8-6 所示。

```
# 代码块8-6
#嵌入矩阵的维度
embed_dim = 32
#用户ID个数
uid_max = max(features.take(0,1))+ 1 # 6040
#性别个数
gender_max = max(features.take(2,1))+ 1 # 1 + 1 = 2
#年龄类别个数
age_max = max(features.take(3,1))+ 1 # 6 + 1 = 7
#职业个数
```

```
job_max = max(features.take(4,1))+ 1# 20 + 1 = 21


#电影ID个数
movie_id_max = max(features.take(1,1))+ 1 # 3952
#电影类型个数
movie_categories_max = max(genres2int.values())+ 1 # 18 + 1 = 19
#电影名单词个数
movie_title_max = len(title_set)# 5216


#对电影类型嵌入向量做加和操作的标志
combiner = "sum"


#电影名长度
sentences_size = title_count # = 15
#文本卷积滑动窗口,分别滑动2、3、4、5个单词
window_sizes = {2,3,4,5}
#文本卷积核数量
filter_num = 8


#电影ID转下标的字典,数据集中电影ID跟下标不一致
movieid2idx = {val[0]:i for i,val in enumerate(movies.values)}
```

② 定义网络数据输入占位符,对嵌入层长度小于最大的文本序列的进行填补。具体实现代码如代码块8-7所示。

```
# 代码块8-7
def get_inputs():
    '''
    输入占位符
    '''
    # 用户数据输入
    uid = tf.placeholder(tf.int32,[None,1],name="uid")
    user_gender = tf.placeholder(tf.int32,[None,1],name="user_
    gender")
```

```
user_age = tf.placeholder(tf.int32,[None,1],name="user_age")
user_job = tf.placeholder(tf.int32,[None,1],name="user_job")
# 电影数据输入
movie_id = tf.placeholder(tf.int32,[None,1],name="movie_id")
movie_categories = tf.placeholder(tf.int32,[None,18],name="movie_
categories")
movie_titles = tf.placeholder(tf.int32,[None,15],name="movie_
titles")
# 目标评分
targets = tf.placeholder(tf.int32,[None,1],name="targets")
# 学习率
LearningRate = tf.placeholder(tf.float32,name = "LearningRate")
# 弃用率
dropout_keep_prob = tf.placeholder(tf.float32,name = "dropout_
keep_prob")
return uid,user_gender,user_age,user_job,movie_id,movie_categories,
movie_titles,targets,LearningRate,dropout_keep_prob
```

③ 分别定义用户嵌入矩阵、电影嵌入矩阵、电影类型嵌入矩阵，得到对应的嵌入层向量。具体实现代码如代码块8-8所示。

```
# 代码块8-8
def get_user_embedding(uid,user_gender,user_age,user_job):
    '''
    定义User的嵌入矩阵,返回某个userid的嵌入层向量
    '''
    with tf.name_scope("user_embedding"):
        # 用户ID嵌入矩阵
        uid_embed_matrix = tf.Variable(tf.random_uniform([uid_max,
embed_dim],-1,1),name = "uid_embed_matrix")
        uid_embed_layer = tf.nn.embedding_lookup(uid_embed_matrix,
uid,name = "uid_embed_layer")
        # 用户性别嵌入矩阵
        gender_embed_matrix = tf.Variable(tf.random_uniform([gender_
max,embed_dim // 2],-1,1),name= "gender_embed_matrix")
```

```
        gender_embed_layer = tf.nn.embedding_lookup(gender_embed_
matrix,user_gender,name = "gender_embed_layer")
        # 用户年龄嵌入矩阵
        age_embed_matrix = tf.Variable(tf.random_uniform([age_max,
embed_dim // 2],-1,1),name="age_embed_matrix")
        age_embed_layer = tf.nn.embedding_lookup(age_embed_matrix,
user_age,name="age_embed_layer")
        # 用户职业嵌入矩阵
        job_embed_matrix = tf.Variable(tf.random_uniform([job_max,
embed_dim // 2],-1,1),name = "job_embed_matrix")
        job_embed_layer = tf.nn.embedding_lookup(job_embed_matrix,
user_job,name = "job_embed_layer")
    return uid_embed_layer,gender_embed_layer,age_embed_layer,job_
embed_layer


def get_movie_id_embed_layer(movie_id):
    '''
    定义 MovieId 的嵌入矩阵,返回某个电影 ID 的嵌入层向量
    '''
    with tf.name_scope("movie_embedding"):
        movie_id_embed_matrix = tf.Variable(tf.random_uniform
([movie_id_max,embed_dim],-1,1),name = "movie_id_embed_
matrix")
        movie_id_embed_layer = tf.nn.embedding_lookup(movie_id_
embed_matrix,movie_id,name = "movie_id_embed_layer")
    return movie_id_embed_layer


def get_movie_categories_layers(movie_categories):
    '''
    电影类型的嵌入矩阵,返回某部电影所有类型向量的和
    '''
    with tf.name_scope("movie_categories_layers"):
        # 定义嵌入矩阵
```

```
        movie_categories_embed_matrix = tf.Variable(tf.random_
uniform([movie_categories_max,embed_dim],-1,1),name = "movie_
categories_embed_matrix")
        # 根据索引选择电影类型向量
        movie_categories_embed_layer = tf.nn.embedding_lookup
(movie_categories_embed_matrix,movie_categories,name = "movie_
categories_embed_layer")
        # 向量元素相加
        if combiner == "sum":
            movie_categories_embed_layer = tf.reduce_sum(movie_
categories_embed_layer,axis=1,keep_dims=True)
    return movie_categories_embed_layer
```

④ 使用文本卷积网络处理电影名。网络的第一层是词嵌入层，由每个单词的嵌入向量组成矩阵；第二层使用多个不同大小的窗口的卷积核在嵌入矩阵上做卷积；第三层网络是最大池化得到一个长向量；第四层使用丢弃做正则化，得到电影的特征。

具体实现代码如代码块8-9所示。

```
# 代码块8-9
def get_movie_cnn_layer(movie_titles):
    # 从嵌入矩阵中得到电影名对应的各个单词的嵌入向量
    with tf.name_scope("movie_embedding"):
        movie_title_embed_matrix = tf.Variable(tf.random_uniform
([movie_title_max,embed_dim],-1,1),name = "movie_title_embed_
matrix")
        movie_title_embed_layer = tf.nn.embedding_lookup(movie_
title_embed_matrix,movie_titles,name = "movie_title_embed_
layer")
        movie_title_embed_layer_expand = tf.expand_dims(movie_
title_embed_layer,-1)

    # 对文本嵌入层使用不同尺寸的卷积核做卷积和最大池化
    pool_layer_lst = []
    for window_size in window_sizes:
```

```
        with tf.name_scope("movie_txt_conv_maxpool_{}".format
(window_size)):
            # 权重
            filter_weights = tf.Variable(tf.truncated_normal
([window_size,embed_dim,1,filter_num],stddev=0.1),name = "filter_
weights")
            filter_bias = tf.Variable(tf.constant(0.1,shape=
[filter_num]),name="filter_bias")
            # 卷积层
            conv_layer = tf.nn.conv2d(movie_title_embed_layer_
expand,filter_weights,[1,1,1,1],padding="VALID",name="conv_
layer")
            relu_layer = tf.nn.relu(tf.nn.bias_add(conv_layer,
filter_bias),name ="relu_layer")
            # 池化层
            maxpool_layer = tf.nn.max_pool(relu_layer,[1,sentences_
size - window_size + 1,1,1],[1,1,1,1],padding="VALID",name=
"maxpool_layer")
            pool_layer_lst.append(maxpool_layer)

    # Dropout层
    with tf.name_scope("pool_dropout"):
        pool_layer = tf.concat(pool_layer_lst,3,name ="pool_layer")
        max_num = len(window_sizes)* filter_num
        pool_layer_flat = tf.reshape(pool_layer,[-1,1,max_num],
name = "pool_layer_flat")
        dropout_layer = tf.nn.dropout(pool_layer_flat,dropout_keep_
prob,name = "dropout_layer")
    return pool_layer_flat,dropout_layer
```

⑤ 从嵌入层得出特征后，传入全连接层再输出。为了提高网络的学习能力，这里拼接多个全连接层，将输出再次传入全连接层，最终得到用户特征和电影特征两个特征向量。具体实现代码如代码块 8-10 所示。

```python
# 代码块 8-10
def get_user_feature_layer(uid_embed_layer,gender_embed_
    layer,age_embed_layer,job_embed_layer):
    '''
    用户嵌入层向量全连接
    '''
    with tf.name_scope("user_fc"):
        #第一层全连接
        uid_fc_layer = tf.layers.dense(uid_embed_layer,embed_dim,
    name = "uid_fc_layer",activation=tf.nn.relu)
        gender_fc_layer = tf.layers.dense(gender_embed_layer,
    embed_dim,name = "gender_fc_layer",activation=tf.nn.relu)
        age_fc_layer = tf.layers.dense(age_embed_layer,embed_dim,
    name ="age_fc_layer",activation=tf.nn.relu)
        job_fc_layer = tf.layers.dense(job_embed_layer,embed_dim,
    name = "job_fc_layer",activation=tf.nn.relu)

        #第二层全连接
        user_combine_layer = tf.concat([uid_fc_layer,gender_fc_
    layer,age_fc_layer,job_fc_layer],2)#(?,1,128)
        user_combine_layer = tf.contrib.layers.fully_connected
    (user_combine_layer,200,tf.tanh)#(?,1,200)

        user_combine_layer_flat = tf.reshape(user_combine_layer,
    [-1,200])
    return user_combine_layer,user_combine_layer_flat


def get_movie_feature_layer(movie_id_embed_layer,movie_categories_
    embed_layer,dropout_layer):
    '''
    所有电影特征全连接
    '''
    with tf.name_scope("movie_fc"):
```

```
#第一层全连接
movie_id_fc_layer = tf.layers.dense(movie_id_embed_layer,
embed_dim,name = "movie_id_fc_layer",activation=tf.nn.relu)
movie_categories_fc_layer = tf.layers.dense(movie_
categories_embed_layer,embed_dim,name = "movie_categories_fc_
layer",activation=tf.nn.relu)


#第二层全连接
movie_combine_layer = tf.concat([movie_id_fc_layer,movie_
categories_fc_layer,dropout_layer],2)#(?,1,96)
movie_combine_layer = tf.contrib.layers.fully_connected
(movie_combine_layer,200,tf.tanh)#(?,1,200)


movie_combine_layer_flat = tf.reshape(movie_combine_layer,
[-1,200])
return movie_combine_layer,movie_combine_layer_flat
```

⑥ 全连接层目的是训练出用户特征和电影特征，在实现推荐时使用。得到这两个特征以后，可以选择任意的方式来拟合评分。这里对用户特征和电影特征两个向量做乘法，将结果与真实评分做回归，采用均方误差（Mean Square Error，MSE）来优化损失。

具体实现代码如代码块8-11所示。

```
# 代码块8-11
tf.reset_default_graph()
train_graph = tf.Graph()
with train_graph.as_default():
    #获取输入占位符
    uid,user_gender,user_age,user_job,movie_id,movie_categories,
    movie_titles,targets,lr,dropout_keep_prob = get_inputs()
    #获取User的4个嵌入向量
    uid_embed_layer,gender_embed_layer,age_embed_layer,job_embed_
    layer = get_user_embedding(uid,user_gender,user_age,user_job)
    #得到用户特征
    user_combine_layer,user_combine_layer_flat = get_user_feature_
```

```
layer(uid_embed_layer,gender_embed_layer,age_embed_layer,job_
embed_layer)
    #获取电影ID的嵌入向量
    movie_id_embed_layer = get_movie_id_embed_layer(movie_id)
    #获取电影类型的嵌入向量
    movie_categories_embed_layer = get_movie_categories_layers
(movie_categories)
    #获取电影名的特征向量
    pool_layer_flat,dropout_layer = get_movie_cnn_layer(movie_titles)
    #得到电影特征
    movie_combine_layer,movie_combine_layer_flat = get_movie_
feature_layer(movie_id_embed_layer,

movie_categories_embed_layer,
dropout_layer)
    with tf.name_scope("inference"):
        #简单地将用户特征和电影特征做矩阵乘法得到一个预测评分
        inference = tf.reduce_sum(user_combine_layer_flat * movie_
combine_layer_flat,axis=1)
        inference = tf.expand_dims(inference,axis=1)


    with tf.name_scope("loss"):
        # MSE损失,将计算值回归到评分
        cost = tf.losses.mean_squared_error(targets,inference)
        loss = tf.reduce_mean(cost)
    # 优化损失
    global_step = tf.Variable(0,name="global_step",trainable=False)
    optimizer = tf.train.AdamOptimizer(lr)
    gradients = optimizer.compute_gradients(loss)#cost
    train_op = optimizer.apply_gradients(gradients,global_step=
global_step)
```

任务清单 8-2-1

序号	类别	操作内容	操作过程记录
8.2.1	分组任务	在项目工程文件中寻找代码块 8-6 中的代码段，对其进行阅读及理解。分组讨论并回答以下问题： 1. 在获取用户个数、电影个数、职业个数时为什么要进行加 1 操作？ 2. 为什么定义的矩阵的维度是 32？可以大一些或者小一些吗？	
8.2.2	分组任务	仿照代码块 8-8，新建代码文件，构建用户嵌入矩阵、电影嵌入矩阵、电影类型嵌入矩阵，得到对应的嵌入层向量	
8.2.3	分组任务	仿照代码块 8-9、8-10、8-11，新建代码文件，构建卷积层、池化层和全连接层，获取用户特征和电影特征	

3. 模型训练

　　模型构建只是对模型进行了实例化，此时的模型还需要使用数据集对定义好的模型进行训练后才能构建出能够实际应用于特定场景和需求的模型。因此要对模型进行训练。

微课 8-3：
Text-CNN 模型训练

　　将数据集划分为训练集和测试集。在测试时使用测试数据进行迭代计算，并保存测试损失，最后将训练好的模型进行保存。

　　模型训练流程如图8-4所示。

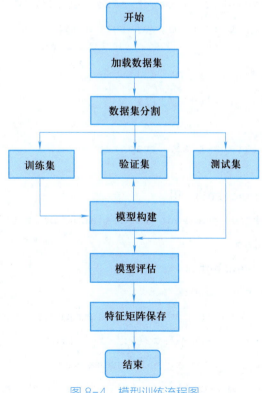

图 8-4　模型训练流程图

具体实现代码如代码块8-12所示。

```python
# 代码块8-12
# 训练迭代次数
num_epochs = 5
# 每个batch大小
batch_size = 256
# dropout率
dropout_keep = 0.5
# 学习率
learning_rate = 0.0001
# 每 n 个batches 显示信息
show_every_n_batches = 20
# 保存路径
save_dir = './save'


def get_batches(Xs,ys,batch_size):
    for start in range(0,len(Xs),batch_size):
        end = min(start + batch_size,len(Xs))
        yield Xs[start:end],ys[start:end]


# 记录损失，用于画图
losses = {'train':[],'test':[]}


with tf.Session(graph=train_graph) as sess:

    #搜集数据给tensorBoard用
    # Keep track of gradient values and sparsity
    grad_summaries = []
    for g,v in gradients:
        if g is not None:
            grad_hist_summary = tf.summary.histogram("{}/grad/
    hist".format(v.name.replace(':','_')),g)
            sparsity_summary = tf.summary.scalar("{}/grad/sparsity".
    format(v.name.replace(':','_')),tf.nn.zero_fraction(g))
```

```
        grad_summaries.append(grad_hist_summary)
        grad_summaries.append(sparsity_summary)
    grad_summaries_merged = tf.summary.merge(grad_summaries)

    # 输出文件夹
    timestamp = str(int(time.time()))
    out_dir = os.path.abspath(os.path.join(os.path.curdir,"runs",
timestamp))
    print("Writing to {}\n".format(out_dir))

    # 损失与精度
    loss_summary = tf.summary.scalar("loss",loss)

    # 训练
    train_summary_op = tf.summary.merge([loss_summary,grad_
summaries_merged])
    train_summary_dir = os.path.join(out_dir,"summaries","train")
    train_summary_writer = tf.summary.FileWriter(train_summary_
dir,sess.graph)

    # 测试
    inference_summary_op = tf.summary.merge([loss_summary])
    inference_summary_dir = os.path.join(out_dir,"summaries",
"inference")
    inference_summary_writer = tf.summary.FileWriter(inference_
summary_dir,sess.graph)

    # 变量初始化
    sess.run(tf.global_variables_initializer())
    # 模型保存
    saver = tf.train.Saver()
    for epoch_i in range(num_epochs):

        #将数据集分成训练集和测试集，随机种子不固定
```

```python
train_X,test_X,train_y,test_y = train_test_split(features,
                                        targets_values,
                                        test_size = 0.2,
                                        random_state = 0)
# 分开batches
train_batches = get_batches(train_X,train_y,batch_size)
test_batches = get_batches(test_X,test_y,batch_size)

#训练的迭代,保存训练损失
for batch_i in range(len(train_X)// batch_size):
    x,y = next(train_batches)

    categories = np.zeros([batch_size,18])
    for i in range(batch_size):
        categories[i] = x.take(6,1)[i]

    titles = np.zeros([batch_size,sentences_size])
    for i in range(batch_size):
        titles[i] = x.take(5,1)[i]

    # 传入数据
    feed = {
        uid:np.reshape(x.take(0,1),[batch_size,1]),
        user_gender:np.reshape(x.take(2,1),[batch_size,1]),
        user_age:np.reshape(x.take(3,1),[batch_size,1]),
        user_job:np.reshape(x.take(4,1),[batch_size,1]),
        movie_id:np.reshape(x.take(1,1),[batch_size,1]),
        movie_categories:categories, #x.take(6,1)
        movie_titles:titles, #x.take(5,1)
        targets:np.reshape(y,[batch_size,1]),
        dropout_keep_prob:dropout_keep, #dropout_keep
        lr:learning_rate}

    # 计算结果
```

```
        step,train_loss,summaries,_ = sess.run([global_step,
loss,train_summary_op,train_op],feed)#cost
        losses['train'].append(train_loss)
        # 保存记录
        train_summary_writer.add_summary(summaries,step)


        # 每多少个 batches 显示一次
        if(epoch_i *(len(train_X)// batch_size)+ batch_i)%
show_every_n_batches == 0:
            time_str = datetime.datetime.now().isoformat()
            print('{}:Epoch {:>3} Batch {:>4}/{}   train_
loss = {:.3f}'.format(
                time_str,
                epoch_i,
                batch_i,
                (len(train_X)// batch_size),
                train_loss))


    #使用测试数据的迭代
    for batch_i  in range(len(test_X)// batch_size):
        x,y = next(test_batches)

        categories = np.zeros([batch_size,18])
        for i in range(batch_size):
            categories[i] = x.take(6,1)[i]

        titles = np.zeros([batch_size,sentences_size])
        for i in range(batch_size):
            titles[i] = x.take(5,1)[i]

        # 传入数据
        feed = {
            uid:np.reshape(x.take(0,1),[batch_size,1]),
            user_gender:np.reshape(x.take(2,1),[batch_size,1]),
```

```
                user_age:np.reshape(x.take(3,1),[batch_size,1]),
                user_job:np.reshape(x.take(4,1),[batch_size,1]),
                movie_id:np.reshape(x.take(1,1),[batch_size,1]),
                movie_categories:categories, #x.take(6,1)
                movie_titles:titles, #x.take(5,1)
                targets:np.reshape(y,[batch_size,1]),
                dropout_keep_prob:1,
                lr:learning_rate}

        # 计算结果
        step,test_loss,summaries = sess.run([global_step,loss,
inference_summary_op],feed)#cost

        #保存测试损失
        losses['test'].append(test_loss)
        inference_summary_writer.add_summary(summaries,step)#

        # 每多少个 batches 显示一次
        time_str = datetime.datetime.now().isoformat()
        if(epoch_i *(len(test_X)// batch_size)+ batch_i)%
show_every_n_batches == 0:
            print('{}:Epoch {:>3} Batch {:>4}/{}   test_loss =
{:.3f}'.format(
                time_str,
                epoch_i,
                batch_i,
                (len(test_X)// batch_size),
                test_loss))

    # 保存模型
    saver.save(sess,save_dir)
    print('Model Trained and Saved')
```

　　这里通过观察训练集和测试集损失函数的大小来评估模型的训练程度，以便对模型训练做进一步决策。

　　一般而言，训练集和测试集的损失函数不变且基本相等时为模型训练的较佳状态。可以将训练过程中的损失函数保存下来，将损失函数以图片的形式表现出来，方便观察。

　　具体实现代码如代码块 8-13 所示。

```
# 代码块 8-13
save_params((save_dir))
load_dir = load_params()


# 训练损失
plt.figure(figsize=(8,6))
plt.plot(losses['train'],label='训练损失')
plt.legend()
plt.xlabel("批次")
plt.ylabel("损失")
_ = plt.ylim()


# 测试损失
plt.figure(figsize=(8,6))
plt.plot(losses['test'],label='测试损失')
plt.legend()
plt.xlabel("批次")
plt.ylabel("损失")
_ = plt.ylim()
```

　　得到训练损失和测试损失结果如图 8-5、图 8-6 所示。

　　其中，一个 batch 就是在一次前向 / 后向传播过程用到的训练样例数量。训练 5 轮，每轮第一个 batch_size 为 3 125，作为训练集，训练步长为 20；第二个 batch_size 为 781，作为测试集，训练步长为 20。

　　得到训练损失函数和测试损失函数图形如图 8-7、8-8 所示。

```
2023-03-11T14:14:39.107018: Epoch    0 Batch      0/3125    train_loss = 9.347
2023-03-11T14:14:39.681439: Epoch    0 Batch     20/3125    train_loss = 4.148
2023-03-11T14:14:40.300782: Epoch    0 Batch     40/3125    train_loss = 2.787
2023-03-11T14:14:40.922121: Epoch    0 Batch     60/3125    train_loss = 1.895
2023-03-11T14:14:41.538472: Epoch    0 Batch     80/3125    train_loss = 1.701
2023-03-11T14:14:42.150834: Epoch    0 Batch    100/3125    train_loss = 1.686
2023-03-11T14:14:42.789127: Epoch    0 Batch    120/3125    train_loss = 1.646
2023-03-11T14:14:43.403484: Epoch    0 Batch    140/3125    train_loss = 1.582
2023-03-11T14:14:44.011857: Epoch    0 Batch    160/3125    train_loss = 1.356
2023-03-11T14:14:44.613248: Epoch    0 Batch    180/3125    train_loss = 1.459
2023-03-11T14:14:45.223617: Epoch    0 Batch    200/3125    train_loss = 1.646
2023-03-11T14:14:45.832986: Epoch    0 Batch    220/3125    train_loss = 1.379
2023-03-11T14:14:46.487237: Epoch    0 Batch    240/3125    train_loss = 1.233
2023-03-11T14:14:47.102592: Epoch    0 Batch    260/3125    train_loss = 1.429
2023-03-11T14:14:47.738889: Epoch    0 Batch    280/3125    train_loss = 1.390
2023-03-11T14:14:48.389151: Epoch    0 Batch    300/3125    train_loss = 1.393
2023-03-11T14:14:49.156099: Epoch    0 Batch    320/3125    train_loss = 1.464
2023-03-11T14:14:49.925043: Epoch    0 Batch    340/3125    train_loss = 1.217
```

图 8-5　训练损失图

```
2023-03-11T14:23:28.053371: Epoch    4 Batch    396/781    test_loss = 0.864
2023-03-11T14:23:28.216285: Epoch    4 Batch    416/781    test_loss = 0.962
2023-03-11T14:23:28.382091: Epoch    4 Batch    436/781    test_loss = 0.920
2023-03-11T14:23:28.545319: Epoch    4 Batch    456/781    test_loss = 0.763
2023-03-11T14:23:28.715762: Epoch    4 Batch    476/781    test_loss = 0.961
2023-03-11T14:23:28.901251: Epoch    4 Batch    496/781    test_loss = 1.003
2023-03-11T14:23:29.093125: Epoch    4 Batch    516/781    test_loss = 0.792
2023-03-11T14:23:29.269692: Epoch    4 Batch    536/781    test_loss = 1.009
2023-03-11T14:23:29.438736: Epoch    4 Batch    556/781    test_loss = 0.813
2023-03-11T14:23:29.608003: Epoch    4 Batch    576/781    test_loss = 0.975
2023-03-11T14:23:29.789519: Epoch    4 Batch    596/781    test_loss = 0.919
2023-03-11T14:23:29.957544: Epoch    4 Batch    616/781    test_loss = 0.991
2023-03-11T14:23:30.123203: Epoch    4 Batch    636/781    test_loss = 0.850
2023-03-11T14:23:30.290567: Epoch    4 Batch    656/781    test_loss = 0.881
2023-03-11T14:23:30.454347: Epoch    4 Batch    676/781    test_loss = 1.023
2023-03-11T14:23:30.617814: Epoch    4 Batch    696/781    test_loss = 0.818
2023-03-11T14:23:30.784948: Epoch    4 Batch    716/781    test_loss = 0.877
2023-03-11T14:23:30.948741: Epoch    4 Batch    736/781    test_loss = 1.028
2023-03-11T14:23:31.111307: Epoch    4 Batch    756/781    test_loss = 0.791
2023-03-11T14:23:31.280933: Epoch    4 Batch    776/781    test_loss = 0.757
Model Trained and Saved
```

图 8-6　测试损失图

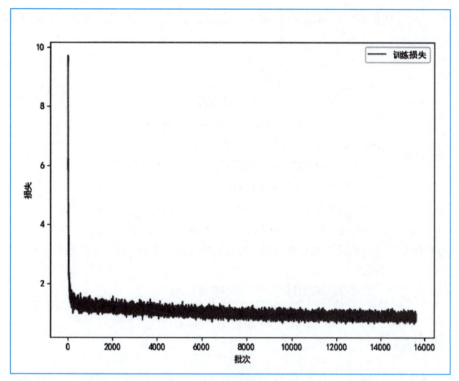

图 8-7　训练损失函数图

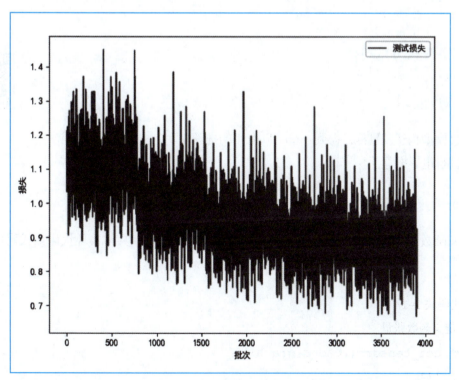

图 8-8　测试损失函数图

从绘制的训练损失函数和测试损失函数的图片中可以看出：整个模型的训练和测试过程

中，损失值随着迭代次数的增加而不断减小，逐渐趋于稳定。这也符合规律，说明模型还是不错的。

任务清单 8-2-2

序号	类别	操作内容	操作过程记录
8.2.4	分组任务	在项目工程文件中寻找代码块 8-12 中的代码段，对其进行阅读及理解。分组讨论并回答以下问题： 1. 为什么要将数据集分成训练集、测试集和验证集？ 2. 使用随机数来划分数据集有什么好处？	
8.2.5	分组任务	在项目工程文件中寻找代码块 8-13 中的代码段，运行代码后观察结果，组内对结果进行研讨。思考并回答以下问题： 1. 训练损失绘制的图和测试损失绘制的图有什么区别？说明了什么？ 2. 还可以使用什么方式来对模型进行评估？	

【任务小结】

一个模型是否符合标准是需要进行效果评估的。效果评估就是对模型进行评价，是衡量一个模型能否能够应用上线的一个重要指标，常见的模型评估指标还包含准确率、召回率等。

8-3 模型应用

【任务要求】

微课 8-4：Text-CNN 模型应用

经过模型构建及训练，得到一个可以应用的推荐模型。接下来就可以应用该模型来进行电影推荐了。

【任务实施】

定义函数张量，生成电影特征矩阵，生成用户特征矩阵，具体实现代码如代码块 8-14 所示。

```
#代码块 8-14
# 定义函数张量
def get_tensors(loaded_graph):
    '''
    使用 get_tensor_by_name() 函数从 loaded_graph 中获取 tensors
```

```
    '''
    uid = loaded_graph.get_tensor_by_name("uid:0")
    user_gender = loaded_graph.get_tensor_by_name("user_gender:0")
    user_age = loaded_graph.get_tensor_by_name("user_age:0")
    user_job = loaded_graph.get_tensor_by_name("user_job:0")
    movie_id = loaded_graph.get_tensor_by_name("movie_id:0")
    movie_categories = loaded_graph.get_tensor_by_name("movie_
categories:0")
    movie_titles = loaded_graph.get_tensor_by_name("movie_
titles:0")
    targets = loaded_graph.get_tensor_by_name("targets:0")
    dropout_keep_prob = loaded_graph.get_tensor_by_name("dropout_
keep_prob:0")
    lr = loaded_graph.get_tensor_by_name("LearningRate:0")
    inference = loaded_graph.get_tensor_by_name("inference/
ExpandDims:0")
    movie_combine_layer_flat = loaded_graph.get_tensor_by_name
("movie_fc/Reshape:0")
    user_combine_layer_flat = loaded_graph.get_tensor_by_name
("user_fc/Reshape:0")
    return uid,user_gender,user_age,user_job,movie_id,movie_categories,
movie_titles,targets,lr,dropout_keep_prob,inference,movie_
combine_layer_flat,user_combine_layer_flat


# 生成电影特征矩阵
loaded_graph = tf.Graph()
movie_matrics = []
with tf.Session(graph=loaded_graph)as sess:
    # 载入保存好的模型
    loader = tf.train.import_meta_graph(load_dir + '.meta')
    loader.restore(sess,load_dir)


    # 调用函数拿到 tensors
```

```
uid,user_gender,user_age,user_job,movie_id,movie_categories,
movie_titles,targets,lr,dropout_keep_prob,_,movie_combine_layer_
flat,__ = get_tensors(loaded_graph)#loaded_graph


for item in movies.values:
    categories = np.zeros([1,18])
    categories[0] = item.take(2)


    titles = np.zeros([1,sentences_size])
    titles[0] = item.take(1)


    feed = {
        movie_id:np.reshape(item.take(0),[1,1]),
        movie_categories:categories,
        movie_titles:titles,
        dropout_keep_prob:1}


    movie_combine_layer_flat_val = sess.run([movie_combine_
layer_flat],feed)
    # 添加进一个list中
    movie_matrics.append(movie_combine_layer_flat_val)

# 保存成.p 文件
pickle.dump((np.array(movie_matrics).reshape(-1,200)),open('movie_
    matrics.p','wb'))
# 读取文件
movie_matrics = pickle.load(open('movie_matrics.p',mode='rb'))

# 生成用户特征矩阵
loaded_graph = tf.Graph()
users_matrics = []
with tf.Session(graph=loaded_graph)as sess:
    # 载入保存好的模型
    loader = tf.train.import_meta_graph(load_dir + '.meta')
```

```
loader.restore(sess,load_dir)

    # 调用函数拿到 tensors
    uid,user_gender,user_age,user_job,movie_id,movie_categories,
    movie_titles,targets,lr,dropout_keep_prob,_,__,user_combine_
    layer_flat = get_tensors(loaded_graph)#loaded_graph

    for item in users.values:

        feed = {
            uid:np.reshape(item.take(0),[1,1]),
            user_gender:np.reshape(item.take(1),[1,1]),
            user_age:np.reshape(item.take(2),[1,1]),
            user_job:np.reshape(item.take(3),[1,1]),
            dropout_keep_prob:1}

        user_combine_layer_flat_val = sess.run([user_combine_layer_
    flat],feed)
        # 添加进一个list中
        users_matrics.append(user_combine_layer_flat_val)

# 保存成 .p 文件
pickle.dump((np.array(users_matrics).reshape(-1,200)),open('users_
    matrics.p','wb'))
# 读取文件
users_matrics = pickle.load(open('users_matrics.p',mode='rb'))
```

最后，就可以应用该推荐模型来进行电影推荐，具体实现代码如代码块8-15所示。

```
# 代码块 8-15
def recommend_same_type_movie(movie_id_val,top_k = 20):

    loaded_graph = tf.Graph()  #
    with tf.Session(graph=loaded_graph)as sess:#
```

```
# Load saved model
loader = tf.train.import_meta_graph(load_dir + '.meta')
loader.restore(sess,load_dir)


norm_movie_matrics = tf.sqrt(tf.reduce_sum(tf.square(movie_
matrics),1,keep_dims=True))
normalized_movie_matrics = movie_matrics / norm_movie_matrics

#推荐同类型的电影
probs_embeddings =(movie_matrics[movieid2idx[movie_id_
val]]).reshape([1,200])
probs_similarity = tf.matmul(probs_embeddings,tf.transpose
(normalized_movie_matrics))
sim =(probs_similarity.eval())
#    results =(-sim[0]).argsort()[0:top_k]
#    print(results)

print("您看的电影是:{}".format(movies_orig[movieid2idx
[movie_id_val]]))
print("以下是给您的推荐:")
p = np.squeeze(sim)
p[np.argsort(p)[:-top_k]] = 0
p = p / np.sum(p)
results = set()
while len(results)!= 5:
    c = np.random.choice(3883,1,p=p)[0]
    results.add(c)
for val in(results):
    print(val)
    print(movies_orig[val])


return results
```

在主函数中调用recommend_same_type_movie()函数，得到电影推荐结果如图8-9所示。

```
您看的电影是：[1 'Toy Story (1995)' "Animation|Children's|Comedy"]
以下是给您的推荐：
0
[1 'Toy Story (1995)' "Animation|Children's|Comedy"]
1838
[1907 'Mulan (1998)' "Animation|Children's"]
2286
[2355 "Bug's Life, A (1998)" "Animation|Children's|Comedy"]
3542
[3611 'Saludos Amigos (1943)' "Animation|Children's|Comedy"]
1015
[1028 'Mary Poppins (1964)' "Children's|Comedy|Musical"]
```

图 8-9　推荐结果

任务清单 8-3-1

序号	类别	操作内容	操作过程记录
8.3.1	分组任务	结合项目工程文件里定义的代码及代码块复现代码。分组讨论并回答以下问题： 1. Text-CNN 的工作流程是怎样的？ 2. 尝试对推荐模型进行参数调优	
8.3.2	分组任务	在网上查询资料，讨论并回答以下问题： 1. Text-CNN 与 CNN 有何区别？ 2. 目前，你还知道哪些流行的推荐算法？	

【任务小结】

本项目使用了 MovieLens 中最小的数据集来开展项目，数据量较小，预测的准确率有待提高，预测得到的结果有一定的概率是错误的。若想提高准确率可以增加训练数据集的数据量，且持续优化模型。

学习评价

任务	客观评价（40%）	主观评价（60%）			
		组内互评（20%）	学生自评（10%）	教师评价（15%）	企业专家评价（15%）
8-1					
8-2					
8-3					
合计					

根据3个任务的完成度进行学习评价，评价依据为：

- 客观评价（40%）：完成个人任务代码并运行成功可获得此项分数。
- 主观评价——组内互评（20%）：由同组组员依据分组任务完成情况及个人在小组中的贡献进行评分。
- 主观评价——学生自评（10%）：个人对自己的学习情况主观进行评价。
- 主观评价——教师评价（15%）：教师根据学生学习情况及课堂表现进行评价。
- 主观评价——企业专家评价（15%）：企业专家根据学生代码完成度及规范性进行评价。

项目9

基于 ResNet 的垃圾分类

在图像分类中，深度学习模型的训练通常需要大量的标签数据。因此，研究者们设计了很多经典的 CNN 模型，如 VGG、ResNet、Inception 等。这些模型都在 ImageNet 的大规模图像分类比赛中获得了很好的成绩。同时，为了防止过拟合和提高泛化能力，深度学习模型中还引入了一些正则化方法，如 Dropout、L1/L2 正则化等。此外，对于需要解决的特殊问题，人们也会从模型架构和优化方法等方面进行改进，以提高模型的准确性和泛化性能。

总之，深度学习已广泛应用于图像分类，并且已成为许多 AI 应用的核心技术之一。本项目中以垃圾分类为例，开展基于经典的卷积神经网络 ResNet（残差网络）的垃圾图像分类实战操作。

学习目标

知识目标

◆ 能列举并简述常用的图像类型数据分析、探索及预处理技术及其基本思路。
◆ 能简述 ResNet 深度学习模型相关技术基本概念及架构。
◆ 能简述 ResNet 深度学习模型构建的过程。
◆ 能简述基于深度学习的数据挖掘工作中模型训练的相关技术。
◆ 能列举并简述深度学习常用的评估方式。
◆ 能简述 ResNet 深度学习模型应用的流程。

技能目标

◆ 能够应用相关技术对图像类型的数据进行相本尺寸规范、数据增强、随机采样等分析、探索及预处理操作。
◆ 能够构建 ResNet 深度学习模型并对其进行训练
◆ 能够应用损失率和准确率作为模型评估指标，并将其可视化以对 ResNet 深度学习模型进行评估，判断模型的适用性。
◆ 能够应用 ResNet 深度学习模型对图像类型数据开展数据挖掘工作，完成垃圾图片分析任务。

素质目标

◆ 培养工程精神和工程思维。
◆ 培养实干创新的敬业精神。
◆ 树立绿色低碳环保意识。

项目背景

垃圾分类已经成为社会议论的热点话题，随着人们环保意识的提高和国家环保政策的推动，垃圾分类已为全社会所关注。垃圾固体废弃物的处理在城市生活中占据重要地位，不当处理会对环境产生重大污染。在社会主义核心价值观的引领下，推行垃圾分类项目已成为强化人民群众环保意识、绿色中国建设和推进可持续发展的重要举措。通过落实国家政策、制定地方政策以及强化宣传教育来引导市民学会垃圾分类，不仅有利于废品回收，更重要的是有助于树立全民生态文明观念，引导市民转变生活方式，自觉承担环保责任。

当前垃圾处理的主要方式仍然是焚烧和填埋。而通过垃圾分类项目的实施，垃圾主要被分为厨余、有害、可回收物和其他垃圾。所以，垃圾分类项目已经成为推进绿色中国建设、实现可持续发展的一项重要任务。

本项目中使用的数据集包括了厨余、有害、可回收物和其他垃圾四大类，每大类又包含一些子类别，一共有54种垃圾。整个项目的流程是基于数据集在模型上进行训练，选择评估方式，并进行多次迭代和优化，以达到提高分类效果和准确性的目的，最终将训练好的模型部署到实际应用中，为人们的生活带来便利。

工作流程

垃圾分类项目按照流程可分为数据分析及预处理、模型构建及训练、模型测试3个阶段，每个任务中又包含若干个子任务。具体如图9-1所示。

数据分析及预处理阶段包括对项目所用数据集进行读取，通过数据探索方法分析样本的类别、样本的大小、样本种类分布的信息，预处理就是基于数据探索的结论进行下一步处理，包括对样本大小设置大小范围、做数据增强等操作。

模型构建及训练阶段首先经过模型选择，选择适当的深度学习算法用于构建垃圾分类模型，然后进行模型训练，将准备的训练数据集输入模型中进行训练，并调整模型相关超参数以提升模型的性能和泛化能力；模型评估是使用测试数据集对模型进行评估，包括查看模型在测试集上的准确率、训练损失及测试损失等指标，从而得出模型性能的评估结果。

模型测试阶段使用已经训练好的模型对新的数据进行分类。

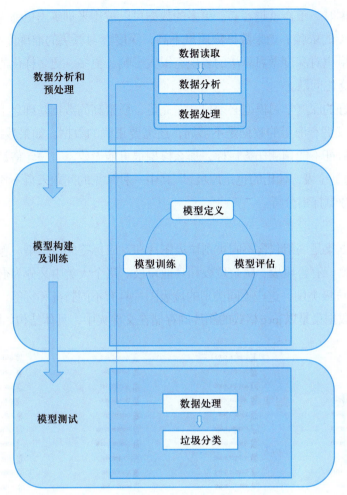

图 9-1 工作流程图

9-1 数据分析及预处理

【任务要求】

首先对数据集进行探索与浏览，然后采用程序对数据集进行读取、数据分析、数据增强、数据下采样等操作，为之后的深度学习模型奠定基础。

【任务实施】

1. 数据分析

每个数据集都是由一个个样本组成的，当处理图像数据时，每一张单独的照片即为一个样本，它的特征由每个像素数值的有序列表表示。比如，28×28 彩色照片由 $28 \times 28 \times 3 = 2\,352$ 个数值组成，其中的 "3" 对应于图像每个空间位置的红、绿、蓝 3 个通道的强度。一般来说，拥有越多数据时，工作就越容易。更多的数据可以被用来训练出更强大的模型，从而减少对预先设想假设的依赖。如果数据集质量不高，深度学习算法的准确度和表现将会很差。同时，数据的数量也对深度学习算法的表现有很大影响。更多、更多样化的数据可以帮助算法更好地理解和泛化问题。

因此，一个好的深度学习模型必须建立在充足、质量高的数据基础之上。在没有大数据集的情况下，仅仅拥有海量的数据是不够的，还需要正确的数据。如果数据中充满了错误，或者如果数据的特征不能预测任务目标，那么模型很可能无效。有一句俗话很好地反映了这个现象："输入的是垃圾，输出的也是垃圾。"其中一种常见的问题来自不均衡的数据集，基于此，需要进行数据探索分析。

（1）数据认识与读取

垃圾分类数据集是一组包含不同类别垃圾图片和对应标签的数据集。包括以下常见垃圾大类别：可回收物、有害垃圾、厨余垃圾和其他垃圾。每个大类中又分为很多具体的垃圾种类，一共有54种垃圾类别，这些不同类别的垃圾图片具有不同特征和标签，可以被用于训练垃圾分类模型。数据集是以jpeg格式的图片的存储在文件夹中，具体结构如图9-2所示。

图 9-2   数据集结构

选择其中厨余垃圾中的草莓这个类别进行部分数据的详细展示，如图9-3所示。

图 9-3   部分数据的详细展示

读取垃圾分类数据集的方式取决于数据集的存储和组织方式，本项目用的数据是 jpeg 图片格式，可以使用 Python 中 Pillow 库读取图像数据。Pillow 库是一种用于 Python 编程语言的图像处理库，可以用来读取、修改和保存各种图像格式。安装方式如下。

```
pip install pillow
```

在读取之前要知道数据被存储在什么路径下，根据路径去读取图片，所以要提前给出定义路径。

具体实现代码如代码块 9-1 所示，运行结果如图 9-4 所示。

```
#代码块 9-1
import os
import PIL.Image as Image
dataset_root_path = "G:\dataset"        #图片的根目录
for root, dirs, files in os.walk(dataset_root_path):
    for file_i in files:
        file_i_full_path = os.path.join(root, file_i)
        img_i = Image.open(file_i_full_path)
        print(file_i_full_path)
```

```
G:\dataset\其他垃圾_一次性杯\img_一次性杯子_1.jpeg
G:\dataset\其他垃圾_一次性杯\img_一次性杯子_10.jpeg
G:\dataset\其他垃圾_一次性杯\img_一次性杯子_100.jpeg
G:\dataset\其他垃圾_一次性杯\img_一次性杯子_101.jpeg
G:\dataset\其他垃圾_一次性杯\img_一次性杯子_102.jpeg
G:\dataset\其他垃圾_一次性杯\img_一次性杯子_103.jpeg
G:\dataset\其他垃圾_一次性杯\img_一次性杯子_104.jpeg
G:\dataset\其他垃圾_一次性杯\img_一次性杯子_105.jpeg
G:\dataset\其他垃圾_一次性杯\img_一次性杯子_106.jpeg
G:\dataset\其他垃圾_一次性杯\img_一次性杯子_107.jpeg
G:\dataset\其他垃圾_一次性杯\img_一次性杯子_108.jpeg
```

图 9-4　运行结果

任务清单 9-1-1

序号	类别	操作内容	操作过程记录
9.1.1	个人任务	认识数据集，并对数据集进行加载	
9.1.2	分组任务	对数据集文件夹的文件进行简单浏览。 分组讨论并回答：如何读取到数据集	

（2）样本大小分析

分析垃圾分类数据集的样本尺寸有助于选择适当的图片大小，从而对模型的性能和泛化能力产生影响。图片过大需要的存储空间和计算资源多，从而导致训练过程变得更慢，增加了训练的时间和成本；过小可能会破坏图像中的细节和结构信息，导致模型无法正确将其与其他图片区分开来，从而影响模型的质量和准确率。小尺寸图像可能会受到高频成分、采样噪声等影响，这些噪声和干扰可能会导致模型性能下降或算法鲁棒性变差。总体来说，样本尺寸可以影响模型性能，也会影响模型的精度和泛化能力，特别是在处理图片分类问题时，较大的垃圾分类图片可能会减少特征的数量和多样性，从而导致模型过拟合或低泛化能力。因此，在选择垃圾分类数据集时，需要结合所需模型的计算能力和实际应用需求来考虑样本尺寸，以达到更好的模型性能和适用性。

基于以上的原因，要先对数据集的尺寸大小进行分析，分析方法是对图像的宽和高绘制散点图，该函数的作用是分析数据集中所有图片的宽高信息，并将宽高分别用散点图进行可视化。函数接收一个参数：指定的数据集根目录。函数中使用os.walk()函数遍历数据集根目录下的所有文件夹和文件，在其中打开每个图片，并使用img_i.size属性获取其宽和高信息，分别将图像的宽和高存入width_list和height_list列表中。然后使用Matplotlib中的scatter()函数绘制散点图，x轴为宽，y轴为高。表格中每个点的大小为1，以避免重叠造成视觉上的混淆。最终将绘制的图表输出显示出来。函数不返回任何数据，仅用于可视化分析。

具体实现代码如代码块9-2所示，运行结果如图9-5所示。

```
#代码块 9-2
def plot_resolution(dataset_root_path):
    '''
    分析样本宽高比
    :param dataset_root_path:
    :return:
    '''
    img_size_list = []    #定义空列表承接所有图片的长宽数据
    for root, dirs, files in os.walk(dataset_root_path):
        for file_i in files:
            file_i_full_path = os.path.join(root, file_i)
            img_i = Image.open(file_i_full_path)    #打开第i张图片
            img_i_size = img_i.size   # 返回单张图像的宽和高
            img_size_list.append(img_i_size)    #将图像的大小加入空列表
    print(img_size_list)     #打印结果   (640, 346)
    width_list = [img_size_list[i][0] for i in range(len(img_size_list))]    #得到每张图像的宽度
```

```
height_list = [img_size_list[i][1] for i in range(len(img_size_
list))]    #得到每张图像的高度
# print(width_list)  #640
# print(height_list)  #346
plt.rcParams["font.sans-serif"] = ["SimHei"]   # 设置中文字体
plt.rcParams["font.size"] = 8     #字号
plt.rcParams["axes.unicode_minus"] = False   # 该语句解决图像中
的 "-" 负号的乱码问题
plt.scatter(width_list, height_list, s=1)   #绘制散点图
plt.xlabel("宽")   #x轴标签
plt.ylabel("高")   #y轴标签
plt.title("图像宽高分布")    #标题
plt.show()
```

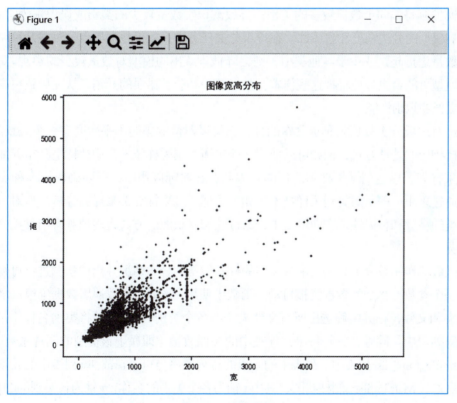

图 9-5　宽高分析

　　观察结果可知，大部分样本的宽和高都集中于 200 像素到 2 000 像素以内，选择过滤掉一些宽、高过大过小以及宽高比例不协调的样本，后续会在数据预处理部分做进一步处理。

任务清单 9-1-2

序号	类别	操作内容	操作过程记录
9.1.3	个人任务	分析数据集的宽高情况	
9.1.4	分组任务	在项目工程文件数据集样本分析 .py 中寻找代码块 9-2 中的代码段，对其进行阅读及理解。分组讨论并回答以下问题： 1. 如何获取到每个样本的宽高信息？ 2. width_list 和 height_list 分别用于储存什么数据？ 3. file_i_full_path 在何处定义，是如何获取到的？ 4. 散点图如何绘制？	

（3）样本种类分布分析

样本种类分布指的是在一个数据集中不同类别样本所占的比例。在垃圾分类的数据集中，样本种类分布指不同类型垃圾所占的比例。例如，一个垃圾分类的数据集中可能包括4类垃圾：可回收垃圾、厨余垃圾、有害垃圾和其他垃圾。每类垃圾在数据集中所占的比例即为样本种类分布。

样本种类的不平衡分布可能导致在模型训练和评估过程中出现问题。在处理不平衡数据集时，模型容易偏向于数量较多的类别，导致漏识别数量较少的类别或误识别为常见类别，从而影响模型的分类精度和鲁棒性。在垃圾分类任务中，如果数据集中一种或几种垃圾类型的样本数量远远超过或少于其他类型，则会降低训练出的模型对数量较少的类别的敏感度。训练的模型可能会更多地轻视这些样本，并且减少其分类错误的开销，从而导致更高的误分类率和更低的识别性能。

通过对垃圾分类数据集种类分布的分析，可以对数据集的不平衡度有一个大致的认识，从而选择相应的处理方式，例如可以使用一些平衡类别采样技术来调整标签分布，如数据增强、下采样等，以达到平衡样本的目的。因此，在实际应用中，需要确保样本种类分布均衡，或通过采用一些平衡类别采样技术（如欠采样、过采样等）来提高分析模型对不同垃圾类别分类的精度和鲁棒性。在此项目中，通过绘制柱状图的方式直观地观察出种类分布的不均衡情况。

该函数的作用是分析数据集中各类别的样本数量的分布情况并用柱状图进行可视化。函数接收一个参数：指定的数据集根目录。函数中使用 os.walk() 函数遍历数据集根目录下的所有文件夹和文件，在其中筛选出所有文件夹（即各个类别名称），并将类别名称添加至 file_name_list 列表中。同时，统计每个文件夹中的文件数量（即属于该类别的图片张数），并其添加到 file_num_list 列表中。列表中的元素的排列顺序与 file_name_list 列表中的元素顺序一致。然后通过 Matplotlib 绘制柱状图，其中 x 轴为各个类别的名称，y 轴为该类别的图片张数，同时，在图表中也标记出了样本数目的均值。最终将绘制的图表输出显示出来。函数不返回任何数据，仅用于可视化分析。

具体实现代码如代码块 9-3 所示，运行结果如图 9-6 所示。

```python
#代码块 9-3
def plot_bar(dataset_root_path):
    '''
    分析样本分布情况
    :param dataset_root_path:
    :return:
    '''
    file_name_list = []      #定义两个空列表
    file_num_list = []
    for root, dirs, files in os.walk(dataset_root_path):
        if len(dirs) != 0:  #如果文件个数不等于0
            for dir_i in dirs:  #遍历文件夹
                file_name_list.append(dir_i)
        file_num_list.append(len(files))
    file_num_list = file_num_list[1:]
    # 求均值，并把均值以横线形式显示出来
    mean = np.mean(file_num_list)
    print("mean = ", mean)
    bar_positions = np.arange(len(file_name_list))
    fig, ax = plt.subplots()   # 定义画的区间和子画
    ax.bar(bar_positions, file_num_list, 0.5)  # 画柱图，参数：柱子的
个数，柱的值（柱子的高度），柱的宽度
    ax.plot(bar_positions, [mean for i in bar_positions], color=
"red")   # 显示平均值
    plt.rcParams["font.sans-serif"] = ["SimHei"]   # 设置中文字体
    plt.rcParams["font.size"] = 8
    plt.rcParams["axes.unicode_minus"] = False   # 该语句解决图像中
的 "-" 负号的乱码问题
    ax.set_xticks(bar_positions)    # 设置x轴的刻度
    ax.set_xticklabels(file_name_list, rotation=90)   # 设置x轴的标
签，90：表示旋转90°
    ax.set_ylabel("类别数量")
    ax.set_title("数据分布图")
    plt.show()
```

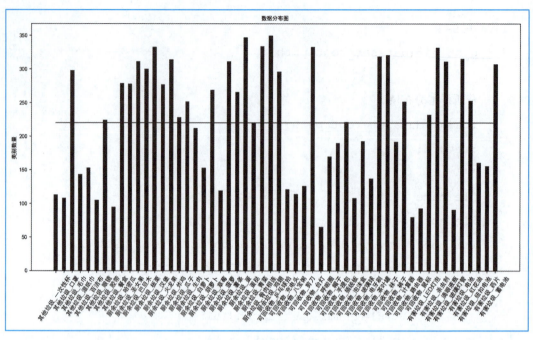

图 9-6　种类分布分析

由分析结果可知，样本数量的最大值和最小值之间差距很多，也就是存在数据样本不均衡的情况，这样的数据集可能会对模型产生一定的影响，所以需要进一步处理。在此选择用数据增强的方法处理数据不均衡的情况，同样在数据预处理部分会进行详细说明。

任务清单 9-1-3

序号	类别	操作内容	操作过程记录
9.1.5	个人任务	分析数据集的种类分布情况	
9.1.6	分组任务	在项目工程文件数据集样本分析 .py 中寻找代码块 9-3 中的代码段，对其进行阅读及理解。分组讨论并回答以下问题： 1. 如何获取每个种类样本个数的信息？ 2. file_num_list 和 file_name_list 分别用于储存什么数据？ 3. 柱状图如何绘制？	
9.1.7	个人任务	打开项目工程文件数据集样本分析 .py，仿照代码块 9-2、9-3，在相应编号位置补全代码，完成垃圾数据集探索分析操作	

2. 数据预处理

（1）样本尺寸规范

基于上面的数据探索的结果进行处理。对于数据样本尺寸大小存在问题，选择删除图像宽高过大或过小以及宽高比不协调的图像，给图像的宽和高设置一个具体的阈值范围，如图像的宽和高均保持在 200 到 2 000 像素之间，也就是会删除宽或高小于 200 像素、大于 2 000 像素的图像；并且删除图像宽高比低于 0.5 的图像，打印删除信息。

该函数的作用是对指定文件夹下的所有图片的宽和高进行分析，获取其宽、高数据，并筛选出不符合要求的图片。函数接收一个参数：指定的数据集根目录。函数中使用 os.walk()函数遍历数据集根目录下的所有文件，然后使用 Image.open()函数打开每个图片文件，并使用 img_i.size 属性获取图片的宽、高数据。接下来对短边和长边进行了最大值和最小值的限制。如果任何一边超过限制，则将其文件目录添加至 delete_list 这个空列表中。最后比较图片的宽高比，并对不适合的图片进行标记。函数返回 delete_list 列表，该列表中包含了所有需要删除的图片的文件路径数据，然后通过遍历该列表，使用 os.remove()函数删除每一张不符合条件的图片。

具体实现代码如代码块 9-4 所示，运行结果如图 9-7 所示。

```
#代码块 9-4
def shape(dataset_root_path):
    '''
    数据集长宽分析
    :param dataset_root_path:
    :return:
    '''
    min = 200    # 短边
    max = 2000   # 长边
    ratio = 0.5 # 短边 / 长边
    delete_list = [] # 承接所有图片的宽和高数据
    for root,dirs,files in os.walk(dataset_root_path):
        for file_i in files:
            file_i_full_path = os.path.join(root, file_i) #G:\垃圾
分类\dataset\有害垃圾_蓄电池\img_蓄电池_96.jpeg
            img_i = Image.open(file_i_full_path)
            img_i_size = img_i.size   # 获取单张图像的宽和高
            # 删除单边过短的图片
            if img_i_size[0]<min or img_i_size[1]<min:
                print(file_i_full_path, "不满足要求")
                delete_list.append(file_i_full_path)
            # 删除单边过长的图片
            if img_i_size[0] > max or img_i_size[1] > max:
                print(file_i_full_path, "不满足要求")
                delete_list.append(file_i_full_path)
            # 删除宽高比不当的图片
```

```
            long = img_i_size[0] if img_i_size[0] > img_i_size[1]
else img_i_size[1]
            short = img_i_size[0] if img_i_size[0] < img_i_size[1]
else img_i_size[1]
        if short / long < ratio:
            print(file_i_full_path, "不满足要求",img_i_size[0],
img_i_size[1])
            delete_list.append(file_i_full_path)
 # print(delete_list)
 for file_i in delete_list:
     try:
         print("正在删除",file_i)
         os.remove(file_i)
     except:
         pass
```

对样本的宽和高处理之后，再重新进行散点图可视化，结果如图所示。分析结果可知分布更加集中一些，达到了数据预处理的目的。

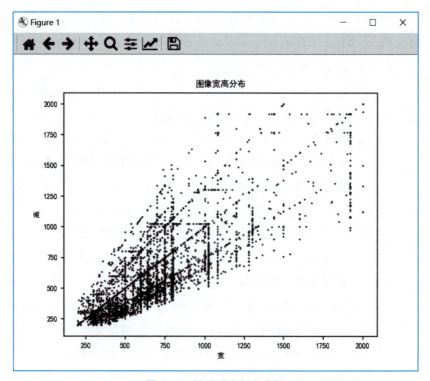

图 9-7 处理后宽和高分析

任务清单 9-1-4

序号	类别	操作内容	操作过程记录
9.1.8	个人任务	思考如何处理样本大小规范的样本	
9.1.9	分组任务	在项目工程文件数据集处理 .py 中寻找代码块 9-4 中的代码段，对其进行阅读及理解。分组讨论并回答以下问题： 1. 如何控制样本大小的范围？ 2. 如何控制样本比例不协调的情况？ 3. 如何得到样本的宽高比？	

（2）数据增强

数据增强也称数据增广，指的是在原始数据的基础上，通过一定的变换方式，生成新的训练数据来扩充数据集。数据增强可以使模型在训练过程中观察到更多不同的图像，从而让模型面对图像的多样性和变化更加稳健，也可以提高模型的泛化能力和适应性。下面是一些常见的图像数据增强方法。

① 随机裁剪：从原始图像中随机切割出一个子图像，扩充数据集。这有助于训练模型识别和分类在不同位置上出现的物体。

② 水平 / 垂直翻转：将原始数据进行翻转，以产生更多的变体，帮助模型更好地理解物体不同方向和旋转姿态下的外观。

③ 随机变形：对原始图像进行拉伸、收缩、翻转等几何变换，以扩大训练数据的不同变化范围。

④ 颜色变换：对图像进行亮度、对比度、饱和度等变换，以增加数据集的多样性。可以通过调整颜色增益、高斯声等方式实现颜色变换。

综合来看，数据增强是一项简单而有效的技术，可以帮助训练深度神经网络模型。同时，数据增强是一个多样化的过程，不同的增强方式会对模型产生不同的影响，需要根据不同的任务需求和数据特点进行选择。

在此，利用了水平翻转和垂直翻转两种常用的方法，使用计算机视觉库 OpenCV 中的 filp() 函数实现翻转功能，并且将增强后的数据存储到本地。首先定义实现水平翻转功能的函数。

具体实现代码如代码块 9-5 所示。

```
#代码块 9-5
def Horizontal(image):
    return cv2.flip(image,1,dst=None)   #水平翻转
```

接着定义实现垂直翻转功能的函数。
具体实现代码如代码块 9-6 所示。

```
#代码块9-6
def Vertical(image):
    return cv2.flip(image,0,dst=None)      #垂直翻转
```

最后定义一个数据增强的函数，同时实现水平和垂直翻转，并将数据存储到本地，该函数的作用是对数据集进行数据增强。接收两个参数，第一个参数from_root为数据集的原始根目录，第二个参数save_root为增强后的数据样本的保存路径。对于原始数据集中每一张图片，都进行判断：如果数据集中的图片数量少于阈值200，则使用Horizontal()函数和Vertical()函数对当前图片进行水平方向和垂直方向上的翻转，并将处理后的图片保存到指定文件夹下。如果图片数量大于或等于阈值，则不进行数据增强处理，直接跳过。该函数使用OpenCV库对图片进行处理和保存。其中，np.fromfile()函数读取原始图片数据，cv2.imdecode()函数解码得到原始图像，cv2.imencode()函数编码图像并使用tofile()函数将增强后的图片保存到目标目录。最终执行该函数将会输出增强后的数据集。

具体实现代码如代码块9-7所示，数据增强后的返回结果如图9-8所示。

```
#代码块9-7
def enhancement(from_root,save_root):
    threshold = 200   # 设置一个阈值，如果图片数量少于该值，那么进行数据增
    强，否则不进行数据增强
    for root, dir, files in os.walk(from_root):
        for file_i in files:
            print(file_i)
            file_i_full_path = os.path.join(root, file_i)
            split=os.path.split(file_i_full_path) #G:\resnet垃圾分
    类\其他垃圾_一次性杯\img_一次性杯子_1.jpeg
            dir_loc=os.path.split(split[0])[1]
            save_path=os.path.join(save_root,dir_loc)
            print(save_path)
            if os.path.isdir(save_path)==False:
                os.makedirs(save_path)
img_i=cv2.imdecode(np.fromfile(file_i_full_path,dtype=np.uint8),-1)
cv2.imencode('.jpg',img_i)[1].tofile(os.path.join(save_path,file_
    i[:-5])+"_original.jpg")
                if len(files)<threshold:
                    img_h=Horizontal(img_i)
```

```
cv2.imencode('.jpg',img_h)[1].tofile(os.path.join(save_path,file_
    i[:-5])+"_horizontal.jpg")
print(os.path.join(save_path,file_i[:-5])+"_horizontal.jpg")
            img_v = Vertical(img_i)
            cv2.imencode('.jpg', img_v)[1].tofile(os.path.
    join(save_path, file_i[:-5]) + "_vertical.jpg")
        else:
            pass
```

```
img_一次性杯子_1.jpeg
enhance_dataset\其他垃圾_一次性杯
enhance_dataset\其他垃圾_一次性杯\img_一次性杯子_1_horizontal.jpg
img_一次性杯子_10.jpeg
enhance_dataset\其他垃圾_一次性杯
enhance_dataset\其他垃圾_一次性杯\img_一次性杯子_10_horizontal.jpg
img_一次性杯子_100.jpeg
enhance_dataset\其他垃圾_一次性杯
enhance_dataset\其他垃圾_一次性杯\img_一次性杯子_100_horizontal.jpg
img_一次性杯子_101.jpeg
enhance_dataset\其他垃圾_一次性杯
enhance_dataset\其他垃圾_一次性杯\img_一次性杯子_101_horizontal.jpg
img_一次性杯子_102.jpeg
enhance_dataset\其他垃圾_一次性杯
enhance_dataset\其他垃圾_一次性杯\img_一次性杯子_102_horizontal.jpg
```

图 9-8 数据增强

该函数运行之后在save_root目录下生成一个名为enhance_dataset文件夹，该文件夹下存储着数据增强之后的数据集，如图9-9所示。选择其中一个类别做详细展示，其中图片的命名有数据增强的标识，包含original的命名表示原始图像没有做处理，包含vertical的命名表示图像进行了垂直翻转，包含horizontal的命名表示该图像进行了水平翻转。

图 9-9 部分结果展示

任务清单 9-1-5

序号	类别	操作内容	操作过程记录
9.1.10	个人任务	思考什么是数据增强，并理解代码块 9-5 及代码块 9-6	
9.1.11	分组任务	在项目工程文件数据集处理 .py 中寻找代码块 9-7 中的代码段，对其进行阅读及理解。分组讨论并回答以下问题： 1. 实现数据增强有哪几种方法？ 2. 增强后数据的存储是如何实现的？	

（3）随机下采样

数据随机下采样是指在数据集中随机去除一些样本，以降低数据集大小的一种数据预处理方法。下采样的原因可能是数据集太大，导致训练模型所需的计算资源不够。同时，如果数据集存在类别不平衡的情况，下采样也可以用于平衡数据集中不同类别的样本数目。经过上述数据增强处理之后，观察结果发现，数据质量总体上都有了提升，但是依旧存在不均衡的情况，所以需要进一步下采样。

该函数的作用是对数据集进行样本下采样处理。函数接收一个参数：指定的数据集根目录。对于数据集中的每个文件夹，函数使用 os.walk() 函数遍历数据集下的子文件夹。当样本数量超过阈值 'threshold'（如 300）时，从该子文件夹下随机选择一定数量的样本删除，直到剩余的样本不超过阈值。因为过多的同类图片样本可能会导致模型过拟合，且对测试集的表现也会产生影响。因此，将数据集下每个子文件夹中的样本数均衡化，可以提高模型的泛化能力。函数使用 'os.remove()' 函数删除指定文件路径的文件，使用 'random.shuffle()' 函数随机打乱文件列表中的文件顺序，确保每次剩余的样本不同。最终执行该函数将会输出样本经过均衡化处理后的数据集。

具体实现代码如代码块 9-8 所示，运行结果如图 9-10 所示。

```python
#代码块 9-8
import os
import random
def equalization(img_root):
    threshold = 300
    for a,b,c in os.walk(img_root):
        if len(c) > threshold:
            delete_list = []
            for file_i in c:
                file_i_full_path = os.path.join(a,file_i)
                delete_list.append(file_i_full_path)
            random.shuffle(delete_list)  #数据随机打乱
```

```
print(delete_list)
delete_list = delete_list[threshold:]
for file_delete_i in delete_list:
    os.remove(file_delete_i)
    print("将会删除",file_delete_i)
```

对数据下采样之后的数据进行柱状图可视化，可视化结果如图 9-10 所示，相较原始数据的样本分布更加均衡，达到了处理的目标。

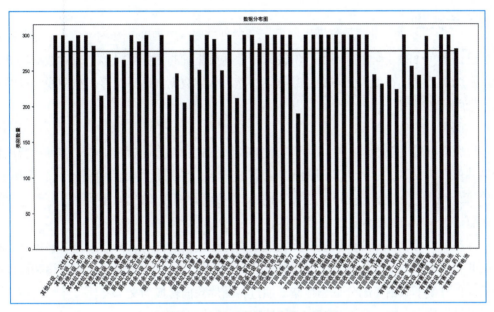

图 9-10　处理后的种类分布分析

任务清单 9-1-6

序号	类别	操作内容	操作过程记录
9.1.12	分组任务	在项目工程文件数据集处理 .py 中寻找代码块 9-7 中的代码段，对其进行阅读及理解。分组讨论并回答以下问题： 1. 实现数据增强有哪几种方法？ 2. 如何存储增强后的数据？	
9.1.13	个人任务	打开项目工程文件数据集处理 .py，仿照代码块 9-4、9-7、9-8，在相应编号位置补全代码，完成垃圾数据集预处理操作	

【任务小结】

数据探索和预处理是大部分深度学习工程必经的操作，对于不同类型的数据有不同的操作办法。

9-2 模型构建及训练

【任务要求】

完成数据探索及预处理后，就可以应用深度学习中常用的分类算法构建模型来开展模型训练了。在本任务中需分别使用ResNet模型进行训练。本任务分为划分并标记数据集、构建数据加载器、模型定义、模型训练、模型评估5项子任务。

【任务实施】

经过任务9-1的处理，得到了一份较原始数据更正确的数据集，接下来对数据集进一步划分以及为数据打标签生成文本文件数据集，然后构建数据加载器，接着构建模型以及训练模型，最后评估模型。

1. 划分并标记数据集

将垃圾数据集读取出来，并将它们转化为文本格式文件方便后续训练。将图片数据集打上标签并保存为文本文件的主要目的是帮助深度学习算法对这些图片进行有效分类和识别。通过给每个图片打上对应类别的标签，可以使深度学习模型能够学习照片与类别之间的关联，从而在对未标记的图像进行分类时具有更好的性能。

打标签后，可以将图片数据集转换为文本文件格式，这样可以使数据更容易被计算机和软件读取和处理。文本文件格式比二进制格式更加通用，可以在不同的编程环境和操作系统上使用，也方便了数据集的分享和存储。通过将图片数据转换为文本文件，还可以使用不同的编程工具和语言来进行数据集清洗和预处理，例如使用Python或Pandas进行数据集处理并生成训练集、验证集和测试集等。此外，通过使用文本文件格式，还可以将图片数据集与其他数据类型，如文本和其他图像数据结合在一起，填充数据缺失等。

综上所述，对于需要使用深度学习算法对图片数据集进行分类和识别的任务，对图片数据集进行标注并保存为文本文件是必要的。这不仅可以提高深度学习模型的性能，还可以使数据更易于处理和分析。

下列程序中函数的作用是对指定的数据集进行标记并生成训练和测试数据集。函数首先定义了训练集的占比 train_ratio，test_ratio 是训练集占比的补集，即测试集占比。接下来，函数定义了要处理的数据集根目录 rootdata，定义控制标签变量 class_flag，初始值为 −1，接着定义两个空列表 train_list 和 test_list。然后，使用 os.walk() 函数遍历数据集根目录下的所有文件夹和文件，根据前面设置的训练集占比，将数据集划分为训练集和测试集两部分。函数通过逐步处理各个子文件夹的每一张图片，生成对应的标签并将其整体写入训练和测试数据集文件中。其中，train_data 和 test_data 为当前处理的文件名称与其所属标签经过拼接后的字符串，使用了 '\t' 与 '\n' 实现空行分隔。

接下来，函数使用random.shuffle()函数将训练集列表和测试集列表的条目随机打乱。最后，程序使用with...open()语句打开文件并通过write()将训练集和测试集列表写入文件中。运行该程序，会生成名为train.txt和test.txt的文件，其中，每个文件的每行记录了图片路径和对应的标签。可用于训练模型和验证测试效果。

具体实现代码如代码块9-9所示。

```python
#代码块9-9
import os
import random
'''
# 将数据集读取出来，为图片数据集打上标签并生成文本文件数据集
'''
train_ratio = 0.9     #训练集占比90%
test_ratio = 1-train_ratio      #测试集占比10%
rootdata = r"enhance_dataset"    #要处理的数据集根目录
train_list, test_list = [],[]
class_flag = -1
for a,b,c in os.walk(rootdata):  #遍历目录，文件夹，文件
    for i in range(0, int(len(c)*train_ratio)):
        # 拼接训练数据集的完整路径
        train_data = os.path.join(a, c[i])+'\t'+str(class_flag)+'\n'
        train_list.append(train_data)
    for i in range(int(len(c) * train_ratio), len(c)):
        test_data = os.path.join(a, c[i]) + '\t' + str(class_flag)+'\n'
        test_list.append(test_data)
    class_flag += 1
random.shuffle(train_list)
random.shuffle(test_list)
with open('train.txt','w',encoding='UTF-8') as f:
    for train_img in train_list:
        f.write(str(train_img))
with open('test.txt','w',encoding='UTF-8') as f:
    for test_img in test_list:
        f.write(test_img)
```

函数运行结果生成的文件如图 9-11 所示，文件中的部分内容如图 9-12 所示。第一个内容是样本的具体路径，第二个内容样本对应的标签。

图 9-11　生成的文件

```
enhance_dataset\可回收物_充电头\img_充电头_30_original.jpg    29
enhance_dataset\其他垃圾_百洁布\img_百洁布_153_original.jpg    4
enhance_dataset\厨余垃圾_骨肉相连\img_骨肉相连_206_original.jpg   26
enhance_dataset\厨余垃圾_炸鸡\img_炸鸡_30_original.jpg  15
enhance_dataset\可回收物_电牙刷\img_充电牙刷_104_horizontal.jpg  39
enhance_dataset\有害垃圾_玻璃灯管\img_玻璃灯管_27_vertical.jpg   49
enhance_dataset\厨余垃圾_板栗\img_坚果_112_original.jpg      12
enhance_dataset\有害垃圾_电池\img_电池_106_original.jpg       50
enhance_dataset\有害垃圾_蓄电池\img_蓄电池_200_original.jpg 54
enhance_dataset\有害垃圾_玻璃灯管\img_玻璃灯管_59_original.jpg   49
enhance_dataset\可回收物_乒乓球拍\img_乒乓球拍_101_original.jpg   28
enhance_dataset\有害垃圾_滴眼液瓶\img_滴眼液瓶_131_original.jpg   48
enhance_dataset\其他垃圾_一次性杯\img_一次性杯子_89_original.jpg  0
enhance_dataset\可回收物_充电头\img_充电头_101_horizontal.jpg   29
enhance_dataset\可回收物_剪刀\img_剪刀_116_horizontal.jpg   31
enhance_dataset\有害垃圾_红花油\img_红花油_111_original.jpg 51
```

图 9-12　文件的内容

任务清单 9-2-1

序号	类别	操作内容	操作过程记录
9.2.1	分组任务	在项目工程文件生成数据集 .py 中寻找代码块 9-9 中的代码段，对其进行阅读及理解。分组讨论并回答以下问题： 1. 为什么要实现文本文件数据集的生成？ 2. 如何划分数据集？	
9.2.2	分组任务	在项目工程文件生成数据集 .py 中寻找代码块 9-9 中的代码段，对其进行阅读及理解。分组讨论并回答以下问题： 1. 如何实现生成数据集的标签？ 2. class_flag 变量是什么含义？ 3. 如何实现文本文件的写入操作？	
9.2.3	个人任务	打开项目工程文件生成数据集 .py，仿照代码块 9-9，在相应编号位置补全代码，完成文本文件数据集的生成操作	

2. 构建数据加载器

构建数据加载器的主要目的是将原始数据集转换成可以被深度学习模型处理的数据。在这个过程中，使用了深度学习框架 PyTorch，接下来对其进行简要介绍。

（1）PyTorch框架

1）PyTorch介绍

PyTorch是一个用于深度学习的开源深度学习框架，旨在通过强大而灵活的接口使机器学习更快、更简洁。

PyTorch可以拆分成两部分：Py和Torch。Py就是Python，Torch是一个有大量机器学习算法支持的科学计算框架。Lua 语言简洁高效，但由于其过于小众，用的人不是很多。考虑到 Python 在人工智能领域的领先地位，以及其生态的完整性和接口的易用性，几乎任何框架都不可避免地要提供 Python 接口。终于，2017年，Torch的研发团队使用 Python 重写了 Torch 的很多内容，推出了 PyTorch，并提供了 Python 接口。此后，PyTorch 成为最流行的深度学习框架之一。

2）PyTorch的构成

- PyTorch的核心为提供多维数组(即张量)的运算。
- PyTorch作为深度学习库提供了构建和训练神经网络的模块。
- 内部核心代码包括Python、C++、C和CUDA等。

3）选择PyTorch的原因

- 简单：PyTorch学习库和NumPy库很相似,简单易懂，容易上手。
- API：PyTorch的API整体设计更好,其底层逻辑更加清晰明了。
- 性能：PyTorch的反向自动求导技术可以确保使用者在设计时任意改变神经网络的行为，提供了灵活性。

4）PyTorch的数据结构

张量（tensor）是PyTorch里基础的运算单位，类似于NumPy中的数组。但是，张量可以在GPU版本的 PyTorch上运行，而NumPy中的数组只能在CPU版本的PyTorch上运行。因此，张量的运算速度更快。在实现项目的过程中，经常可以看到数据与张量的转换。

- 张量的概念：张量就是一种存储数据的容器，一种机器学习系统下的基本数据结构。
- 张量的基本操作：在张量做加减乘除等运算时,需要保证张量的形状一致,往往需要对某些张量进行更改；张量的拼接与拆分，基本数学操作：对多个分支的张量加以融合或拆分。

5）数据与模型接口

① 数据接口。数据读取是PyTorch的主要组成模块之一，主要是通过"Dataset+DataLoader"的方式完成的，Dataset定义好数据的格式和数据变换形式，DataLoader用iterative的方式不断读入批次数据。定义自己的Dataset类来实现灵活的数据读取，定义的类需要继承PyTorch自身的Dataset类，见表9-1。

表 9-1　Dataset 类简介

类	简介
class torch.utils.data.Dataset	表示 Dataset 的抽象类
class torch.utils.data.TensorDataset(data_tensor, target_tensor)	包装数据和目标张量的数据集

可以定义自己的 Dataset 类来实现灵活的数据读取，定义的类需要继承 PyTorch 自身的 Dataset 类。主要包含 3 个函数，见表 9-2。

表 9-2　Dataset 类函数作用

函数	作用
__init__	用于向类中传入外部参数，同时定义样本集
__getitem__	用于逐个读取样本集合中的元素，可以进行一定的变换，并将返回训练 / 验证所需的数据
__len__	用于返回数据集的样本数

② 数据集定义

通过 torch.utils.data 包来构建数据集，使用 DataLoader 迭代器提取数据（实现批量读取、打乱数据等）；通过 torchvision 包来读取已有的数据集，包含了目前流行的数据集、模型结构和常用的图片转换工具；

数据增强接口，通过 torchvision 包的 transforms 进行数据预处理，包括标准化函数等；通过 torchvision 包的 transforms 进行数据增强，包括缩放、裁剪等数据增强函数。

通过 torchvision 包来读取已有的模型，然后保存或加载整个模型。

（2）构建垃圾数据集加载器

下列程序的函数中定义了一个 LoadData 类，该类继承自 PyTorch 中的 Dataset 类，用于数据集的读取和预处理。__init__ 方法做预处理，方法中需要传入至少两个参数，一般数据的地址和标签已经被保存在 train.txt 文件和 test.txt 文档中了。因此需要传入这个文档的地址，读取包含图像文件路径和标签的文本文件信息，根据训练和测试标记 train_flag 实例化不同的图像变换函数（train_tf 和 val_tf）。其中训练图像变换为改变样本尺寸，缩小为 256×256 像素，进行随机的翻转、数据归一化，而测试图像变换主要是缩放。该类还定义了辅助函数 padding_black 来解决图像尺寸问题；以及 '__getitem__' 和 '__len__' 函数，用于获取数据集中的每个元素和数据集的长度。'__getitem__' 函数中通过传入的索引，获取对应路径下的图像和标签，并将其通过预处理方式中的变换函数进行处理，返回处理后的图像和标签。

具体实现代码如代码块 9-10 所示。

```
#代码块9-10
# 数据归一化，各通道的均值和方差
transform_BZ= transforms.Normalize(
    mean=[0.46402064, 0.45047238, 0.37801373]    #取决于数据集
    std=[0.2007732, 0.196271, 0.19854763]
)
```

```python
class LoadData(Dataset):    #定义了一个名为LoadData的数据集类，它继承自
    PyTorch中的Dataset类
    def __init__(self, txt_path, train_flag=True):
        self.imgs_info = self.get_images(txt_path)
        self.train_flag = train_flag
        self.img_size = 256
        # 对训练集的操作
        self.train_tf = transforms.Compose([
                transforms.Resize(self.img_size)    #统一将图片改成
256×256像素
                transforms.RandomHorizontalFlip() #对图片进行随机的
水平翻转
                transforms.RandomVerticalFlip() #随机的垂直翻转
                transforms.ToTensor(),#把图片改为Tensor格式
                transform_BZ        #图片标准化的步骤
            ])
        # 对验证集的操作
        self.val_tf = transforms.Compose([##简单把图片压缩了变成Tensor
模式
                transforms.Resize(self.img_size),
                transforms.ToTensor(),
                transform_BZ        #标准化操作
            ])
    def get_images(self, txt_path):
        with open(txt_path, 'r', encoding='utf-8') as f:
            imgs_info = f.readlines()
            imgs_info = list(map(lambda x:x.strip().split('\t'),
imgs_info))
        return imgs_info    #返回图片信息，左边是图片的路径，右边是图片
的标签
    def padding_black(self, img):    #如果尺寸太小可以扩充
        w, h  = img.size
        scale = self.img_size / max(w, h)
        img_fg = img.resize([int(x) for x in [w * scale, h * scale]])
```

```
        size_fg = img_fg.size
        size_bg = self.img_size
        img_bg = Image.new("RGB", (size_bg, size_bg))
        img_bg.paste(img_fg, ((size_bg - size_fg[0]) // 2,
                               (size_bg - size_fg[1]) // 2))
        img = img_bg
        return img
    def __getitem__(self, index):      #返回图像和标签，并在其中使用指定
的图像变换函数对图像进行处理
        img_path, label = self.imgs_info[index]
        img = Image.open(img_path)      #打开图片
        img = img.convert('RGB')        #转换为RGB格式
        img = self.padding_black(img)      #边缘填充
        if self.train_flag:    #train_flag为True进行训练集转换
            img = self.train_tf(img)
        else:
            img = self.val_tf(img)    #train_flag为False进行验证集转换
        label = int(label)
        return img, label
    def __len__(self):
        return len(self.imgs_info)
```

任务清单 9-2-2

序号	类别	操作内容	操作过程记录
9.2.4	分组任务	在项目工程文件生成数据集.py 中寻找代码块 9-9 中的代码段，对其进行阅读及理解。分组讨论并回答以下问题： 1. 了解 PyTorch 中的 Dataset 类。 2. 为什么要构建数据加载器？ 3. 代码块 9-9 中对什么数据分别进行了什么操作？	
9.2.5	个人任务	打开项目工程文件 utils.py，仿照代码块 9-10，在相应编号位置补全代码，完成文本文件数据集的生成操作	

3. 模型定义

（1）卷积神经网络

在本项目中使用经典的卷积神经网络 ResNet 进行训练。卷积神经网络（Convolutional

Neural Network，CNN）是一类强大的、为处理图像数据而设计的神经网络。基于卷积神经网络架构的模型在计算机视觉领域中已经占主导地位，当今几乎所有的图像识别、目标检测或语义分割相关的学术竞赛和商业应用都以这种方法为基础。卷积网络主要包含 5 层结构，分别为输入层、卷积层、池化层、全连层和 Softmax 层。

1）输入层

输入层是整个神经网络的输入。输入的数据通常是一组 RGB 彩色图片或者是灰度图像。输入层的主要作用是将原始的图像信息转换成具有一定可处理性质的特征图像，以便于后续层可以更好地对其进一步处理。

2）卷积层

卷积神经网络是包含卷积层的一类特殊的神经网络。卷积层由一系列执行了卷积操作而得到的特征映射图组成。严格来说，卷积层是个错误的叫法，因为它所表达的运算其实是互相关运算（cross-correlation），而不是卷积运算。幸运的是，它们差别不大，只需水平和垂直翻转二维卷积核张量，然后对输入张量执行互相关运算。值得注意的是，由于卷积核是从数据中学习到的，因此无论这些层执行严格的卷积运算还是互相关运算，卷积层的输出都不会受到影响。为了与深度学习文献中的标准术语保持一致，本书将继续把"互相关运算"称为卷积运算，尽管严格地说，它们略有不同。

在卷积运算中，卷积窗口从输入张量的左上角开始，从左到右、从上到下滑动。当卷积窗口滑动到一个新位置时，包含在该窗口中的部分张量与卷积核张量进行按元素相乘操作，得到的张量再求和得到一个单一的标量值，由此得出了这一位置的输出张量值。具体过程如图 9-13 所示。

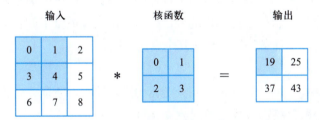

图 9-13　卷积操作

卷积层对输入和卷积核权重进行互相关运算，并在添加标量偏置之后产生输出。所以，卷积层中的两个被训练的参数是卷积核权重和标量偏置。每个卷积层都由多个卷积核组成，由于不同的卷积核可以学习不同的图像特征，因此可以提取出更组合的特征，使得网络对输入图像的理解更加深入。对于彩色图像通常采用三通道的卷积核，由于同一张图片中的颜色不同，因此需要对 RGB 3 个通道分别进行卷积操作，每个卷积核都可以学习到不同颜色的特征，从而更加准确地识别图像中的对象。

3）池化层

池化层是卷积神经网络中的一个重要组成部分，其主要作用是通过降低特征图的维度，减少需要处理的元素数量，从而减少计算复杂度和内存占用，并且可以减轻模型对图像微小变化的敏感度，从而达到提高模型泛化性能的目的。具体来说，池化层通过对输入特征图的某一局部区域进行聚合操作（如最大池化、平均池化等），将其转换成一个输出元素，并将该输出元素作为该区域的代表值输出。常用的卷积核大小为3×3或者5×5。

与卷积层类似，汇聚层运算符由一个固定形状的窗口组成，该窗口根据其步幅大小在输入的所有区域上滑动，为固定形状窗口（有时称为汇聚窗口）遍历的每个位置计算一个输出。然而，不同于卷积层中的输入与卷积核之间的互相关计算，汇聚层不包含参数。相反，池化运算是确定性的，通常计算汇聚窗口中所有元素的最大值或平均值。这些操作分别称为最大汇聚层（maximum pooling）和平均汇聚层（average pooling）。在这两种情况下，与互相关运算符一样，汇聚窗口从输入张量的左上角开始，从左往右、从上往下地在输入张量内滑动。在汇聚窗口到达的每个位置，它计算该窗口中输入子张量的最大值或平均值。计算最大值还是平均值取决于使用了最大汇聚层还是平均汇聚层。具体过程如图9-14所示。

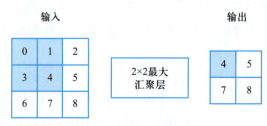

图9-14　池化操作

可以将卷积层和池化层看成是图像特征提取的结果，图像中的信息在经过几轮卷积操作和池化操作的处理之后，得到了更抽象的表达，这就是图像最基本的特征。在得到了提取的特征之后，为了完成分类任务仍需要构建几个全连接层。

4）全连接层

全连接层用于将提取出的特征传入到分类器中进行输出。所以，全连接层的最后一个输出层中，神经元的个数是根据数据的类别数决定的。

5）Softmax运算

希望模型的输出y_j可以视为属于类j的概率，然后选择具有最大输出值的类别$\mathrm{argmax}_j y_j$作为预测。例如，如果y_1、y_2和y_3分别为0.1、0.8和0.1，那么预测的类别是2。

然而能否将未规范化的预测直接视作感兴趣的输出呢？答案是否定的。因为将线性层的输出直接视为概率时存在一些问题：一方面，没有限制这些输出数字的总和为1；另一方面，根据输入的不同，它们可以为负值。要将输出视为概率，必须保证在任何数据上的输出都是非负的且总和为1。

有关专家于1959年在选择模型（choice model）的理论基础上发明的Softmax函数正是这样做的：Softmax函数能够将未规范化的预测变换为非负数并且总和为1，同时让模型保持可导的性质。为了完成这一目标，首先对每个未规范化的预测求幂，这样可以确保输出非负。为了确保最终输出的概率值总和为1，再让每个求幂后的结果除以它们的总和。如下式：

$$\hat{\mathbf{y}}=\text{softmax}(\mathbf{o}) \quad \text{其中} \quad \hat{y}_j=\frac{\exp(o_j)}{\sum_k \exp(o_k)}$$

这里，对于所有的j总有$0 \leqslant y_j \leqslant 1$。因此，$y$可以视为一个正确的概率分布。Softmax运算不会改变未规范化的预测之间的大小次序，只会确定分配给每个类别的概率。所以，Softmax函数的本质是将输入值转换成一个概率分布，使得每个元素的取值范围为0到1之间，并且所有元素的和为1。

（2）批量规范化

训练深层神经网络是十分困难的，特别是在较短的时间内使它们收敛更加棘手。接着介绍批量规范化（batch normalization），这是一种流行且有效的技术，可持续加速深层网络的收敛速度。再结合即将介绍的残差块，批量规范化使得研究人员能够训练100层以上的网络。

为什么需要批量规范化层呢？这里来回顾一下训练神经网络时出现的一些实际挑战。

第一，数据预处理的方式通常会对最终结果产生巨大影响。使用真实数据时，第一步是标准化输入特征，使其平均值为0，方差为1。直观地说，这种标准化可以很好地与优化器配合使用，因为它可以将参数的量级进行统一。

第二，对于典型的多层感知机或卷积神经网络。当训练时，中间层中的变量可能具有更广的变化范围：不论是沿着从输入到输出的层，跨同一层中的单元，或是随着时间的推移，模型参数随着训练更新变幻莫测。批量规范化的发明者非正式地假设，这些变量分布中的这种偏移可能会阻碍网络的收敛。直观地说，可以猜想，如果一个层的可变值是另一层的100倍，这可能需要对学习率进行补偿调整。

第三，更深层的网络很复杂，容易过拟合。这意味着正则化变得更加重要。

批量规范化应用于单个可选层（也可以应用到所有层），其原理如下：在每次训练迭代中，首先规范化输入，即通过减去其均值并除以其标准差，其中两者均基于当前小批量处理。接下来，应用比例系数和比例偏移。正是由于这个基于批量统计的标准化，才有了批量规范化的名称。

通常，将批量规范化层置于全连接层中的仿射变换和激活函数之间。设全连接层的输入为x，权重参数和偏置参数分别为W和b，激活函数为ϕ，批量规范化的运算符为BN。那么，使用批量规范化的全连接层的输出的计算详情如下：

$$h=\phi(\text{BN}(Wx+b))$$

同样，对于卷积层，可以在卷积层之后和非线性激活函数之前应用批量规范化。当卷积有多个输出通道时，需要对这些通道的"每个"输出执行批量规范化，每个通道都有自己的拉伸（scale）和偏移（shift）参数，这两个参数都是标量。假设小批量包含m个样本，并且对于每个通道，卷积的输出具有高度p和宽度q。那么对于卷积层，在每个输出通道的$m \cdot p \cdot q$个元素上同时执行每个批量规范化。因此，在计算平均值和方差时，会收集所有空间位置的值，然后在给定通道内应用相同的均值和方差，以便在每个空间位置对值进行规范化。

（3）ResNet残差网络

ResNet是一种经典的卷积神经网络，是深度残差网络（Residual Network）的缩写，由微软研究院提出，它的主要贡献是解决了深度神经网络中的模型退化问题。

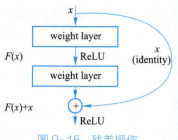

图 9-15　残差操作

随着卷积神经网络的不断加深以及一些优化网络性能的想法不断被提出，卷积神经网络能够达到的错误率也在逐步下降。但是，如果只是简单地将层叠加在一起，增加网络深度，并不会起到什么作用。在增加网络深度的同时，还要考虑梯度消失的问题。具体来讲，因为梯度反向传播到前层，重复乘法可能使梯度无穷小，梯度消失问题也因此而出现。梯度消失造成的结果就是，随着网络层的加深，其性能趋于饱和，更严重的就是准确率发生退化（准确率不升反降）。不是因为过拟合的出现才导致网络在测试集上的准确率发生下降，如果将训练集用于测试也会发生这样的问题。其实在ResNet之前，也出现了几种用来处理梯度消失问题的方法。例如，在中间层增加辅助损失作为额外的监督。不过这些方法收效甚微，并不能真正解决这个问题。为了解决梯度消失的问题，ResNet引入了所谓"身份近路连接（Identity Shortcut Connection）"的核心思想。其灵感来源于对于达到了饱和准确率的比较浅的网络，当在后面加上几个全等映射层（即 x）时，误差不会因此而增加。也就是说，更深的网络不应该带来训练集上误差的上升。

假设某一段神经网络的输入经过这一段网络的处理之后可以得到期望的输出，现在将输入传到输出作为下一段网络的初始结果，那么此时需要学习的目标就不再是一个完整的输出，而是输出与输入的差别 $F(x)=H(x)-x$，如图9-15、9-16所示。

随着深度学习的发展，研究人员研究出了许许多多的模型，PyTorch中神经网络构造一般是基于nn.Module类的模型来完成的，它让模型构造更加灵活。Module类是torch.nn模块里提供的一个模型构造类，是所有神经网络模块的基类，可以继承它来定义想要的模型。下面继承Module类构造残差网络。

具体实现代码如代码块9-11所示。

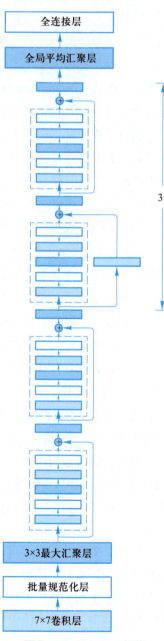

图 9-16　ResNet 架构

```python
#代码块9-11
import torch
from torch import nn
from torch.nn import functional as F
from d2l import torch as d2l
class Residual(nn.Module):
    def __init__(self, input_channels, num_channels,
                 use_1x1conv=False, strides=1):
        super().__init__()
        self.conv1 = nn.Conv2d(input_channels, num_channels,
                               kernel_size=3, padding=1, stride=
    strides)
        self.conv2 = nn.Conv2d(num_channels, num_channels,
                               kernel_size=3, padding=1)
        if use_1x1conv:
            self.conv3 = nn.Conv2d(input_channels, num_channels,
                                   kernel_size=1, stride=strides)
        else:
            self.conv3 = None
        self.bn1 = nn.BatchNorm2d(num_channels)
        self.bn2 = nn.BatchNorm2d(num_channels)
        self.rule=nn.ReLU(inplace=True)
    def forward(self, X):
        Y = F.relu(self.bn1(self.conv1(X)))
        Y = self.bn2(self.conv2(Y))
        if self.conv3:
            X = self.conv3(X)
        Y += X
        return F.relu(Y)
b1 = nn.Sequential(nn.Conv2d(1, 64, kernel_size=7, stride=2,
    padding=3),
                   nn.BatchNorm2d(64), nn.ReLU(),
                   nn.MaxPool2d(kernel_size=3, stride=2, padding=1))
def resnet_block(input_channels, num_channels, num_residuals,
```

```
                      first_block=False):
    blk = []
    for i in range(num_residuals):
        if i == 0  and not first_block:
            blk.append(Residual(input_channels, num_channels,
                                use_1x1conv=True, strides=2))
        else:
            blk.append(Residual(num_channels, num_channels))
return blk
b2 = nn.Sequential(*resnet_block(64, 64, 2, first_block=True))
b3 = nn.Sequential(*resnet_block(64, 128, 2))
b4 = nn.Sequential(*resnet_block(128, 256, 2))
b5 = nn.Sequential(*resnet_block(256, 512, 2))
net = nn.Sequential(b1, b2, b3, b4, b5,
                    nn.AdaptiveAvgPool2d((1,1)),
                    nn.Flatten(), nn.Linear(512, 10))
```

任务清单 9-2-3

序号	类别	操作内容	操作过程记录
9.2.6	分组任务	在项目工程文件 resnet.py 中寻找代码块 9-11 中的代码段，对其进行阅读及理解。分组讨论并回答以下问题： 1. 了解构建 ResNet 网络模型的过程。 2. 掌握 nn.Sequential 函数的使用	
9.2.7	个人任务	打开项目工程文件 resnet.py，仿照代码块 9-11，在相应编号位置补全代码，完成 ResNet 网络的构建操作	

4. 模型训练

接下来选择模型，并设定损失函数和优化方法，以及对应的超参数。最后用模型去拟合训练集数据，并在验证集 / 测试集上计算模型表现。

（1）损失函数 (loss)

损失函数是表示神经网络性能的"恶劣程度"的指标，即当前的神经网络对监督数据在多大程度上不拟合，在多大程度上不一致。以"性能的恶劣程度"为指标可能会使人感到不太自然，但是如果给损失函数乘上一个负值，就可以解释为"在多大程度上不坏"，即"性能有多好"。并且，"使性能的恶劣程度达到最小"和"使性能的优良程度达到最大"是等价的，不管是用"恶劣程度"还是"优良程度"，做的事情本质上都是一样的。这个损失函数可以使用任意函数，但一般较为常用的是均方误差和交叉熵误差等。交叉熵误差如下式所示。

$$E=-\sum_k t_k \log y_k$$

这里，log 表示以 e 为底数的自然对数（log$e$）。y_k 是神经网络的输出，t_k 是正确解标签。并且，t_k 中只有正确解标签的索引为 1，其他均为 0（one–hot 表示）。因此，上式实际上只计算对应正确解标签的输出的自然对数。比如，假设正确解标签的索引是"2"，与之对应的神经网络的输出是 0.6，则交叉熵误差是 –log 0.6=0.51；若"2"对应的输出是 0.1，则交叉熵误差为 –log 0.1=2.30。也就是说，交叉熵误差的值是由正确解标签所对应的输出结果决定的。

在深度学习广为使用的今天，一个模型想要达到很好的效果需要学习，也就是常说的训练。一个好的训练离不开优质的负反馈，这里的损失函数就是模型的负反馈。所以在 PyTorch 中，损失函数是必不可少的。它是数据输入到模型当中，产生的结果与真实标签的评价指标，模型可以按照损失函数的目标来做出改进。这里将列出 PyTorch 中常用的损失函数（一般通过 torch.nn 调用），并详细介绍每个损失函数的功能、数学公式和调用代码，见表 9–3。当然，PyTorch 的损失函数还远不止这些，在解决实际问题的过程中需要进一步探索、借鉴现有工作，或者设计自己的损失函数。

具体实现代码如代码块 9–12 所示。

```
#代码块9-12
torch.nn.CrossEntropyLoss(weight=None, size_average=None, ignore_
    index=-100, reduce=None, reduction='mean')
```

表 9-3　损失函数参数

参数名	含义
weight	每个类别的 loss 设置权值
size_average	数据为 bool，为 True 时，返回的 loss 为平均值；为 False 时，返回的各样本的 loss 之和
ignore_index	忽略某个类的损失函数
reduce	数据类型为 bool，为 True 时，loss 的返回是标量

（2）批量学习（batch_size）

深度学习使用训练数据进行学习，严格来说，就是针对训练数据计算损失函数的值，找出使该值尽可能小的参数。因此，计算损失函数时必须将所有的训练数据作为对象。也就是说，如果训练数据有 100 个的话，就要把这 100 个损失函数的总和作为学习的指标。如果遇到大数据，数据量会有几百万、几千万之多，这种情况下以全部数据为对象计算损失函数是不现实的。因此，应从全部数据中选出一部分，作为全部数据的"近似"。神经网络的学习也是从训练数据中选出一批数据（mini–batch，小批量），然后对每个 mini–batch 进行学习。

比如，从60 000个训练数据中随机选择100个，再用这100个数据进行学习。这种学习方式称为mini-batch学习。

（3）优化算法

深度学习的主要任务是在学习时寻找最优参数。同样的，神经网络也必须在学习时找到最优参数（权重和偏置）。这里所说的最优参数是指损失函数取最小值时的参数。但是，一般而言，损失函数很复杂，参数空间庞大，不知道它在何处能取得最小值。而通过巧妙地使用梯度来寻找函数最小值（或者尽可能小的值）的方法就是梯度法。这里需要注意的是，梯度表示的是各点处的函数值减小最多的方向。因此，无法保证梯度所指的方向就是函数的最小值或者真正应该前进的方向。实际上，在复杂的函数中，梯度指示的方向基本上都不是函数值最小处。虽然梯度的方向并不一定指向最小值，但沿着它的方向能够最大限度地减小函数的值。因此，在寻找函数的最小值（或者尽可能小的值）的位置的任务中，要以梯度的信息为线索，决定前进的方向。此时梯度法就派上用场了。在梯度法中，函数的取值从当前位置沿着梯度方向前进一定距离，然后在新的地方重新求梯度，再沿着新梯度方向前进，如此反复，不断地沿梯度方向前进。像这样，通过不断地沿梯度方向前进，逐渐减小函数值的过程就是梯度法。梯度法是解决深度学习中最优化问题的常用方法，特别是在神经网络的学习中经常被使用。

根据目的是寻找最小值还是最大值，梯度法的叫法有所不同。严格地讲，寻找最小值的梯度法称为梯度下降法（gradient descent method），寻找最大值的梯度法称为梯度上升法（gradient ascent method）。但是通过反转损失函数的符号，求最小值的问题和求最大值的问题会变成相同的问题，因此"下降"还是"上升"的差异本质上并不重要。一般来说，神经网络（深度学习）中，梯度法主要是指梯度下降法。

PyTorch很人性化的给使用者提供了一个优化器的库torch.optim，在这里面提供了十种优化器，见表9-4。其中随机梯度下降法是常用的一个优化器。

表9-4　PyTorch 优化器

优化器	简述
torch.optim.ASGD	表示随机平均梯度下降（Averaged Stochastic Gradient Descent），简单地说 ASGD 就是用空间换时间的一种 SGD，不常用
torch.optim.Adagrad	一种自适应优化方法，AdaGrad 在每个时间步长对每个参数使用不同的学习率。并且引入了二阶动量，二阶动量是迄今为止所有梯度值的平方和
torch.optim.Adadelta	Adadelta 是对 AdaGrad 的改造，用梯度平方的指数加权平均代替了全部梯度的平方和，用更新量的平方的指数加权平均来动态地代替了全局的标量的学习率
torch.optim.Adam	一种自适应学习率的优化方法，Adam 利用梯度的一阶矩估计和二阶矩估计动态的调整学习率。Adam 结合了 Momentum 和 RMSprop，并进行了偏差修正

续表

优化器	简述
torch.optim.AdamW	Adam 的学习率自适应的，而 L2 正则遇到自适应学习率后效果不理想，所以使用 Adam 加权重衰减的方式解决问题
torch.optim.Adamax	Adamax 是 Adam 的一种变体，此方法对学习率的上限提供了一个更简单的范围。总的来说跟 Adam 效果差不了多少
torch.optim.LBFGS	通过存储前 m 次迭代的少量数据来替代前一次的矩阵，从而大大减少数据的存储空间
torch.optim.RMSprop	RMSprop 是 Adagrad 的一种发展，用梯度平方的指数加权平均代替了全部梯度的平方和，相当于只实现了 Adadelta 的第一个修改，效果趋于 RMSprop 和 Adadelta 二者之间
torch.optim.Rprop	实现 Rprop 优化方法（弹性反向传播），适用于 full-batch，不适用于 mini-batch，因而在 mini-batch 大行其道的时代里，很少见到
torch.optim.SGD	随机梯度下降，带动量的 SGD 优化算法和带 NAG（Nesterov accelerated gradient）的 SGD 优化算法，并且均可拥有 weight_decay（权重衰减）项

（4）学习率

现在，尝试用数学公式来表示梯度法。

$$x_0 = x_0 - \eta \frac{\partial f}{\partial x_0}$$

$$x_1 = x_1 - \eta \frac{\partial f}{\partial x_1}$$

η 表示更新量，在神经网络的学习中，称为学习率（learning rate）。学习率决定在一次学习中，应该学习多少，以及在多大程度上更新参数。上式表示更新一次的式子，这个步骤会反复执行。也就是说，每一步都按上式更新变量的值，通过反复执行此步骤，逐渐减小函数值。虽然这里只展示了有两个变量时的更新过程，但是即便增加变量的数量，也可以通过类似的式子（各个变量的偏导数）进行更新。学习率需要事先确定为某个值，比如0.01或0.001。一般而言，这个值过大或过小，都无法抵达一个"好的位置"。在神经网络的学习中，一般会一边改变学习率的值，一边确认学习是否正确进行了。

学习率过大的话，会发散成一个很大的值；反过来，学习率过小的话，基本上没怎么更新就结束了。也就是说，设定合适的学习率是一个很重要的问题。

（5）微调

本项目使用只有一万多张图像的训练数据集训练模型。假如想识别图片中不同类型的垃圾，一种可能的方法是首先识别100种垃圾，为每种垃圾拍摄1 000张不同角度的图像，然后在收集的图像数据集上训练一个分类模型。尽管这个垃圾数据集可能会很大，但实例数量仍然不到ImageNet中的1/10，ImageNet数据集是学术界当下使用最广泛的大规模图像数据集，它有超过1 000万张的图像和1 000类的物体，适合ImageNet的复杂模型可能会在这个垃圾数据集上过拟合。此外，由于训练样本数量有限，训练模型的准确性可能无法满足实际要求。

为了解决上述问题，一个显而易见的解决方案是收集更多的数据。但是，收集和标记数据可能需要大量的时间和金钱。例如，为了收集 ImageNet 数据集，研究人员花费了数百万美元的研究资金。尽管目前的数据收集成本已大幅降低，但这一成本仍不能忽视。

另一种解决方案是应用迁移学习（transfer learning）将从源数据集学到的知识迁移到目标数据集。例如，尽管 ImageNet 数据集中的大多数图像与垃圾无关，但在此数据集上训练的模型可能会提取更通用的图像特征，这有助于识别边缘、纹理、形状和对象组合。这些类似的特征也可能有效地识别垃圾。本项目使用到了迁移学习，迁移学习中的常见技巧：微调（fine-tuning）包括以下4个步骤。

① 在源数据集（如 ImageNet 数据集）上预训练神经网络模型，即源模型。

② 创建一个新的神经网络模型，即目标模型。这将复制源模型上的所有模型设计及其参数（输出层除外）。假定这些模型参数包含从源数据集中学到的知识，这些知识也将适用于目标数据集。还假设源模型的输出层与源数据集的标签密切相关；因此不在目标模型中使用该层。

③ 向目标模型添加输出层，其输出数是目标数据集中的类别数。然后随机初始化该层的模型参数。

④ 在目标数据集（如椅子数据集）上训练目标模型。输出层将从头开始进行训练，而所有其他层的参数将根据源模型的参数进行微调。

（6）神经网络学习步骤

神经网络存在合适的权重和偏置，调整权重和偏置以便拟合训练数据的过程称为"学习"。神经网络的学习分成下面4个步骤。

① mini-batch：从训练数据中随机选出一部分数据，这部分数据称为 mini-batch。目标是减小 mini-batch 的损失函数的值。

② 计算梯度：为了减小 mini-batch 的损失函数的值，需要求出各个权重参数的梯度。梯度表示损失函数的值减小最多的方向。

③ 更新参数：将权重参数沿梯度方向进行微小更新。

④ 重复：重复步骤1、步骤2、步骤3。

神经网络的学习按照上面4个步骤进行。这个方法通过梯度下降法更新参数，不过因为这里使用的数据是随机选择的 mini batch 数据，所以又称为随机梯度下降法（stochastic gradient descent）。"随机"指的是"随机选择"的意思，因此，随机梯度下降法是"对随机选择的数据进行的梯度下降法"。深度学习的很多框架中，随机梯度下降法一般由一个名为 SGD 的函数来实现。SGD 来源于随机梯度下降法的英文名称的首字母。

上述步骤完成后就可以开始训练了。GPU 用于并行计算加速的功能，不过程序默认是在 CPU 上运行的，因此在代码实现中，需要把模型和数据"放到"GPU 上去做运算，同时还需要保证损失函数和优化器能够在 GPU 上工作。如果使用多张 GPU 进行训练，还需要考虑模型和数据分配、整合的问题。此外，后续计算一些指标还需要把数据"放回"CPU。这里涉及一系列有关于GPU的配置和操作。

　　深度学习中训练和验证过程最大的特点在于读入数据是按批的，每次读入一个批次的数据，放入GPU中训练，然后将损失函数反向传播回网络最前面的层，同时使用优化器调整网络参数。这里会涉及各个模块配合的问题。训练/验证后还需要根据设定好的指标计算模型表现。

　　经过以上步骤，一个深度学习任务就完成了。模型训练是指按照一定的算法和策略将数据集输入到模型中，通过不断地迭代计算、调整计算参数，以求得一个能够对未知数据做出准确预测的数学模型的过程，通俗来讲就是让计算机自动地对数据进行学习，自我调整和优化，最终使模型能够准确地预测新的数据的结果。一般来讲，模型训练的目标是使模型能够具有良好的泛化能力，也就是对未知数据的预测效果要好，不能出现过度拟合或欠拟合的情况。

　　模型训练一般是深度学习的核心步骤之一。在此，首先第一步要先给训练集和测试集分别创建一个数据集加载器，从train.txt和test.txt文件中加载数据，并将其分别存储在train_data和valid_data变量中。第二个参数True和False分别表示是否是训练数据和验证数据。

　　具体实现代码如代码块9-13所示。

```
#代码块 9-13
train_data = LoadData("train.txt", True)
valid_data = LoadData("test.txt", False)
```

　　数据和模型如果没有经过显式指明设备，默认会存储在CPU上，为了加速模型的训练，需要显式调用GPU，一般情况下GPU的设置有两种常见的方式。

　　具体实现代码如代码块9-14所示。

```
#代码块 9-14
#① 使用 os.environ，这种情况如果使用 GPU 不需要设置
import os
os.environ['CUDA_VISIBLE_DEVICES'] = '0,1' # 指明调用的GPU为0,1号
#② 使用 "device"，后续对要使用 GPU 的变量用 .to(device) 即可
device = torch.device("cuda:1" if torch.cuda.is_available() else
    "cpu")  # 指明调用的GPU为1号
```

　　接着利用数据加载器进行数据的读取。这段代码使用PyTorch中的DataLoader对象，将训练数据和验证数据分别加载进来，并且分别定义了相应的参数。其中，train_data是用于训练的数据集，valid_data是用于验证的数据集。num_workers=4表示使用4个进程来加载数据，pin_memory=True将数据存储在内存中的固定区域，方便迅速转移到GPU上，batch_size表示每次训练或验证所使用的数据批次大小，shuffle=True表示每个epoch训练时数据打乱。在实

例化 DataLoader 之后，设备 (device) 会被检测（如果存在 GPU，则使用它，否则使用 CPU）。如果检测到设备，则消息将打印出来，说明是使用哪个设备进行训练。

具体实现代码如代码块 9-15 所示。

```
#代码块 9-15
train_dataloader = DataLoader(dataset=train_data, num_workers=4,
pin_memory=True, batch_size=batch_size, shuffle=True)
valid_dataloader = DataLoader(dataset=valid_data, num_workers=4,
pin_memory=True, batch_size=batch_size)
#  如果显卡可用，则用显卡进行训练
device="cuda" if torch.cuda.is_available() else "cpu"
print(f"Using {device} device")
```

数据准备好之后，加载模型。使用在 ImageNet 数据集上预训练的 ResNet-18 作为源模型。在这里，指定 pretrained=True 以自动下载预训练的模型参数。如果首次使用此模型，则需要连接互联网才能下载。在 ResNet 的全局平均汇聚层后，全连接层转换为 ImageNet 数据集的 1 000 个类输出。之后，我们构建一个新的神经网络作为目标模型。它的定义方式与预训练源模型的定义方式相同，只是最终层中的输出数量被设置为目标数据集中的类数，也就是 54 类（而不是 1 000 个），即 num_classes=54 表示模型的输出是一个 54 类的分类器。接下来，对最后一层进行参数初始化操作，由于要对不同的层使用了不同的学习率进行训练，以创建列表存放不同的层，最后通过使用 to(device) 方法，将模型移动到特定的设备（如果 GPU 可用，则将模型移动到 GPU）以进行训练。

具体实现代码如代码块 9-16 所示。

```
#代码块 9-16
finetune_net = resnet18(pretrained=True)
# 然后将与训练模型的最后的全连接层替换成本项目使用的 55 个输出
# 输入就是原先输入层的 in_features
finetune_net.fc = nn.Linear(finetune_net.fc.in_features, 54)
nn.init.xavier_normal_(finetune_net.fc.weight)    #权重进行初始化
#创建两个列表，第一个列表保存 finetune_net 模型的所有参数中不等于最后一层的参数 "fc.weight","fc.bias"
parms_1x = [value for name, value in finetune_net.named_
parameters()    #返回各层中参数名称和数据
if name not in ["fc.weight", "fc.bias"]]
#最后一层的参数 "fc.weight","fc.bias" 保存到该列表中
```

```
parms_10x = [value for name, value in finetune_net.named_parameters()
if name in ["fc.weight", "fc.bias"]]
finetune_net = finetune_net.to(device)
```

这段代码首先定义了一个交叉熵损失（CrossEntropyLoss）作为损失函数。随后使用随机梯度下降法（SGD）定义一个优化器，并为其指定一个学习率 learning_rate，然后不同的层使用不同的学习率进行训练，设置训练驯熟，使用一个 for 循环，它的迭代次数是 epochs。然后，执行 train 函数训练模型，训练的数据集是 train_dataloader，模型是 model，损失函数是 loss_fn，优化器是 optimizer，设备是 device。将训练之后的平均损失记录下来。在此过程期间，还通过 validate 函数来评估模型在验证集上的性能。同时，使用 WriteData 函数将模型的一些参数和评估结果写入到文本文件中。

具体实现代码如代码块 9-17 所示，部分训练结果如图 9-17 所示。

```
# 代码块 9-17
loss_fn = nn.CrossEntropyLoss()
    # 定义优化器，用来训练时候优化模型参数，随机梯度下降法
    learning_rate = 1e-4
    optimizer = torch.optim.Adam([
        {
            'params': parms_1x
        },
        {
            'params': parms_10x,
            'lr': learning_rate * 10
        }], lr=learning_rate)
epochs = 50
loss_ = 10
save_root = "models/"
    for t in range(epochs):
        print(f"Epoch {t + 1}\n-------------------------------")
        time_start = time.time()
        avg_loss = train(train_dataloader, model, loss_fn, optimizer,
    device)
        time_end = time.time()
```

```
        print(f"train time: {(time_end - time_start)}")
        # (dataloader, model, loss_fn, device)jif
        val_accuracy, val_loss = validate(valid_dataloader, model,
loss_fn, device)
        # 写入数据
        WriteData(save_root + "resnet18_no_pretrain.txt",
                  "epoch", t,
                  "train_loss", avg_loss,
                  "val_loss", val_loss,
                  "val_accuracy", val_accuracy)
        if t % 5 == 0:   #每5个epoch保存一次
            torch.save(model.state_dict(), save_root + "resnet18_no_
pretrain_epoch" + str(t) + "_loss_" + str(avg_loss) + ".pth")
        torch.save(model.state_dict(), save_root + "resnet18_no_
pretrain_last.pth")
        if avg_loss < loss_:
            loss_ = avg_loss
            torch.save(model.state_dict(), save_root + "resnet18_
no_pretrain_best.pth")
```

```
epoch  0  train_loss  0.009892747 val_loss   0.005239884484990983   val_accuracy   0.9613733905579399
epoch  1  train_loss  0.0028487155   val_loss   0.008303898834331608   val_accuracy   0.9227467811158798
epoch  2  train_loss  0.0030224684   val_loss   0.0031967776939432766  val_accuracy   0.9699570815450643
epoch  3  train_loss  0.0022541313   val_loss   0.009091741633261733   val_accuracy   0.9399141630901288
epoch  4  train_loss  0.0012303746   val_loss   0.007899978292841831   val_accuracy   0.9484978540772532
epoch  5  train_loss  0.0011824779   val_loss   0.0032373215503188605  val_accuracy   0.9742489270386266
epoch  6  train_loss  0.0010706685   val_loss   0.008758857174748514   val_accuracy   0.944206008583691
epoch  7  train_loss  0.00031868918  val_loss   0.007526893942125238   val_accuracy   0.944206008583691
epoch  8  train_loss  0.0013666814   val_loss   0.0046978826422115405  val_accuracy   0.9656652360515021
epoch  9  train_loss  0.002006559 val_loss   0.003774665959595099    val_accuracy   0.9613733905579399
```

图 9-17　训练部分结果

接着使用torch.save函数每5个epoch将模型参数保存一次，方便后续恢复和使用。保存结果如图9-18所示。同时，也保存了整体训练过程中损失函数最小的模型参数。

在PyTorch进行模型保存的时候，一般有两种保存方式，一种是保存整个模型，torch.save(model, "my_model.pth")；另一种是只保存模型的参数，torch.save(model.state_dict(), "my_model.pth")，模型参数实际上一个字典类型，通过key-value的形式来存储模型的所有参数。在本项目中，选择只保存模型的参数。

设置学习的轮数为50次，batch_size为32，基础为学习率为1e-4进行训练，在CPU设备上进行训练，训练出来的模型的准确率在90%以上，并且训练一轮花费的时间是400秒左右，在一个普通GPU上进行模型训练的话，每个轮次花费的时间为70秒左右。由此可以看出硬件资源的重要性。图9-19为1个epoch训练的结果。

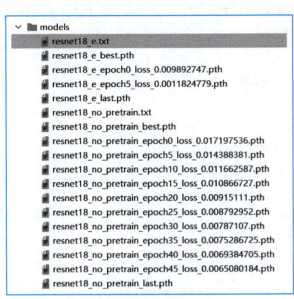

```
Using cpu device
Epoch 1
-----------------------------
loss: 2.372779  [   0/ 2074]
loss: 0.424588  [ 320/ 2074]
loss: 0.223033  [ 640/ 2074]
loss: 0.018249  [ 960/ 2074]
loss: 0.102548  [1280/ 2074]
loss: 0.025699  [1600/ 2074]
loss: 0.027968  [1920/ 2074]
train time: 379.05843019485474
correct = 0.9613733905579399, Test Error:
 Accuracy: 96.1%, Avg loss: 0.004474
```

图 9-18　部分模型结果　　　　　　图 9-19　1 个 epoch 训练结果

任务清单 9-2-4

序号	类别	操作内容	操作过程记录
9.2.8	分组任务	在项目工程文件模型训练 .py 中寻找代码块 9-15、9-16、9-17 中的代码段，对其进行阅读及理解。分组讨论并回答以下问题： 1. 模型训练的大致过程是什么？ 2. 训练所需要的 epoch、batch_size、学习率等参数的含义是什么？ 3. 本项目使用了什么优化器进行训练？ 4. 还可以使用什么优化器？	
9.2.9	分组任务	分组讨论并回答以下问题： 1. 如何模型的保存有几种方法，如何实现模型的保存？ 2. 如何实现不同的层使用不同的学习率进行模型的训练？ 3. 请对该模型进行训练，并且得到训练后模型的指标	
9.2.10	个人任务	打开项目工程文件模型训练，仿照代码块 9-15、9-16、9-17，在相应编号位置补全代码，完成 ResNet 模型的训练操作	

5. 模型评估

在 PyTorch 深度学习中，可视化是一个可选项，指的是某些任务在训练完成后，需要对一些必要的内容进行可视化，比如分类的 ROC 曲线，卷积网络中的卷积核，以及训练/验证过程的损失函数曲线等。

　　这里使用损失和准确率作为模型评估指标，并将其可视化。这段代码定义了两个绘图函数 DrawLoss 和 DrawAcc，用于绘制模型训练过程中的损失和准确率。这两个函数都使用 matplotlib 库来绘图。其中，DrawLoss 函数会绘制两条曲线，表示训练过程中的损失函数变化情况。train_loss_list 是表示经过预训练的模型的损失函数列表，train_loss_list_2 是表示未经过预训练的模型的损失函数列表。DrawAcc 函数同理，只不过绘制的是训练过程中的准确率变化情况。

　　具体实现代码如代码块 9-18 所示。运行结果如图 9-20 和图 9-21 所示。

```
#代码块9-18
def DrawLoss(train_loss_list,train_loss_list_2):
    plt.style.use('dark_background')
    plt.title("Loss")
    plt.xlabel("epoch")
    plt.ylabel("loss")
    train_loss_list = train_loss_list[:3]
    epoch_list = [i for i in range(len(train_loss_list))]
    p1, = plt.plot(epoch_list, train_loss_list, linewidth=3)
    p2, = plt.plot(epoch_list, train_loss_list_2, linewidth=3)
    plt.legend([p1, p2], ["with pretrain", "no pretrain"])
    plt.show()
def DrawAcc(train_loss_list,train_loss_list_2):
    plt.style.use('dark_background')
    plt.title("Accuracy")
    plt.xlabel("epoch")
    plt.ylabel("accuracy")
    train_loss_list = train_loss_list[:3]
    epoch_list = [i for i in range(len(train_loss_list))]
    p1, = plt.plot(epoch_list, train_loss_list, linewidth=3)
    p2, = plt.plot(epoch_list, train_loss_list_2, linewidth=3)
    plt.legend([p1, p2], ["with pretrain", "no pretrain"])
    plt.show()
```

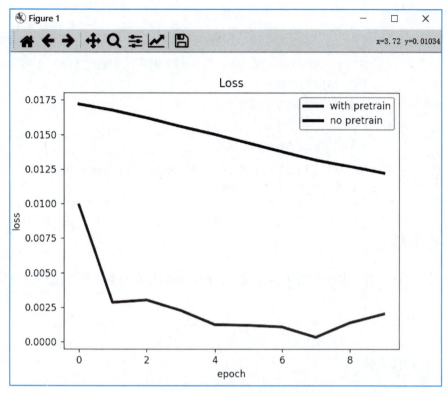

图 9-20　前 10 个 epoch 损失变化

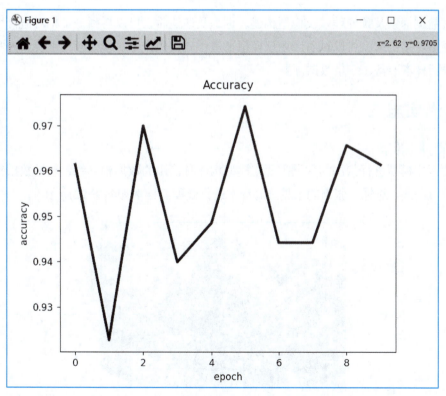

图 9-21　前 10 个 epoch 准确率变化

任务清单 9-2-5

序号	类别	操作内容	操作过程记录
9.2.11	分组任务	在项目工程文件可视化 .py 中寻找代码块 9-18 中的代码段，对其进行阅读及理解。 分组讨论并回答以下问题： 1. 模型的评估指标是什么？ 2. 如何实现评估结果的可视化？	
9.2.12	个人任务	打开项目工程文件可视化 .py，仿照代码块 9-18，在相应编号位置补全代码，完成可视化的操作	

【任务小结】

模型训练、评估并不是一次性的操作过程，通常需要循环往复不断才能得到最优的模型效果。

9-3　模型测试

【任务要求】

经过数据探索及预处理以及模型构建、训练及评估后，可以得到一个相对适合垃圾分类的分类模型。接下来就可以试着应用该模型来进行分类操作了。模型应用主要分为两个子任务，一是新样本准备，二是数据预测。

【任务实施】

1. 新样本准备

需要运用模型进行预测的数据需要与模型构建时使用的数据相一致，包括数据预处理的方法都应该一致。选择一张新的未见过的样本进行处理。样本如图 9-22 所示。

图 9-22　新样本

具体实现代码如代码块9-19所示。

```
#代码块9-19
val_tf = transforms.Compose([   ##简单把图片压缩了变成Tensor模式
        transforms.Resize(256),
        transforms.ToTensor(),
        transform_BZ    #标准化操作
    ])
    #如果显卡可用，则用显卡进行训练
    device = "cuda" if torch.cuda.is_available() else "cpu"
    print(f"Using {device} device")
    img_path = r'G:\deeplearning\resnet垃圾图像分类\enhance_dataset\
其他垃圾_一次性杯\img_一次性杯子_1_horizontal.jpg'
    finetune_net = resnet18(num_classes=55).to(device)
    state_dict = torch.load(r"resnet18_no_pretrain_best.pth")
    # print("state_dict = ",state_dict)
    finetune_net.load_state_dict(state_dict)
    finetune_net.eval()
    with torch.no_grad():
        img = Image.open(img_path)   #打开图片
        img = img.convert('RGB')   #转换为RGB 格式
        img = padding_black(img)
        img = val_tf(img)
        img_tensor = torch.unsqueeze(img, 0)       #扩充操作
        img_tensor = img_tensor.to(device)
```

2. 数据预测

将处理好的数据输给模型进行预测，进行测试得到分类结果。得到的输出结果result为一个长度为54的张量，表示输入图片被网络预测为各个类别的概率。在此代码中，通过使用argmax()方法获取概率最大的类别id，然后用这个id从file_list中找到相应的目录名，即表示这张图片属于哪一类垃圾图片。最后输出此图片的预测结果。

具体实现代码如代码块9-20所示，预测结果如图9-23所示。

```
# 代码块9-20
result = finetune_net(img_tensor)
```

```
        id = result.argmax().item()
        print(id)
        file_list=[]
        for a,b,c in os.walk("dataset"):
            if len(b) != 0:
                file_list = b
                print("预测结果为:",file_list[id])
```

```
Using cpu device
3
预测结果为:  厨余垃圾_巴旦木
```

图 9-23   预测结果

任务清单 9-3-1

序号	类别	操作内容	操作过程记录
9.3.1	分组任务	在项目工程文件模型测试 .py 中寻找代码块 9-19 中、9-20 的代码段,对其进行阅读及理解。分组讨论并回答以下问题: 模型应用的过程是怎么样的?	
9.3.2	个人任务	准备一个新的样本数据,使用训练好的模型进行预测,查看结果是否正确。	

【任务小结】

本项目只采用了一万三千多张垃圾图像进行模型训练,数据量较大,硬件资源为CPU,训练了10个epoch,训练比较花费时间,预测的准确率有待提高,若想提高准确率可以增加选择使用GPU进行训练,并且训练更多的epoch,持续优化模型。

学习评价

任务	客观评价 (40%)	主观评价(60%)			
		组内互评 (20%)	学生自评 (10%)	教师评价 (15%)	企业专家评价 (15%)
9-1					
9-2					

任务	客观评价（40%）	主观评价（60%）			
		组内互评（20%）	学生自评（10%）	教师评价（15%）	企业专家评价（15%）
9-3					
合计					

根据3个任务的完成度进行学习评价，评价依据为：

- 客观评价（40%）：完成个人任务代码并运行成功可获取此项分数。
- 主观评价—组内互评（20%）：由同组组员依据分组任务完成情况及个人在小组中的贡献进行评分。
- 主观评价—学生自评（10%）：个人对自己的学习情况主观进行评价。
- 主观评价—老师评价（15%）：教师根据学生学习情况及课堂表现进行评价。
- 主观评价—企业专家评价（15%）：企业专家根据学生代码完成度及规范性进行评价。

参考文献

［1］毛国君，段立娟. 数据挖掘原理与算法 [M]. 3 版. 北京：清华大学出版社，2016.

［2］张良均，谭立云，刘名军，等. Python 数据分析与挖掘实战 [M]. 2 版. 北京：机械工业出版社，2019.

［3］薛国伟. 数据分析技术——Python 数据分析项目化教程 [M]. 北京：高等教育出版社，2019.

［4］周志华. 机器学习 [M]. 北京：清华大学出版社，2016.

［5］刘宏志. 推荐系统 [M]. 北京：机械工业出版社，2020.

［6］Kim Y. Convolutional neural networks for sentence classification[D]. New York: New York University，2014.

［7］赵岩，刘宏伟. 推荐系统综述 [J]. 智能计算机与应用，2021(7):228-233.

［8］Squire M. Python 数据挖掘：概念、方法与实践 [M]. 姚军，译. 北京：机械工业出版社，2017.

［9］李航. 统计学习方法 [M]. 2 版. 北京：清华大学出版社，2019.

［10］Harrington P. 机器学习实战 [M]. 李锐，译. 北京：人民邮电出版社，2013.

［11］朱晓峰. 大数据分析与挖掘 [M]. 北京：机械工业出版社，2021.

［12］Hamilton J D. 时间序列分析 [M]. 夏晓华，译. 北京：中国人民大学出版社，2015.

读者意见反馈

为收集对教材的意见建议，进一步完善教材编写并做好服务工作，读者可将对本教材的意见建议通过如下渠道反馈至我社。

咨询电话 400-810-0598

反馈邮箱 gjdzfwb@pub.hep.cn

通信地址 北京市朝阳区惠新东街 4 号富盛大厦 1 座

　　　　　高等教育出版社总编辑办公室

邮政编码 100029